朝倉数学講座

積分学

井上正雄 著

朝倉書店

小松　勇作
能代　清
矢野　健太郎
編集

まえがき

　科学振興が叫ばれ，技術革新の声が高くなるとともに，数学，わけてもその中心をなす微分積分学は，国民大衆の教養の一つとなった感がある．すでに高等学校の課程においても，微分積分学がかなりの程度とり入れられ，大学の課程においては，さらに高度の内容の講義が要求されている実状である．単に数学の分野にとどまらず，自然科学はもちろんのこと，社会科学の分野においても，その重要性は万人の認めるところとなった．数学知識の向上は目下の急務の一つである．

　この要求に答えて刊行される本講座において，微分積分学は微分学と積分学との二部に分けられ，本書はこのうち積分学について，その初歩から講述したものである．本書執筆に際して著者の意図したところを以下簡単に述べてみよう．

　積分学は微分学に続くものであるから，一応第5巻微分学を習得された読者を対象にしたのであるが，第5巻全部でなくても微分学の基本事項さえ理解しておれば，十分ついていけるよう配慮した．講述する立場からいえば，積分の理論に重点をおくか，または，計算技術の習得に重点をおくかに迷う．もちろん，両者兼ね備えればそれに越したことはないが，限られた紙数ではどちらかに重点を置かねばならないのである．著書は後者にその重点を置くことにした．例題，図版を豊富に，問題もできるだけ数多く採択したのも，具体的な問題解法を中心に，内容の理解と計算技術の習得とを促進させようと思ったからである．ここに提示された問題は，本書に続いて出版される第8巻積分学演習においてことごとくその解法を示し，読者に徹底的な学習と理解とを望んだわけである．本書での説明不足の点や，解法技術上の細かい注意などは，すべてこの演習書に譲ることにした．したがって，本書は演習書と一体をなすものであるから，読者もこれを合わせ持って勉強されるよう希望しておく．

　内容についていえば，現在主要大学の理科教養課程で講義される範囲のもの

が大部分であるが，若干これを上まわった部分が数節ある（たとえば§16, §25, 第7章の後半と第8章）．しかし，これらの事項も一応積分学の名のもとでは当然解説すべき内容のもので，理工科の学生諸君には是非知っておいて貰いたい部分である．また，定積分の導入も，リーマン式でなくコーシー式でやり始めたのも，計算技術習得という建前からはこれで十分だし，また，この方がかえってわかりやすいと思ったからで，リーマン式積分は最後の第8章でまとめて述べることにした．

計算技術に重点を置いたといっても，理論を決して軽視したわけではない．それどころか，少しく細かすぎるとの批判も受けかねないところもあるくらいである．数学を学ぶ上最も大切な定義と用語の明確化，表現と推論の厳正さとともに理論の筋みちなどの説明には十分注意し，全体として一つの筋を通すことに苦心した．

数学は日進月歩で，近代数学は新しい概念と手法とを数多く提供してくれている．旧来の微分積分学に，これをどのようにとり入れるかは，これからの重要課題だと思う．古き酒も新しい壺に盛らねばならぬ．しかし，残念ながら，この意図を本書で実行することはできなかった．今後の研究課題としておきたい．要は，一人でも多くの読者に積分学を正しく理解し，それを活用する能力を身につけて頂くことである．本書が，多少なりともこの役目を果たすことができれば幸いである．

できるだけ注意はした積りであるが，なお多くの誤りのあることを恐れている．読者諸君の御指摘と御批判を願う次第である．最後に，本書の校正に協力された小川枝郎君に感謝の意を表したい．

1960年9月

著者しるす

目　次

第1章　積分法の基本概念

- §1. 区分求積法 …………………………………………………… 1
- §2. 連続函数の積分 ……………………………………………… 4
- §3. 定積分の諸性質 ……………………………………………… 10
- §4. 基 本 定 理 …………………………………………………… 17
- 　　　問　題　1 …………………………………………………… 20

第2章　不 定 積 分

- §5. 不定積分と基本公式 ………………………………………… 21
- §6. 置換積分法 …………………………………………………… 24
- §7. 部分積分法 …………………………………………………… 27
- §8. 有理函数の積分 ……………………………………………… 29
- §9. 無理函数の積分 ……………………………………………… 34
- §10. 超越函数の積分 ……………………………………………… 40
- 　　　問　題　2 …………………………………………………… 48

第3章　定　積　分

- §11. 定積分の計算 ………………………………………………… 51
- §12. 定積分の評価と数列の極限 ………………………………… 56
- §13. 定積分の定義の拡張 ………………………………………… 58
- §14. 無 限 積 分 …………………………………………………… 66
- §15. 無限級数の積分 ……………………………………………… 73
- §16. 助変数を含む定積分の微分 ………………………………… 81
- 　　　問　題　3 …………………………………………………… 89

第4章　定積分の応用

- §17. 平面図形の面積 ……………………………………………… 93

- §18. 平面曲線の長さ ……………………………………102
- §19. 空間曲線の長さ ……………………………………111
- §20. 平　均　値 …………………………………………114
- §21. 水圧と仕事 …………………………………………117
- 　　　問　題　4 …………………………………………119

第5章　重　積　分

- §22. 二　重　積　分 ……………………………………122
- §23. 重　積　分 …………………………………………130
- §24. 積分変数の変換 ……………………………………135
- §25. 重積分の定義の拡張 ………………………………145
- 　　　問　題　5 …………………………………………157

第6章　重積分の応用

- §26. 体　　　積 …………………………………………160
- §27. 曲　面　積 …………………………………………165
- §28. 平均値と重心 ………………………………………174
- §29. 慣　性　能　率 ……………………………………178
- 　　　問　題　6 …………………………………………182

第7章　重積分続論

- §30. 線積分とガウス，グリーンの公式 ………………185
- §31. 面積分とガウス，グリーンの公式 ………………194
- §32. ストークスの公式とベクトル記号 ………………201
- §33. 無限重積分 …………………………………………205
- §34. 積分順序の交換 ……………………………………211
- 　　　問　題　7 …………………………………………216

第8章　積分法補説

- §35. 有界変分の函数 ……………………………………219

§36. リーマン-スチルチェス積分 ……………………………224
§37. 積分と測度 ……………………………………………232
  問 題 8 …………………………………………………235
問 題 の 答 ……………………………………………………237
索 引 …………………………………………………………247

第1章 積分法の基本概念

§1. 区分求積法

積分の概念は平面図形の面積や曲線の長さ，あるいは，立体の体積などを計算しようとするいわゆる求積法にその端を発している．

まず，曲線で囲まれた平面図形 D（曲線とその内部）の面積を求める問題を考えてみよう．長方形，多角形，円，扇形などの面積はすでに初等幾何学で学んだ通りであるが(これらを以後基本図形という[1])，一般の図形 D の面積とは一体何だろう．あらたまって面積という言葉の意味を聞かれてみると，われわれはただ直観的な漠とした概念以外に，はっきりしたものを持ちあわせていないことに気付くであろう．しかしながら，たとえ D の面積 $A(D)$ がまだはっきり定義されていないとしても，われわれは面積に対して当然次の性質は要求してよいであろう：D に含まれる基本図形 P と，D を含むような基本図形 P' とをとるならば，

$$A(P) \leqq A(D) \leqq A(P').$$

したがって，もし D に含まれる基本図形の系列 $\{P_n\}$ および D を含むような基本図形の系列 $\{P_n'\}$ を，$\lim_{n\to\infty} A(P_n)$ および $\lim_{n\to\infty} A(P_n')$ がそれぞれ同一の極限値をもつように選ぶことができたとすれば，

$$A(P_n) \leqq A(D) \leqq A(P_n')$$

であるから，当然

$$\lim_{n\to\infty} A(P_n) = A(D) = \lim_{n\to\infty} A(P_n').$$

ゆえに，このようにできるとき，この同一の極限値をもって D の面積 $A(D)$ とすることができる．これが一般図形 D の**面積**の定義である．

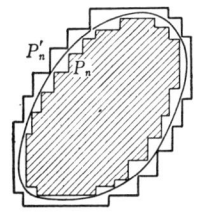

図 1

---

[1] 基本的には長方形とそれらの有限個の合併集合だけで十分である．

しかし，この面積の定義を正当ならしめるためには，$A(D)$ が $\{P_n\}$ や $\{P_n'\}$ の選び方に無関係な値であることを示しておく必要があるが，このことは次のようにして証明される．

$\{P_n\}$, $\{P_n'\}$ とは別に同様な系列 $\{Q_n\}$, $\{Q_n'\}$ をとったものとしよう．P_n と Q_n との合併集合を R_n とすれば，これもまた D に含まれる基本図形となるから

$$A(P_n) \leq A(R_n) \leq A(P_n'), \qquad A(Q_n) \leq A(R_n) \leq A(Q_n').$$

ゆえに，

$$\lim_{n\to\infty} A(P_n) = \lim_{n\to\infty} A(P_n'), \qquad \lim_{n\to\infty} A(Q_n) = \lim_{n\to\infty} A(Q_n')$$

とすれば，これらはともに $\lim_{n\to\infty} A(R_n)$ と一致しなければならないから，上の両極限値は相等しい．したがって，$A(D)$ は系列 $\{P_n\}$, $\{P_n'\}$ の選び方には無関係な値である．

この考え方は紀元前3世紀頃アルキメデスによって，放物線とその一つの弦とで囲む部分の面積を計算するために用いられていたのである．ただ彼の方法は放物線特有の性質を用いていたので，それをそのまま一般図形に適用できなかったのであるが，ともかく，求積法の端緒を開いたという意味で，その歴史的意義は大きかった．しかし，このような史的探索はとりやめて，この方法による求積法の一例を次に述べよう．

例 1. 曲線 $y = x^2$ ($0 \leq x \leq 1$) と x 軸との間の図形の面積を求めよ．

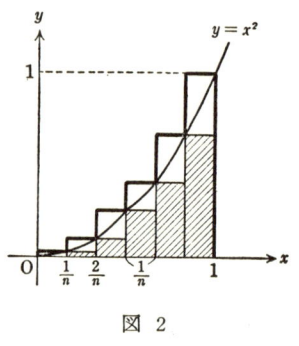

図 2

いま，$0 \leq x \leq 1$ を n 等分し，各分点（両端も含めて）を通って y 軸に平行線を引くと，これが x 軸と曲線とによって切りとられる線分の長さは，それぞれ 0, $\left(\dfrac{1}{n}\right)^2$, $\left(\dfrac{2}{n}\right)^2$, $\cdots$, $\left(\dfrac{n}{n}\right)^2$ となる．このとき，図の斜線部分（これは題意の図形に含まれる）の面積を A_n とすれば，

$$A_n = \frac{1}{n}\left\{\left(\frac{1}{n}\right)^2 + \left(\frac{2}{n}\right)^2 + \cdots + \left(\frac{n-1}{n}\right)^2\right\}$$

$$= \frac{1}{n^3}\sum_{k=1}^{n-1} k^2 = \frac{(n-1)(2n-1)}{6n^2} \to \frac{1}{3} \quad (n \to \infty).$$

また，太線で囲まれた部分(これは題意の図形を含む)の面積を A_n' とすれば，

$$A_n' = \frac{1}{n}\left\{\left(\frac{1}{n}\right)^2 + \left(\frac{2}{n}\right)^2 + \cdots + \left(\frac{n}{n}\right)^2\right\} = A_n + \frac{1}{n} \to \frac{1}{3} \quad (n\to\infty).$$

よって，題意の図形の面積は 1/3 である．

ある曲面で囲まれた立体 R の体積 $V(R)$ の定義も，面積の場合と同様であって，R に含まれる基本立体(直方体，円柱など初等幾何学でその体積の知られているもの[1])の系列 $\{P_n\}$，および，R を含むような基本立体の系列 $\{P_n'\}$ を選び

$$\lim_{n\to\infty} V(P_n') = \lim_{n\to\infty} V(P_n)$$

ならしめることができるとき，この共通の極限値をもって R の**体積** $V(R)$ と定義する．この $V(R)$ が $\{P_n\}$，$\{P_n'\}$ の選び方に無関係であることは面積の場合と同様に証明せられる．

例 2. 半径 r の球の体積を求めよ．

中心 O，半径 r の球の一つの半径を OA とする．OA を n 等分する点を順に O, O_1, O_2, ⋯, O_n=A とする．いま O_1, O_2, ⋯, O_{n-1} を通り OA に垂直な平面で半球を切り，これらの切口を上底とする厚さ r/n の円板 $(n-1)$ 個を半球内に作り，それらの体積の和を V_n とすれば，

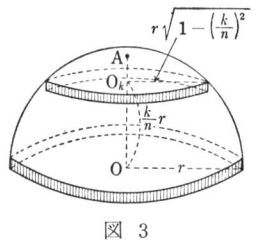

図 3

$$V_n = \sum_{k=1}^{n-1} \frac{r}{n}\pi r^2\left(1 - \frac{k^2}{n^2}\right) = \frac{\pi r^3}{n}\sum_{k=1}^{n-1}\left(1 - \frac{k^2}{n^2}\right)$$

$$= \pi r^3\left\{1 - \frac{1}{n} - \frac{(n-1)(2n-1)}{6n^2}\right\} \to \frac{2}{3}\pi r^3 \quad (n\to\infty).$$

他方 O, O_1, ⋯, O_{n-1} を通る OA に垂直な平面で半球を切り，これらの切口を下底とする厚さ r/n の円板を n 個合わせて半球を含むようにすると，それらの体積の和を V_n' とすれば，

$$V_n' = \sum_{k=0}^{n-1} \frac{r}{n}\pi r^2\left(1 - \frac{k^2}{n^2}\right) = V_n + \frac{\pi r^3}{n} \to \frac{2}{3}\pi r^3 \quad (n\to\infty).$$

ゆえに，半球の体積は $2\pi r^3/3$，したがって球の全体積は $4\pi r^3/3$ となる．

もし問題となる図形や立体の面積，体積などが確定することを前提とするならば，[2] 内部，外部両方から近似する要なく，どちらか一方だけで十分なわけ

---

1) この場合においても，基本的には直方体とそれら有限個の合併集合を考えるだけでよい．積分学演習(本講座第 8 巻)§1．例題 3，注意参照．
2) 面積や体積が確定するための条件は追って明らかにされるであろう．

である．このようにある平面図形や立体を区分し，各小部分の面積，体積の近似値の和を作り，これを基にして所要の面積や体積を求める上述の方法を**区分求積法**と呼んでいる．

問 1. 曲線 $y=x^3$ と x 軸および直線 $x=1$ で囲む図形の面積を区分求積法で求めよ．

問 2. 底面の半径 r，高さ h の直円錐の体積を区分求積法で求めよ．

§2. 連続函数の積分

区分求積法から函数の定積分の概念に移行するにあたって，まず連続函数についてのいろいろの性質とコーシーの収束定理について述べておく必要がある．これらのことはすでに微分学で学ばれたことと思うから，本書では以下の解説に必要な事項を定理として挙げておくに止める．[1] また，函数はすべて実変数の実函数とする．

定理 2.1. 有界閉区間で連続な函数は，ここで最大値と最小値とをとる．

$f(x)$ が有界閉区間 I で連続とすれば，I のすべての x に対して

$$f(x_1) \leq f(x) \leq f(x_2)$$

となるような I の点 x_1, x_2 が存在する．この $f(x_1)$ が最小値であり，$f(x_2)$ が最大値である．したがって，$f(x)$ は当然この区間で有界である．

定理 2.2. $f(x)$ が閉区間 $[a, b]$ において連続であるとき，[2] $[a, b]$ における $f(x)$ の最大値を M，最小値を m とすれば，$m \leq c \leq M$ なる任意の c に対し

$$c = f(\xi), \qquad a < \xi < b$$

なる ξ が少なくとも一つ存在する．

定理 2.3. 有界閉区間で連続な函数は，ここで一様連続である．

定理2.3の結論は，次のようにいい換えられる：任意に正数 ε を与えたとき，$|x_1 - x_2| < \delta$ なる区間 I の任意の二点 x_1, x_2 に対し，常に

$$|f(x_1) - f(x_2)| < \varepsilon$$

が成り立つように正数 δ を定めることができる．

---

1) 本節で直接必要はなくとも後で必要となるものもこの機会に述べておくことにする．微分学（本講座第5巻）第1章§7，第2章§10，§11参照．

2) $a \leq x \leq b$ のことを $[a, b]$ と書く．

この性質がいわゆる函数の**一様連続性**であって，δ が ε のみによって定まり，x_1, x_2 に無関係である点が重要なのである．

定理 2.4. 数列 $\{a_n\}$ が収束するための必要かつ十分な条件は，任意の正数 ε に対して

$$|a_m - a_n| < \varepsilon, \qquad m > N, \ n > N$$

が成り立つような自然数 N が定まることである．

この定理を**コーシーの収束定理**と呼んでいる．この定理を函数の収束の問題に直せば

定理 2.4′. 函数 $f(x)$ に対し $\lim\limits_{x \to a} f(x)$ が存在するための必要かつ十分な条件は，任意の正数 ε に対して $|a - x_1| < \delta, \ |a - x_2| < \delta$ ならば

$$|f(x_1) - f(x_2)| < \varepsilon$$

が成り立つような正数 δ が定まることである．また，$\lim\limits_{x \to \infty} f(x)$ が存在するための必要かつ十分な条件は，$x_1 > l, \ x_2 > l$ ならば

$$|f(x_1) - f(x_2)| < \varepsilon$$

が成り立つような正数 l が定まることである．

さて，本論に戻って次の定理を証明しよう．

定理 2.5. $f(x)$ を閉区間 $[a, b]$ においていたるところ定義された連続函数とする．この区間を n 個の小区間に細分する任意の分割

$$\varDelta: \ a = x_0 < x_1 < x_2 < \cdots < x_{n-1} < x_n = b$$

を考え，[1] 各区間から任意に $\xi_k \ (x_{k-1} \le \xi_k \le x_k)$ をとり，次のような和

$$S(\varDelta) = f(\xi_1) \varDelta x_1 + f(\xi_2) \varDelta x_2 + \cdots + f(\xi_n) \varDelta x_n$$

$$= \sum_{k=1}^{n} f(\xi_k) \varDelta x_k, \qquad \varDelta x_k = x_k - x_{k-1}$$

を作る．ここで細分区間の長さの最大値

$$|\varDelta| = \max_{1 \le k \le n} \varDelta x_k$$

が 0 に収束するように分割数を増していくとき，$S(\varDelta)$ は分割の仕方や $\{\xi_k\}$ の選び方には無関係な一定値に収束する．

---

[1] $x_1, x_2, \cdots, x_{n-1}$ が分点である．以下このような書き方をする．

注意 1. $S(\varDelta)$ の極限は，変量にあたるものが分割 $\varDelta$ である点，数列の極限とも，また，実変数の函数の極限とも異なるものである．しかし，次のように考えれば，数列の極限と同じように取り扱える．分割の系列 $\{\varDelta_n\}$ と，各分割 $\varDelta_n$ について任意にとった点列 $\{\xi_{n,k}\}$ とから作った和の系列 $\{S(\varDelta_n)\}$ において，$\lim_{n\to\infty} S(\varDelta_n)=\Im$ が存在する（ただし $\lim_{n\to\infty}|\varDelta_n|=0$）．このように考えれば，一応 $\Im$ は $\{\varDelta_n\}$ や $\{\xi_{n,k}\}$ に関係するものとみなければならぬが，実はそれには無関係であるというのが定理の主張である．

しかしながら，次のように解釈しても同じである．$|\varDelta|\to 0$ に対し $S(\varDelta)$ が収束するとは，一定値 $\Im$ があって，任意に正数 ε を与えたとき，正数 δ を適当にとれば，$\varDelta$ に対し $\{\xi_k\}$ をどのように選んでも，$|\varDelta|<\delta$ ならば常に

$$|S(\varDelta)-\Im|<\varepsilon$$

ならしめることができることである．このとき，記号で

$$\lim_{|\varDelta|\to 0} S(\varDelta)=\Im$$

と表わす．この考え方で定理を証明しよう．

証明. $f(x)$ は $[a,b]$ で連続だから，定理 2.3 によって，ε を任意の正数とするとき，$|x'-x''|<\delta$ ならば，

(2.1) $$|f(x')-f(x'')|<\frac{\varepsilon}{4(b-a)}$$

が成り立つような正数 δ が存在する．

いま $|\varDelta|<\delta$, $|\varDelta'|<\delta$ なるような任意の分割

$$\varDelta:\ a=x_0<x_1<x_2<\cdots<x_{n-1}<x_n=b,$$

$$\varDelta':\ a=x_0'<x_1'<x_2'<\cdots<x_{m-1}'<x_m'=b$$

を考え，これから和

$$S(\varDelta)=\sum_{k=1}^{n}f(\xi_k)\varDelta x_k,\ \ x_{k-1}\leqq\xi_k\leqq x_k,\ \ \varDelta x_k=x_k-x_{k-1},$$

$$S(\varDelta')=\sum_{k=1}^{m}f(\xi_k')\varDelta x_k',\ \ x_{k-1}'\leqq\xi_k'\leqq x_k',\ \ \varDelta x_k'=x_k'-x_{k-1}'$$

を作る．次に，この $\varDelta$ と $\varDelta'$ との分点を合わせて作った新しい分割

$$\varDelta'':\ a=x_0''<x_1''<x_2''<\cdots<x_{l-1}''<x_l''=b$$

に対し，和

$$S(\varDelta'')=\sum_{k=1}^{l}f(\xi_k'')\varDelta x_k'',\ \ x_{k-1}''\leqq\xi_k''\leqq x_k'',\ \ \varDelta x_k''=x_k''-x_{k-1}''$$

§2. 連続函数の積分

を作り,まず $S(\varDelta)$ と $S(\varDelta'')$ との大小関係を調べる.

区間 $[x_{k-1}, x_k]$ が $\varDelta''$ によって
$$x_{k-1}=x_p''<x_{p+1}''<\cdots<x_{p+q}''=x_k$$
と分けられていたとすると,$\varDelta x_k<\delta$ であるから (2.1) より

$$|f(\xi_k)\varDelta x_k - \sum_{i=p+1}^{p+q} f(\xi_i'')\varDelta x_i''|$$

$$\leqq \sum_{i=p+1}^{p+q}|f(\xi_k)-f(\xi_i'')|\varDelta x_i'' < \frac{\varepsilon}{4(b-a)}\sum_{i=p+1}^{p+q}\varDelta x_i'' = \frac{\varepsilon}{4(b-a)}\varDelta x_k.$$

この結果は $k=1, 2, \cdots, n$ について成立するから,それらを加え合わせて

$$|S(\varDelta)-S(\varDelta'')| = |\sum_{k=1}^{n} f(\xi_k)\varDelta x_k - \sum_{k=1}^{l} f(\xi_k'')\varDelta x_k''|$$

$$< \frac{\varepsilon}{4(b-a)}\sum_{k=1}^{n}\varDelta x_k = \frac{\varepsilon}{4}.$$

全く同様に
$$|S(\varDelta')-S(\varDelta'')|<\frac{\varepsilon}{4}.$$

ゆえに

(2.2) $\quad |S(\varDelta)-S(\varDelta')| \leqq |S(\varDelta)-S(\varDelta'')|+|S(\varDelta')-S(\varDelta'')| < \dfrac{\varepsilon}{2}.$

特に $[a, b]$ を n 等分した分割について作った和

(2.3) $\quad S_n = \sum_{k=1}^{n} f(x_k)\varDelta x_k = \dfrac{b-a}{n}\sum_{k=1}^{n} f\left(a+\dfrac{k(b-a)}{n}\right)$

に上の結果を適用すれば,$\dfrac{b-a}{N}<\delta$ なる自然数 N に対して

(2.4) $\quad |S_n - S_m| < \dfrac{\varepsilon}{2}, \quad m>N, n>N.$

定理 2.4 によれば $\{S_n\}$ は収束する.ゆえに

(2.5) $\quad \lim_{m\to\infty} S_m = \mathfrak{J}$

とすれば,(2.4) で $m\to\infty$ として

$$|S_n - \mathfrak{J}| \leqq \frac{\varepsilon}{2}.$$

また，$|\varDelta|<\delta$ なる任意の分割 $\varDelta$ については (2.2) より

$$|S_n - S(\varDelta)| < \frac{\varepsilon}{2},$$

$$\therefore\ |\mathfrak{F} - S(\varDelta)| < \varepsilon, \qquad |\varDelta| < \delta.$$

この不等式は $\varDelta$ に対し $\{\xi_k\}$ をどのように選んでも常に成立する．このことは，$|\varDelta| \to 0$ に対して $S(\varDelta) \to \mathfrak{F}$ なること，すなわち，

$$\lim_{|\varDelta| \to 0} S(\varDelta) = \mathfrak{F}$$

なることを示している．これで証明は終った．

注意 2. この種の極限に対しても定理 2.4, 2.4′ に対応するコーシーの収束定理が成立する．このことがわかれば，(2.2) を得たところで定理の証明を終りとすることができるのである．

このように定義された一定値 $\mathfrak{F}$ のことを **a から b までの $f(x)$ の定積分**といい

$$\int_a^b f(x)\,dx$$

で表わす．[1] ここで a を定積分の**下端**，b を**上端**といい，$f(x)$ を**被積分函数**という．また，この定積分を求めることを $f(x)$ を a から b まで**積分する**という．

定積分は，$\{\xi_k\}$ の選び方によってそれぞれ次のような形の極限値として表わされる．

(2.6) $\quad \displaystyle\int_a^b f(x)\,dx = \lim_{n\to\infty} \sum_{k=1}^n f(\xi_k)\varDelta x_k, \quad x_{k-1} \leqq \xi_k \leqq x_k,$

(2.7) $\quad \displaystyle = \lim_{n\to\infty} \sum_{k=1}^n M_k \varDelta x_k, \quad M_k = \max_{x_{k-1} \leqq x \leqq x_k} f(x),$

(2.8) $\quad \displaystyle = \lim_{n\to\infty} \sum_{k=1}^n m_k \varDelta x_k, \quad m_k = \min_{x_{k-1} \leqq x \leqq x_k} f(x).$

特に $[a, b]$ を n 等分した分割について考えれば，

(2.9) $\quad \displaystyle\int_a^b f(x)\,dx = \lim_{n\to\infty} h \sum_{k=1}^n f(a+kh), \quad h = \frac{b-a}{n},$

---

1) $\sum f(\xi_k)\varDelta x_k$ の一般項を $f(x)dx$ とかき，これらの和(Sum)という意味で，S の古代文字 $\int$ を用いて $\int f(x)dx$ とかく．この記号はライプニッツによって用いられはじめたものである．

§2. 連続函数の積分

(2.10) $$= \lim_{n\to\infty} h \sum_{k=0}^{n-1} f(a+kh), \quad h = \frac{b-a}{n}.$$

ここで，定積分の幾何学的意味を考えてみる．ただし $f(x) \geqq 0$ としておく．

$$\sum_{k=1}^{n} M_k \Delta x_k$$

は図に示すように曲線 $y=f(x)$, x 軸，二直線 $x=a$, $x=b$ で囲まれた平面図形 D を含む柱状図形（太線部分）の面積であり，

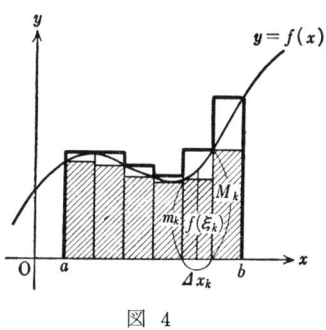

図 4

$$\sum_{k=1}^{n} m_k \Delta x_k$$

は D に含まれる柱状図形（斜線部分）の面積であって，これらが極限において一致し，その値が $\int_a^b f(x)dx$ であるから，この値は §1 で定義した通り D の面積を表わす．前節例1は函数 $y=x^2$ ($0 \leqq x \leqq 1$) にこの操作を施したものにほかならない．

例 1. $\int_0^1 (\alpha x + \beta) dx$ を求めよ．ただし α, β は定数とする．

$[0,1]$ を n 等分し，(2.9) の形式で求めてみると，

$$\int_0^1 (\alpha x+\beta)dx = \lim_{n\to\infty} \frac{1}{n} \sum_{k=1}^n \left(\alpha \frac{k}{n} + \beta \right) = \lim_{n\to\infty} \left(\frac{\alpha}{n^2} \sum_{k=1}^n k + \beta \right)$$
$$= \lim_{n\to\infty} \left\{ \frac{\alpha(n+1)}{2n} + \beta \right\} = \frac{\alpha}{2} + \beta.$$

例 2. $\int_0^\pi \sin x \, dx$ を求めよ．

$[0,\pi]$ を n 等分し，やはり (2.9) の形式で求めてみると

$$\int_0^\pi \sin x \, dx = \lim_{n\to\infty} \frac{\pi}{n} \sum_{k=1}^n \sin \frac{k\pi}{n}.$$

ところが

$$2\sin\frac{\pi}{2n} \sin\frac{k\pi}{n} = \cos\left(k-\frac{1}{2}\right)\frac{\pi}{n} - \cos\left(k+\frac{1}{2}\right)\frac{\pi}{n}$$

であるから，これらを $k=1,2,\cdots,n$ とおいて加えれば

$$2\sin\frac{\pi}{2n} \sum_{k=1}^n \sin\frac{k\pi}{n} = \cos\frac{\pi}{2n} - \cos\left(n+\frac{1}{2}\right)\frac{\pi}{n}.$$

$$\therefore \int_0^\pi \sin x\, dx = \lim_{n\to\infty} \frac{\dfrac{\pi}{2n}\left\{\cos\dfrac{\pi}{2n} - \cos\left(1+\dfrac{1}{2n}\right)\pi\right\}}{\sin\dfrac{\pi}{2n}} = 2.$$

問 1. 次の定積分を求めよ:

(1) $\displaystyle\int_0^2 |x(x-1)|\,dx,$ (2) $\displaystyle\int_0^{\pi/2} \cos x\,dx.$

問 2. $\displaystyle\int_0^{a/2}\sqrt{a^2-x^2}\,dx\ (a>0)$ の幾何学的意味をいい，かつ，その値を求めよ．

問 3. 連続函数 $f(x)$ について，次のことを証明せよ．ただし $b>a>0$ とする．

(1) $\displaystyle\int_a^b f(x)\,dx = \int_{a-c}^{b-c} f(x+c)\,dx.$

(2) $f(x)$ が偶函数のとき
$$\int_{-a}^{a} f(x)\,dx = 2\int_0^a f(x)\,dx,$$

(3) $f(x)$ が奇函数のとき
$$\int_{-a}^{a} f(x)\,dx = 0.$$

§3. 定積分の諸性質

$a<b$ のとき，$\displaystyle\int_a^b f(x)\,dx$ は前節の定義の通りであるが，

(3.1) $\displaystyle\int_b^a f(x)\,dx = -\int_a^b f(x)\,dx$

により，積分の下端が上端より大きい場合の定積分を定義し，これを $f(x)$ の **b から a までの定積分**という．特に，上端と下端とが等しい場合の定積分の値は 0 とする，すなわち

(3.2) $\displaystyle\int_a^a f(x)\,dx = 0$

とする．

さて以下定積分のもつ基本的な性質を列挙する．函数はすべて積分区間内では連続とするが，このことを一々断わらない．

定理 3.1. α, β を定数とするとき，

(3.3) $\displaystyle\int_a^b \{\alpha f(x)+\beta g(x)\}\,dx = \alpha\int_a^b f(x)\,dx + \beta\int_a^b g(x)\,dx.$

証明. $a<b$ の場合だけ証明しておけば十分であろう．$[a,b]$ の任意の分割 $\Delta: a=x_0<x_1<x_2<\cdots<x_{n-1}<x_n=b$ について考えると

$$\sum_{k=1}^n \{\alpha f(x_k)+\beta g(x_k)\}\Delta x_k=\alpha\sum_{k=1}^n f(x_k)\Delta x_k+\beta\sum_{k=1}^n g(x_k)\Delta x_k$$

だから，ここで $n\to\infty$ として (3.3) を得る．

定理 3.2. a, b, c の大小如何にかかわらず

(3.4) $$\int_a^c f(x)dx = \int_a^b f(x)dx + \int_b^c f(x)dx.$$

証明. まず $a<b<c$ の場合を考えてみる．$[a,b]$ の n 等分点を $a=x_0, x_1, x_2, \cdots, x_n=b$，$[b,c]$ の n 等分点を $b=x_n, x_{n+1}, \cdots, x_{2n}=c$ とすると

$$\sum_{k=1}^{2n} f(x_k)\Delta x_k = \sum_{k=1}^n f(x_k)\Delta x_k + \sum_{k=n+1}^{2n} f(x_k)\Delta x_k$$

ここで $n\to\infty$ として直ちに (3.4) を得る．

次に，たとえば $a<c<b$ のような場合は，いま得たばかりの結果から

$$\int_a^b f(x)dx = \int_a^c f(x)dx + \int_c^b f(x)dx,$$

$$\therefore \int_a^c f(x)dx = \int_a^b f(x)dx - \int_c^b f(x)dx$$

$$= \int_a^b f(x)dx + \int_b^c f(x)dx.$$

ゆえに (3.4) が成り立つ．

他の大小関係の場合や二数が等しいような場合にも (3.4) が成り立つことは容易に証明される．

定理 3.3. $[a,b]$ において $g(x)\leqq f(x)$ ならば，

(3.5) $$\int_a^b g(x)dx \leqq \int_a^b f(x)dx.$$

上式で等号の成り立つのは，この区間において $g(x)\equiv f(x)$ の場合に限る ($a<b$)．

証明. $[a,b]$ の n 等分点を $a=x_0, x_1, x_2, \cdots, x_n=b$ とすると，

$$\sum_{k=1}^n g(x_k)\Delta x_k \leqq \sum_{k=1}^n f(x_k)\Delta x_k.$$

ここで $n\to\infty$ として (3.5) が得られる.

もし一点 α ($a\leqq\alpha\leqq b$) で $g(\alpha)<f(\alpha)$ となったとすれば, α を含む長さ 2ε (>0) の閉区間があって, ここでは $g(x)+\delta<f(x)$ が成り立つような正数 δ が存在する. 分割数を十分大きくとれば,

$$\sum_{k=1}^{n}g(x_k)\varDelta x_k+\varepsilon\delta<\sum_{k=1}^{n}f(x_k)\varDelta x_k$$

が成り立つようになるから, $n\to\infty$ として

$$\int_a^b g(x)\,dx+\varepsilon\delta\leqq\int_a^b f(x)\,dx.$$

$\varepsilon\delta>0$ だから,

$$\int_a^b g(x)\,dx<\int_a^b f(x)\,dx.$$

ゆえに, (3.5) で等式の成り立つのは $g(x)\equiv f(x)$ の場合に限る.

(3.5) の特別の場合として, $[a,b]$ における $f(x)$ の最大値を M, 最小値を m とすれば

(3.6) $$m(b-a)\leqq\int_a^b f(x)\,dx\leqq M(b-a).$$

$f(x)$ が定数函数でなければ

(3.6′) $$m(b-a)<\int_a^b f(x)\,dx<M(b-a).$$

例. $0<x<1\left(<\dfrac{\pi}{2}\right)$ では $0<\sin x<x$ であるから,

$$0<x\sin x<x^2 \qquad (0<x<1),$$

$$\therefore\quad 0<\int_0^1 x\sin x\,dx<\int_0^1 x^2\,dx=\frac{1}{3} \qquad (\S 1,\text{例}1).$$

定理 3.4. $a<b$ のとき

(3.7) $$\left|\int_a^b f(x)\,dx\right|\leqq\int_a^b |f(x)|\,dx.$$

上式で等号の成り立つのは, $[a,b]$ において $f(x)\geqq 0$ または $f(x)\leqq 0$ の場合に限る.

証明. 区間 $[a,b]$ を n 等分した分割について考えれば,

$$\left|\sum_{k=1}^{n}f(x_k)\varDelta x_k\right|\leqq\sum_{k=1}^{n}|f(x_k)|\varDelta x_k.$$

この式で $n\to\infty$ として (3.7) を得る.

もし,この区間で $f(x)\geqq 0$ または $f(x)\leqq 0$ でないとすれば,

$f(x)\geqq 0$ なる x では　　$f_+(x)=f(x)$,
$f(x)<0$ なる x では　　$f_+(x)=0$,
$f(x)>0$ なる x では　　$f_-(x)=0$,
$f(x)\leqq 0$ なる x では　　$f_-(x)=-f(x)$

により $f_+(x)$, $f_-(x)$ を定義するとき,$f_+(x)$, $f_-(x)$ ともに $[a,b]$ において連続であり,かつ

$$\int_a^b f_+(x)\,dx>0,\quad \int_a^b f_-(x)\,dx>0.$$

しかも

$$\int_a^b f(x)\,dx=\int_a^b f_+(x)\,dx-\int_a^b f_-(x)\,dx,$$

$$\int_a^b |f(x)|\,dx=\int_a^b f_+(x)\,dx+\int_a^b f_-(x)\,dx.$$

よって明らかに

$$\left|\int_a^b f(x)\,dx\right|<\int_a^b |f(x)|\,dx$$

となる.したがって,(3.7) で等号の成り立つのは $[a,b]$ において $f(x)\geqq 0$ または $f(x)\leqq 0$ の場合に限る.

定理 3.5.(第一平均値定理) $[a,b]$ において $g(x)\geqq 0$ ならば,

(3.8) $$\int_a^b f(x)g(x)\,dx=f(\xi)\int_a^b g(x)\,dx,\quad a<\xi<b$$

なる ξ が存在する.

証明. $f(x)$ の $[a,b]$ における最大値を M,最小値を m とすれば,

$$m\leqq f(x)\leqq M.$$

$g(x)\geqq 0$ だから,

$$mg(x)\leqq f(x)g(x)\leqq Mg(x).$$

これを a から b まで積分して

$$m\int_a^b g(x)\,dx\leqq \int_a^b f(x)g(x)\,dx\leqq M\int_a^b g(x)\,dx.$$

$g(x)\not\equiv 0$ とすれば $\int_a^b g(x)dx>0$ となるから,これで割って

$$m\leq c=\int_a^b f(x)g(x)dx\Big/\int_a^b g(x)dx\leq M.$$

定理2.2によれば $c=f(\xi)$, $a<\xi<b$ なる ξ が存在し,この ξ に対し

$$\int_a^b f(x)g(x)dx=f(\xi)\int_a^b g(x)dx$$

が成り立つ.$g(x)\equiv 0$ のときは明らかである.ゆえに,定理は証明された.

特に $g(x)\equiv 1$ ととって

(3.8′) $$\int_a^b f(x)dx=f(\xi)(b-a), \quad a<\xi<b$$

なる ξ が存在する.

定積分 $\int_a^b f(x)dx$ はその上端 b をいろいろ変えることによって変数 b の一つの函数とみることができる.b を改めて x とかけば $\int_a^x f(x)dx$ となるが,積分の上端の x と $f(x)dx$ における x とは役目を異にする.$f(x)dx$ における x はいわゆる積分変数と呼ばれるもので,元来これはどのような文字を用いてもよいものであるから,上のような場合には x 以外の文字を用いる方が望ましい.よって積分変数を t とすれば,この函数は

$$\int_a^x f(t)dt$$

と書ける.このとき

定理 3.6. $\int_a^x f(t)dt$ は x について連続である.

証明. x の近傍で $|f|\leq M$ とすれば,$|\Delta x|$ が十分小さいとき,

$$\left|\int_a^{x+\Delta x}f(t)dt-\int_a^x f(t)dt\right|=\left|\int_x^{x+\Delta x}f(t)dt\right|$$
$$\leq M|\Delta x|\to 0 \quad (\Delta x\to 0).$$

この式は,$\int_a^x f(t)dt$ が x について連続であることを示している.

定理 3.7.(第二平均値定理) $[a,b]$ において $g(x)$ が減少函数ならば,

(3.9) $$\int_a^b f(x)g(x)dx=g(a)\int_a^\xi f(x)dx+g(b)\int_\xi^b f(x)dx, \quad a<\xi<b$$

なる ξ が存在する.

さらに $g(x) \geqq 0$ なる条件があれば,

(3.10) $\qquad \int_a^b f(x)g(x)dx = g(a)\int_a^\xi f(x)dx, \quad a < \xi < b$

なる ξ が存在する.[1)]

これを証明するにあたって,まず次の定理を証明しておく.

定理 3.8.（**アーベルの定理**） $u_1, u_2, \cdots$ を任意の数列,$\varepsilon_1, \varepsilon_2, \cdots$ を負でない減少数列とするとき,もし $p=1, 2, \cdots, n$ に対し

$$A \leqq s_p = u_1 + u_2 + \cdots + u_p \leqq B$$

となるような定数 A, B が存在するならば

$$A\varepsilon_1 \leqq S = \varepsilon_1 u_1 + \varepsilon_2 u_2 + \cdots + \varepsilon_n u_n \leqq B\varepsilon_1$$

が成り立つ.

証明. $u_1 = s_1$, $u_2 = s_2 - s_1$, $\cdots$, $u_n = s_n - s_{n-1}$ であるから,

$$\begin{aligned} S &= \varepsilon_1 s_1 + \varepsilon_2 (s_2 - s_1) + \cdots + \varepsilon_n (s_n - s_{n-1}) \\ &= s_1(\varepsilon_1 - \varepsilon_2) + s_2(\varepsilon_2 - \varepsilon_3) + \cdots + s_{n-1}(\varepsilon_{n-1} - \varepsilon_n) + s_n \varepsilon_n \end{aligned}$$

となる.しかるに $\varepsilon_k - \varepsilon_{k+1} \geqq 0$ $(k=1, 2, \cdots, n-1)$,$\varepsilon_n \geqq 0$ であるから,

$$S \leqq B\{(\varepsilon_1 - \varepsilon_2) + (\varepsilon_2 - \varepsilon_3) + \cdots + (\varepsilon_{n-1} - \varepsilon_n) + \varepsilon_n\} = B\varepsilon_1.$$

同様に

$$A\varepsilon_1 \leqq S$$

を得るから,けっきょく

$$A\varepsilon_1 \leqq S \leqq B\varepsilon_1.$$

これを準備として定理 3.7 の証明に移ろう.まず (3.10) を証明する.$[a, b]$ の n 等分点を $a = x_0, x_1, x_2, \cdots, x_n = b$ とする.(3.8′) によれば,

$$f(\xi_k)(x_k - x_{k-1}) = \int_{x_{k-1}}^{x_k} f(x)dx, \quad x_{k-1} < \xi_k < x_k$$

なる ξ_k が存在する ($k=1, 2, \cdots, n$). この ξ_k を用いれば

[1)] この定理を利用するのは §16 においてであるから,それまではこの定理を省略されて先に進まれてもかまわない.

$$\int_a^b f(x)g(x)\,dx = \lim_{n\to\infty}\sum_{k=1}^n f(\xi_k)g(\xi_k)(x_k - x_{k-1})$$
$$= \lim_{n\to\infty}\sum_{k=1}^n g(\xi_k)\int_{x_{k-1}}^{x_k} f(x)\,dx.$$

$\{g(\xi_k)\}$ は減少数列で，各項は $\geqq 0$，かつ，

$$A \leqq \sum_{k=1}^p \int_{x_{k-1}}^{x_k} f(x)\,dx = \int_a^{x_p} f(x)\,dx \leqq B.$$

ただし A, B は $[a, b]$ における x の連続函数 $\int_a^x f(t)dt$ の最小値，最大値とする．したがって，定理 3.8 が応用できて $\left(u_k = \int_{x_{k-1}}^{x_k} f(x)\,dx,\ \varepsilon_k = g(\xi_k)\ \text{とおけ}\right)$

$$Ag(\xi_1) \leqq \sum_{k=1}^n g(\xi_k)\int_{x_{k-1}}^{x_k} f(x)\,dx \leqq Bg(\xi_1).$$

$n\to\infty$ とすれば $g(\xi_1) \to g(a)$ となるから，

$$Ag(a) \leqq \int_a^b f(x)g(x)\,dx \leqq Bg(a).$$

$g(a)\int_a^x f(t)dt$ に定理 2.2 を適用すれば，適当な ξ $(a<\xi<b)$ が存在して

$$\int_a^b f(x)g(x)\,dx = g(a)\int_a^\xi f(x)\,dx$$

となる．よって (3.10) が成り立つ．

次に

$$h(x) = g(x) - g(b) \geqq 0$$

を考えれば，この $h(x)$ に前の結果が適用できるから，適当な ξ $(a<\xi<b)$ が存在して

$$\int_a^b f(x)h(x)\,dx = \int_a^b f(x)g(x)\,dx - g(b)\int_a^b f(x)\,dx$$
$$= h(a)\int_a^\xi f(x)\,dx = g(a)\int_a^\xi f(x)\,dx - g(b)\int_a^\xi f(x)\,dx.$$

ゆえに，

$$\int_a^b f(x)g(x)\,dx = g(a)\int_a^\xi f(x)\,dx + g(b)\int_\xi^b f(x)\,dx,\ \ a<\xi<b$$

なる ξ が存在する．これで (3.9) の成り立つことも証明された．

問 1. $\dfrac{\pi}{2} < \displaystyle\int_0^{\pi/2} \dfrac{dx}{\sqrt{1-(1/2)\sin^2 x}} < \dfrac{\pi}{\sqrt{2}}$ を証明せよ．

問 2. $1 < \displaystyle\int_0^1 (1+x)^x dx < \dfrac{3}{2}$ を証明せよ．

問 3. $f(x), g(x)$ を $[a, b]$ における連続函数とするとき，
$$\left(\int_a^b f(x)g(x)\,dx\right)^2 \leqq \int_a^b f^2(x)\,dx \int_a^b g^2(x)\,dx$$
が成り立つことを証明せよ．これは**シュワルツの不等式**と呼ばれているものである．

§4. 基本定理

前節の定理 3.6 において $\displaystyle\int_a^x f(t)\,dt$ は x について連続であることを示したが，さらに進んで次の定理を証明することができる．これは**微分積分学における基本定理**とも呼ばれ最も重要な定理である．

定理 4.1. 区間 $[a, b]$ において $f(x)$ が連続ならば，$\displaystyle\int_a^x f(t)\,dt$ は x について微分可能で，かつ

(4.1) $$\dfrac{d}{dx}\int_a^x f(t)\,dt = f(x), \quad a \leqq x \leqq b$$

が成り立つ．

証明．
$$S(x) = \int_a^x f(t)\,dt$$

とおくとき，絶対値の十分小さい実数 h ($\neq 0$) に対し[1]

$$\dfrac{S(x+h) - S(x)}{h} = \dfrac{1}{h}\int_x^{x+h} f(t)\,dt = f(\xi)$$

なる ξ が x と $x+h$ との間に存在する．ここで $h \to 0$ とすれば明らかに $f(\xi) \to f(x)$ となるから，上式より

$$S'(x) = \lim_{h \to 0} \dfrac{S(x+h) - S(x)}{h} = f(x).$$

すなわち，$\displaystyle\int_a^x f(t)\,dt$ は微分可能であって

---

1) $x = a$ のときは $h > 0$, $x = b$ のときは $h < 0$ と限定する．

$$\frac{d}{dx}\int_a^x f(t)\,dt = f(x), \quad a \leqq x \leqq b$$

が成り立つ.

この証明において $x=a$ では $S'(x)$ を右微係数

$$\lim_{h \to +0} \frac{S(a+h)-S(a)}{h},$$

$x=b$ では $S'(x)$ を左微係数

$$\lim_{h \to -0} \frac{S(b+h)-S(b)}{h}$$

の意味にとっている. 以下 $[a, b]$ において $f'(x)$ が存在するというようなときには, 区間の両端における $f'(x)$ はこのような意味にとるものとする.

例 1. $\qquad \dfrac{d}{dx}\displaystyle\int_0^x e^t \sin^2 t\, dt = e^x \sin^2 x.$

例 2. $\qquad \displaystyle\int_{-x}^{x} f(t)\,dt = \int_{-x}^{0} f(t)\,dt + \int_{0}^{x} f(t)\,dt = \int_{0}^{x} f(t)\,dt - \int_{0}^{-x} f(t)\,dt$

$$\therefore \quad \frac{d}{dx}\int_{-x}^{x} f(t)\,dt = f(x) - \frac{d(-x)}{dx}\cdot\frac{d}{d(-x)}\int_0^{-x} f(t)\,dt$$
$$= f(x) + f(-x).$$

さて, この函数 $S(x)=\displaystyle\int_a^x f(t)\,dt$ は, その導函数が $f(x)$ となるような函数である. このように与えられた $f(x)$ に対し, 導函数が $f(x)$ となるような函数のことを $f(x)$ の**原始函数**という. 連続函数 $f(x)$ の原始函数はこのように必ず存在することはわかるが, それは一つとは限らない. なぜならば, $S(x)+C$ (定数) もまた $f(x)$ の原始函数となるから. しかし, 原始函数はこの形の函数以外には存在しないのである. すなわち, $f(x)$ の原始函数は常に $S(x)+C$ という形に書ける. なぜならば, 任意の原始函数を $F(x)$ とするとき,

$$\frac{d}{dx}\{F(x)-S(x)\}=0.$$

導函数がある区間で常に 0 となる函数は定数以外にはないから[1]

$$F(x)-S(x)=C \qquad \therefore \quad F(x)=S(x)+C.$$

定理 4.2. ある区間で連続な函数 $f(x)$ の原始函数の一つを $F(x)$ とすると

---

1) 微分学 (本講座第5巻) 定理 23.3

き，この区間内の任意の点 a, b について

(4.2) $$\int_a^b f(x)\,dx = F(b) - F(a).$$

証明. $F(x)$ は $f(x)$ の原始函数だから，

$$F(x) = \int_a^x f(t)\,dt + C.$$

しかるに $F(a) = C$, $F(b) = \int_a^b f(t)\,dt + C$,

$$\therefore \int_a^b f(t)\,dt = F(b) - F(a).$$

この右辺を今後 $[F(x)]_a^b$ と書くことにすれば，(4.2) は

(4.2′) $$\int_a^b f(x)\,dx = [F(x)]_a^b$$

と書ける．

例 3. $$\frac{d}{dx}\left(\frac{\alpha}{2}x^2 + \beta x\right) = \alpha x + \beta.$$

$$\therefore \int_0^1 (\alpha x + \beta)\,dx = \left[\frac{\alpha}{2}x^2 + \beta x\right]_0^1 = \frac{\alpha}{2} + \beta.$$

例 4. $$\frac{d}{dx}(-\cos x) = \sin x.$$

$$\therefore \int_0^\pi \sin x\,dx = [-\cos x]_0^\pi = 2.$$

これらの二例はすでに §2, 例 1, 2 として定積分の定義にしたがって直接計算したものであるが，それより遥かに簡単な計算法を知ったことになる．かくて定積分の計算は被積分函数の原始函数を求めること（微分の逆演算）に帰着せしめられたのである．

問 1. 連続函数 $f(x)$ について

(1) $\dfrac{d}{dx}\displaystyle\int_x^{x+1} f(t)\,dt$,   (2) $\dfrac{d}{dx}\displaystyle\int_x^{2x} f(t)\,dt$

を求めよ．

問 2. $f(x) = 1$ $(-\infty < x \leqq 0)$, $f(x) = \cos x$ $(0 < x < \infty)$ なる函数の原始函数 $F(x)$ のうち, $x = 0$ で $F(x) = 0$ となるものを求めよ．

問 3. 次の定積分の値を求めよ：

(1) $\displaystyle\int_a^b x^n\,dx$ $(n \neq -1)$,   (2) $\displaystyle\int_1^2 \frac{1}{x}\,dx$,

(3) $\displaystyle\int_0^{\pi/2} \cos x\,dx$,   (4) $\displaystyle\int_a^b e^x\,dx$.

問 題 1

1. 曲線 $y=\sqrt{x}$ と x 軸および直線 $x=4$ によって囲まれた部分の面積を区分求積法で求めよ．

2. 定積分の定義にしたがって $\int_a^b e^x dx$ を求めよ．

3. 区間 $a \leq x \leq b$ を細分区間の幅が等比数列をなすように分割し，これを利用して $\int_a^b x^m dx\ (m \neq -1)$ の値を求めよ．

4. 次の不等式を証明せよ：
$$\frac{1}{2}+\frac{1}{3}+\cdots+\frac{1}{n} < \int_1^n \frac{1}{x}dx < 1+\frac{1}{2}+\cdots+\frac{1}{n-1}.$$

5. 連続函数 $f(x)$ に関して，次の等式を証明せよ：

（1） $\int_{-a}^a f(x^2)dx = 2\int_0^a f(x^2)dx$,

（2） $\int_{-a}^a xf(x^2)dx = 0$,

（3） $\int_0^{\pi/2} f(\cos x)dx = \int_0^{\pi/2} f(\sin x)dx$.

6. $0 \leq x \leq 1$ において $f(x)$ は連続で >0 なるとき，
$$\log\left(\int_0^1 f(x)dx\right) \geq \int_0^1 \log f(x)dx$$
なることを証明せよ．

7. $f(x), \varphi_1(x), \varphi_2(x), \cdots, \varphi_n(x)$ を $a \leq x \leq b$ における連続函数とし
$$\int_a^b \varphi_i(x)\varphi_j(x)dx = \begin{cases} 1 & (i=j) \\ 0 & (i \neq j) \end{cases}$$
なるものとする．しかるとき
$$\int_a^b \left\{f(x) - \sum_{i=1}^n c_i \varphi_i(x)\right\}^2 dx$$
を最小にする定数 $c_1, c_2, \cdots, c_n$ の値を求めよ．

8. $\dfrac{1}{3} < \int_0^1 x^{(\sin x + \cos x)^2}dx < \dfrac{1}{2}$ を示せ．

9. $f(x)$ を連続函数とするとき，

（1） $\dfrac{d}{dx}\int_x^{x^2} f(t)dt,$ （2） $\dfrac{d}{dx}\int_0^{x+1} xf(t)dt$

を求めよ．

10. $-\infty < x < \infty$ において $(2x+1)f(x) = 1 - 3x + 6\int_0^x f(t)dt$ を満たす連続函数 $f(x)$ を求めよ．

第2章 不定積分

§5. 不定積分と基本公式

前節で,連続函数 $f(x)$ の原始函数は必ず存在し,それは一般に
$$\int_a^x f(t)\,dt + C$$
という形に書けることを知った.ここに C は任意定数であるが,積分の下端 a もまた区間内に任意にとり得る定数であるから,これを特に指定する意味もなくなる.よって,これらの不定要素は省略し簡単に
$$\int f(x)\,dx$$
と記してもよいであろう.このような意味において,これを $f(x)$ の**不定積分**と呼び,これを求めることを $f(x)$ を**積分する**という.$f(x)$ はこの場合にも被積分函数といわれる.

$f(x)$ の不定積分を求めることは,その原始函数を求めることと全く同じであり,原始函数の一つを $F(x)$ とすると,
$$\int f(x)\,dx = F(x) + C$$
と書けるわけであるが,定数を表わす C (普通**積分定数**と呼ばれる)を一々書かないで省略する場合が多い.本書もこれにならって積分定数は省略して書かないことにする.

不定積分について,次の基本的な関係のあることは容易に確かめられる.

α, β を任意の定数とするとき,

(5.1) $\qquad \int \{\alpha f(x) + \beta g(x)\}\,dx = \alpha \int f(x)\,dx + \beta \int g(x)\,dx.$

$\int f(x)\,dx = F(x)$ とすれば,

(5.2) $\qquad\qquad \int f(ax)\,dx = \dfrac{1}{a} F(ax) \qquad (a \neq 0).$

この積分という演算は微分の逆演算であるから,微分法に関する公式はその

まま積分法に関する公式になるわけで，それらのもののうち基本的なものを列挙すると

(5.3) $$\int x^n dx = \frac{x^{n+1}}{n+1} \qquad (n \neq -1),$$

(5.4) $$\int \frac{dx}{x} = \log |x|,{}^{1)}$$

(5.5) $$\int e^x dx = e^x,$$

(5.6) $$\int a^x dx = \frac{a^x}{\log a} \qquad (a>0,\ a \neq 1),$$

(5.7) $$\int \sin x\, dx = -\cos x,$$

(5.8) $$\int \cos x\, dx = \sin x,$$

(5.9) $$\int \sec^2 x\, dx = \tan x,$$

(5.10) $$\int \mathrm{cosec}^2 x\, dx = -\cot x,$$

(5.11) $$\int \frac{dx}{a^2+x^2} = \frac{1}{a}\tan^{-1}\frac{x}{a} \quad \left(\text{または}\ -\frac{1}{a}\cot^{-1}\frac{x}{a}\right),$$

$a>0$ とするとき

(5.12) $$\int \frac{dx}{\sqrt{a^2-x^2}} = \sin^{-1}\frac{x}{a} \quad \left(\text{または}\ -\cos^{-1}\frac{x}{a}\right).$$

最後の二つの公式については若干の注意を要する．右辺の函数は多価函数である．(5.11) にあっては，どの分枝をとってもかまわないが，(5.12) にあっては

$$2n\pi - \frac{\pi}{2} < \sin^{-1}\frac{x}{a} < 2n\pi + \frac{\pi}{2},$$

$$2n\pi < \cos^{-1}\frac{x}{a} < (2n+1)\pi \qquad (n\text{ は整数})$$

---

1) ただし，$\int \frac{dx}{x}$ とは $\int \frac{1}{x} dx$ のことで，今後このような書き方をする．また $\int dx$ は $\int 1\, dx$ のことである．なお，$\int \frac{dx}{x} = \log x$ とする本も多い．

なる分枝（$n=0$ のときにはともに主値となる）をとるべきであって，他の分枝をとるときには公式の符号を変えねばならないのである．しかし，以後このような逆三角函数にあっては，その主値をとるものと約束しておく．

最後に，次の基本的な法則を追加しておく．

(5.13) $$\int \frac{f'(x)}{f(x)}dx = \log|f(x)|,$$

(5.14) $$\int f^n(x)f'(x)dx = \frac{f^{n+1}(x)}{n+1} \quad (n \neq -1).$$

例 1. $\int\left(3x^2 - \frac{1}{x} + \frac{2}{\sqrt{x}}\right)dx = \int 3x^2 dx - \int\frac{dx}{x} + \int\frac{2}{\sqrt{x}}dx = x^3 - \log|x| + 4\sqrt{x}.$

例 2. $\int \sin^2 x\, dx = \int \frac{1-\cos 2x}{2}dx = \frac{1}{2}\left(\int dx - \int \cos 2x\, dx\right) = \frac{1}{2}\left(x - \frac{\sin 2x}{2}\right).$

例 3. $\int \tan x\, dx = \int \frac{\sin x}{\cos x}dx = -\int \frac{(\cos x)'}{\cos x}dx = -\log|\cos x|.$

例 4. $\int \frac{dx}{\sin x} = \int \frac{dx}{2\sin\frac{x}{2}\cos\frac{x}{2}} = \int \frac{\frac{1}{2}\sec^2\frac{x}{2}}{\tan\frac{x}{2}}dx = \int \frac{\left(\tan\frac{x}{2}\right)'}{\tan\frac{x}{2}}dx = \log\left|\tan\frac{x}{2}\right|.$

例 5. $\int \frac{dx}{x^2(x^2+2)} = \frac{1}{2}\int\left(\frac{1}{x^2} - \frac{1}{x^2+2}\right)dx = \frac{1}{2}\left(\int \frac{dx}{x^2} - \int \frac{dx}{x^2+2}\right)$
$= -\frac{1}{2}\left(\frac{1}{x} + \frac{1}{\sqrt{2}}\tan^{-1}\frac{x}{\sqrt{2}}\right).$

例 6. $\int \frac{dx}{\sqrt{1-a^2x^2}} = \frac{1}{a}\int \frac{dx}{\sqrt{\left(\frac{1}{a}\right)^2 - x^2}} = \frac{1}{a}\sin^{-1}ax \quad (a>0).$

例 7. $\int \frac{dx}{x^2-a^2} = \int \frac{1}{2a}\left(\frac{1}{x-a} - \frac{1}{x+a}\right)dx = \frac{1}{2a}\left(\int \frac{dx}{x-a} - \int \frac{dx}{x+a}\right)$
$= \frac{1}{2a}(\log|x-a| - \log|x+a|) = \frac{1}{2a}\log\left|\frac{x-a}{x+a}\right| \quad (a \neq 0).$

例 8. $\int x\sqrt{a^2+x^2}\,dx = \frac{1}{2}\int(2x)\sqrt{a^2+x^2}\,dx = \frac{1}{2}\int(a^2+x^2)'\sqrt{a^2+x^2}\,dx$
$= \frac{1}{3}\sqrt{(a^2+x^2)^3}.$

問． 次の函数を積分せよ：

(1) $x(1-x)^2,$ 　　　　　　　(2) $\dfrac{1}{\sqrt{x}+\sqrt{x+1}},$

(3) $x\sqrt{x+a},$ 　　　　　　　(4) $\dfrac{x^2}{x^3+1},$

(5) $e^x(1+e^x)^2$, (6) $\sin ax \sin bx \quad (a^2 \neq b^2)$,
(7) $\sin^n x \cos x \quad (n \neq -1)$, (8) $\sin^3 x$,
(9) $\dfrac{x^2}{x^2+a^2} \quad (a \neq 0)$, (10) $\dfrac{a-x^3}{\sqrt{a^2-x^2}} \quad (a>0)$.

§6. 置換積分法

複雑な函数の積分を遂行するにあたって，いろいろの技巧を必要とする場合が多い．その一つとして置換積分法というものを述べよう．

$$\int f(x)dx = F(x)$$

において，$x = \varphi(t)$ によって x を他の変数 t に移せば，

$$\frac{d}{dt}F(x) = \frac{dF(x)}{dx}\frac{dx}{dt} = f(\varphi(t))\varphi'(t).$$

$f(\varphi(t))\varphi'(t)$ が t について連続ならば，

(6.1) $$F(x) = \int f(x)dx = \int f(\varphi(t))\varphi'(t)dt$$

なる関係式を得る．

もし，$\varphi(t)$ を適当に選んで $f(\varphi(t))\varphi'(t)$ が t の函数として積分しやすい形になるならば，この積分を行い，それをもとの変数 x にもどして求める不定積分を得ることができる．この方法を**置換積分法**という．(6.1) は x の代わりに $\varphi(t)$，dx の代わりに $\varphi'(t)dt$ を代入した結果になっている．実際どのような置換を行うかは，多数回の演習によってその方法を習得するように心がけねばならない．

なお，$\int f(t)dt = F(t)$ のとき，$ax+b = t$ とおけば $a\,dx = dt$ であるから，

$$\int f(ax+b)dx = \frac{1}{a}\int f(t)dt = \frac{1}{a}F(t).$$

ゆえに，

(6.2) $$\int f(ax+b)dx = \frac{1}{a}F(ax+b) \qquad (a \neq 0)$$

なる関係式を得る．

例 1. $\int (ax+b)^n dx \ (a \neq 0)$ を求めよ．

$$\int t^n dt = \frac{t^{n+1}}{n+1} \ (n \neq -1), \qquad \int \frac{dt}{t} = \log|t|$$

であるから，(6.2) によって

$$\int (ax+b)^n dx = \frac{(ax+b)^{n+1}}{(n+1)a} \qquad (n \neq -1),$$

$$\int \frac{dx}{ax+b} = \frac{1}{a} \log|ax+b|.$$

例 2. $\int \dfrac{dx}{\cos x}$ を求めよ．

$\cos x = \sin\left(x + \dfrac{\pi}{2}\right)$ であるから，$x + \dfrac{\pi}{2} = t$ とおけば $dx = dt$ である．

$$\therefore \int \frac{dx}{\cos x} = \int \frac{dx}{\sin\left(x+\dfrac{\pi}{2}\right)} = \int \frac{dt}{\sin t} = \log\left|\tan \frac{t}{2}\right| = \log\left|\tan\left(\frac{x}{2} + \frac{\pi}{4}\right)\right|.$$

注意． $\int \dfrac{dx}{\cos x} = \dfrac{1}{2} \log\left|\dfrac{1+\sin x}{1-\sin x}\right|$ とも書ける．

例 3. $\int \dfrac{dx}{ax^2 + 2bx + c} \ (a \neq 0)$ を求めよ．

$ax^2 + 2bx + c = \dfrac{1}{a}\{(ax+b)^2 + (ac-b^2)\}$ であるから，$ax+b = t$ とおけば $a\,dx = dt$ である．ゆえに，

$$I = \int \frac{dx}{ax^2+2bx+c} = \int \frac{dt}{t^2 + (ac-b^2)}$$

とおけば，$ac - b^2 > 0$ のとき

$$I = \frac{1}{\sqrt{ac-b^2}} \tan^{-1} \frac{t}{\sqrt{ac-b^2}} = \frac{1}{\sqrt{ac-b^2}} \tan^{-1} \frac{ax+b}{\sqrt{ac-b^2}}.$$

$ac - b^2 = 0$ のとき

$$I = \int \frac{dt}{t^2} = -\frac{1}{t} = -\frac{1}{ax+b},$$

$ac - b^2 < 0$ のとき

$$I = \int \frac{dt}{t^2 - (\sqrt{b^2-ac})^2} = \frac{1}{2\sqrt{b^2-ac}} \log\left|\frac{t-\sqrt{b^2-ac}}{t+\sqrt{b^2-ac}}\right|$$

$$= \frac{1}{2\sqrt{b^2-ac}} \log\left|\frac{ax+b-\sqrt{b^2-ac}}{ax+b+\sqrt{b^2-ac}}\right|.$$

例 4. $\int \sqrt{a^2-x^2}\, dx \ (a>0)$ を求めよ．

$a^2 - x^2 \geqq 0$ だから $-a \leqq x \leqq a$．よって，$x = a\sin\theta \left(-\dfrac{\pi}{2} \leqq \theta \leqq \dfrac{\pi}{2}\right)$ とおくことができる．このとき $dx = a\cos\theta\, d\theta$，$a > 0$，$\cos\theta \geqq 0$ なることに注意して

$$\int \sqrt{a^2-x^2}\,dx = \int \sqrt{a^2-a^2\sin^2\theta}\,(a\cos\theta)\,d\theta$$
$$= a^2\int \cos^2\theta\,d\theta = \frac{a^2}{2}\int(\cos 2\theta+1)\,d\theta$$
$$= \frac{a^2}{2}\left(\frac{\sin 2\theta}{2}+\theta\right) = \frac{a^2}{2}(\sin\theta\cos\theta+\theta).$$

しかるに $\theta=\sin^{-1}\dfrac{x}{a}$, また $\cos\theta=\sqrt{1-\left(\dfrac{x}{a}\right)^2}=\dfrac{1}{a}\sqrt{a^2-x^2}$ であるから,

$$\int \sqrt{a^2-x^2}\,dx = \frac{1}{2}\left(x\sqrt{a^2-x^2}+a^2\sin^{-1}\frac{x}{a}\right) \quad (a>0).$$

例 5. $\displaystyle\int \frac{dx}{x\sqrt{x^2-a^2}}$ $(a>0)$ を求めよ.

$x=\dfrac{a}{t}$ とおけば $dx=-\dfrac{a\,dt}{t^2}$ となる.

$$I=\int \frac{dx}{x\sqrt{x^2-a^2}} = -\int \frac{dt}{t\sqrt{\left(\dfrac{a}{t}\right)^2-a^2}}$$

とおけば, $t>0$ のとき

$$I=-\frac{1}{a}\int \frac{dt}{\sqrt{1-t^2}} = -\frac{1}{a}\sin^{-1}t = -\frac{1}{a}\sin^{-1}\frac{a}{x}.$$

$t<0$ のとき

$$I=\frac{1}{a}\int \frac{dt}{\sqrt{1-t^2}} = \frac{1}{a}\sin^{-1}t = \frac{1}{a}\sin^{-1}\frac{a}{x}.$$

$\sin^{-1}\dfrac{a}{x}$ は奇函数だから, けっきょく

$$\int \frac{dx}{x\sqrt{x^2-a^2}} = -\frac{1}{a}\sin^{-1}\frac{a}{|x|}.$$

例 6. $\displaystyle\int \frac{dx}{\sqrt{a^2+x^2}}$ $(a>0)$ を求めよ.

$x=a\tan\theta\left(|\theta|<\dfrac{\pi}{2}\right)$ とおけば $\sqrt{a^2+x^2}=a\sec\theta$, $dx=a\sec^2\theta\,d\theta$ となるから,

$$I=\int \frac{dx}{\sqrt{a^2+x^2}} = \int \sec\theta\,d\theta = \log\left|\tan\left(\frac{\theta}{2}+\frac{\pi}{4}\right)\right|.$$

しかるに

$$\tan\frac{\theta}{2} = \frac{2\sin^2\dfrac{\theta}{2}}{2\cos\dfrac{\theta}{2}\sin\dfrac{\theta}{2}} = \frac{1-\cos\theta}{\sin\theta} = \frac{\sec\theta-1}{\tan\theta}$$

$$= \frac{\sqrt{1+\tan^2\theta}-1}{\tan\theta} = \frac{a\left(\sqrt{1+\left(\dfrac{x}{a}\right)^2}-1\right)}{x}$$

$$= \frac{\sqrt{a^2+x^2}-a}{x}.$$

$$\therefore \quad \tan\left(\frac{\theta}{2}+\frac{\pi}{4}\right) = \frac{1+\tan\frac{\theta}{2}}{1-\tan\frac{\theta}{2}} = \frac{x+\sqrt{a^2+x^2}-a}{x-\sqrt{a^2+x^2}+a}$$

$$= \frac{x+\sqrt{a^2+x^2}}{a}.$$

ゆえに，定数 $\log a$ を省略して

$$\int \frac{dx}{\sqrt{a^2+x^2}} = \log(x+\sqrt{a^2+x^2}).$$

問. 次の函数を積分せよ：

(1) $x^2(ax+b)^n$ $(a\neq 0,\ n>0)$,　　(2) $\dfrac{1}{1+x+x^2}$,

(3) $\sqrt{2ax-x^2}$ $(a>0)$,　　(4) $\dfrac{x}{x^4+1}$,

(5) $\dfrac{e^x}{1+e^{2x}}$,　　(6) $\dfrac{1}{\sqrt{(a^2+x^2)^3}}$ $(a>0)$,

(7) $\dfrac{1}{x\sqrt{a^2-x^2}}$ $(a>0)$,　　(8) $\dfrac{1}{\sin x+\cos x}$,

(9) $\dfrac{\sin x}{2-\cos^2 x}$,　　(10) $e^{\sin x}\cos x$.

§7. 部分積分法

他の積分技巧として部分積分法について述べよう．二つの函数 $f(x),\ g(x)$ があるとき，

$$\frac{d}{dx}\{f(x)g(x)\} = f'(x)g(x)+f(x)g'(x).$$

これを積分して

$$f(x)g(x) = \int f'(x)g(x)\,dx + \int f(x)g'(x)\,dx.$$

ゆえに，

(7.1) $$\int f(x)g'(x)\,dx = f(x)g(x) - \int f'(x)g(x)\,dx.$$

左辺の積分を求めるに際して，右辺第二項の積分の方が求めやすいような場合，上式を利用して左辺を求めることができる．この方法を**部分積分法**といい，

極めて有効な手段である．上式において，特に $g(x) \equiv x$ とおけば

(7.2) $$\int f(x)\,dx = xf(x) - \int xf'(x)\,dx$$

を得る．

例 1. $\int x\cos x\,dx = \int x(\sin x)'\,dx$
$$= x\sin x - \int \sin x\,dx = x\sin x + \cos x.$$

例 2. $\int \log x\,dx = x\log x - \int x(\log x)'\,dx = x\log x - \int dx = x(\log x - 1).$

例 3. $\int \tan^{-1}x\,dx = x\tan^{-1}x - \int x(\tan^{-1}x)'\,dx$
$$= x\tan^{-1}x - \int \frac{x}{1+x^2}\,dx = x\tan^{-1}x - \frac{1}{2}\log(1+x^2).$$

例 4. $\int e^{ax}\sin bx\,dx \quad (a \neq 0)$
$$= \int \left(\frac{e^{ax}}{a}\right)'\sin bx\,dx = \frac{e^{ax}}{a}\sin bx - \frac{b}{a}\int e^{ax}\cos bx\,dx$$
$$= \frac{e^{ax}}{a}\sin bx - \frac{b}{a^2}e^{ax}\cos bx - \frac{b^2}{a^2}\int e^{ax}\sin bx\,dx.$$

右辺第三項を移項して
$$\left(1+\frac{b^2}{a^2}\right)\int e^{ax}\sin bx\,dx = \frac{e^{ax}}{a^2}(a\sin bx - b\cos bx).$$
$$\therefore \quad \int e^{ax}\sin bx\,dx = \frac{e^{ax}}{a^2+b^2}(a\sin bx - b\cos bx).$$

例 5. $\int \sqrt{a^2+x^2}\,dx = x\sqrt{a^2+x^2} - \int \frac{x^2}{\sqrt{a^2+x^2}}\,dx = x\sqrt{a^2+x^2} - \int \frac{a^2+x^2-a^2}{\sqrt{a^2+x^2}}\,dx$
$$= x\sqrt{a^2+x^2} - \int \sqrt{a^2+x^2}\,dx + \int \frac{a^2}{\sqrt{a^2+x^2}}\,dx.$$

右辺第二項を移項して
$$2\int \sqrt{a^2+x^2}\,dx = x\sqrt{a^2+x^2} + a^2\int \frac{dx}{\sqrt{a^2+x^2}}$$
$$= x\sqrt{a^2+x^2} + a^2\log(x+\sqrt{a^2+x^2}).$$
$$\therefore \quad \int \sqrt{a^2+x^2}\,dx = \frac{1}{2}\left\{x\sqrt{a^2+x^2} + a^2\log(x+\sqrt{a^2+x^2})\right\}.$$

問． 次の函数を積分せよ：

（1） $e^x(ax^2+bx+c),$　　　　　（2） $xa^x,$

（3） $x\log x,$　　　　　　　　　（4） $\dfrac{\log x}{(1+x)^2},$

（5） $x^2\sin x$,　　　　　　　（6） $x\cos^3 x$,
（7） $\sin^{-1}x$,　　　　　　（8） $e^{ax}\cos bx\ (a\neq 0)$.

§8. 有理函数の積分

　有理函数の積分は，いままでに置換積分法，部分積分法などの例題や問としてとりあげてきたが，それらの取り扱いはすべて断片的であったので，この節ではそれをまとめて統一的に考察する．

　有理函数 $R(x)$ は二つの整式 $P(x),\ Q(x)$ の商
$$R(x)=\frac{P(x)}{Q(x)}$$
である．ここに $P(x),\ Q(x)$ は共通の因子をもたないものとする．いま $Q(x)=0$ の相異なる実根を $a_1,\ a_2,\ \cdots,\ a_m$，それらの位数を $k_1,\ k_2,\ \cdots,\ k_m$，また相異なる虚根を $\alpha_1\pm i\beta_1,\ \alpha_2\pm i\beta_2,\ \cdots,\ \alpha_n\pm i\beta_n$，それらの位数を $r_1,\ r_2,\ \cdots,\ r_n$ とすれば，$Q(x)$ は
$$\begin{aligned}Q(x)=&C(x-a_1)^{k_1}(x-a_2)^{k_2}\cdots(x-a_m)^{k_m}\\&\times\{(x-\alpha_1)^2+\beta_1^2\}^{r_1}\{(x-\alpha_2)^2+\beta_2^2\}^{r_2}\cdots\{(x-\alpha_n)^2+\beta_n^2\}^{r_n}\end{aligned}$$
となる（C は定数）．したがって，代数学で知られているように

$$\begin{aligned}(8.1)\quad R(x)=&F(x)+\frac{A_1^{(1)}}{(x-a_1)^{k_1}}+\frac{A_2^{(1)}}{(x-a_1)^{k_1-1}}+\cdots+\frac{A_{k_1}^{(1)}}{(x-a_1)}\\&+\frac{A_1^{(2)}}{(x-a_2)^{k_2}}+\frac{A_2^{(2)}}{(x-a_2)^{k_2-1}}+\cdots+\frac{A_{k_2}^{(2)}}{(x-a_2)}\\&\qquad\qquad\cdots\cdots\cdots\cdots\cdots\\&+\frac{B_1^{(1)}x+C_1^{(1)}}{\{(x-\alpha_1)^2+\beta_1^2\}^{r_1}}+\frac{B_2^{(1)}x+C_2^{(1)}}{\{(x-\alpha_1)^2+\beta_1^2\}^{r_1-1}}+\cdots+\frac{B_{r_1}^{(1)}x+C_{r_1}^{(1)}}{(x-\alpha_1)^2+\beta_1^2}\\&+\frac{B_1^{(2)}x+C_1^{(2)}}{\{(x-\alpha_2)^2+\beta_2^2\}^{r_2}}+\cdots\\&\qquad\qquad\cdots\cdots\cdots\cdots\cdots.\end{aligned}$$

という形の部分分数に分解される．[1] ここに $F(x)$ は整式，$A_i^{(j)},\ B_i^{(j)},\ C_i^{(j)}$ などはすべて定数である．したがって

---

1) 代数学（本講座第1巻）§11 参照．

$$(8.2) \quad \int R(x)\,dx = \int F(x)\,dx + \sum_{j=1}^{m}\sum_{i=1}^{k_j}\int \frac{A_i^{(j)}}{(x-a_j)^{k_j-i+1}}\,dx$$
$$+ \sum_{j=1}^{n}\sum_{i=1}^{r_j}\int \frac{B_i^{(j)}x+C_i^{(j)}}{\{(x-\alpha_j)^2+\beta_j^2\}^{r_j-i+1}}\,dx.$$

$F(x)$ は整式だから, $\int F(x)dx$ はすぐ求まって, これもまた整式となる. 残りの項は一般に

$$\int \frac{dx}{(x-a)^k}, \qquad \int \frac{bx+c}{\{(x-\alpha)^2+\beta^2\}^r}\,dx \qquad (\beta\neq 0)$$

の形の積分に帰着する.

第一の積分は

$$(8.3) \quad \int \frac{dx}{(x-a)^k} = \begin{cases} \log|x-a| & (k=1), \\ -\dfrac{1}{(k-1)(x-a)^{k-1}} & (k>1). \end{cases}$$

第二の積分においては, $x-\alpha=t$ とおけば,

$$(8.4) \quad \int \frac{bx+c}{\{(x-\alpha)^2+\beta^2\}^r}\,dx = (b\alpha+c)\int \frac{dt}{(t^2+\beta^2)^r} + b\int \frac{t}{(t^2+\beta^2)^r}\,dt.$$

右辺第二項の積分は

$$(8.5) \quad \int \frac{t}{(t^2+\beta^2)^r}\,dt = \begin{cases} \dfrac{1}{2}\log(t^2+\beta^2) = \dfrac{1}{2}\log\{(x-\alpha)^2+\beta^2\} & (r=1), \\ \dfrac{1}{2(1-r)(t^2+\beta^2)^{r-1}} = -\dfrac{1}{2(r-1)\{(x-\alpha)^2+\beta^2\}^{r-1}} \\ \hfill (r>1). \end{cases}$$

右辺第一項の積分については

$$(8.6) \quad \int \frac{dt}{(t^2+\beta^2)^r} = \frac{1}{\beta^{2r-1}}\int \frac{du}{(u^2+1)^r} = \frac{1}{\beta^{2r-1}}I_r$$
$$(t=\beta u, \quad r=1,2,\cdots).$$

とおけば, $r>1$ に対して

$$I_r = \int \frac{(u^2+1)-u^2}{(u^2+1)^r}\,du = I_{r-1} - \int \frac{u^2}{(u^2+1)^r}\,du$$
$$= I_{r-1} - \frac{1}{2}\int \frac{2u}{(u^2+1)^r}u\,du$$

§8. 有理函数の積分

$$= I_{r-1} - \frac{1}{2}\left\{\frac{u}{(1-r)(u^2+1)^{r-1}} + \frac{1}{r-1}\int\frac{du}{(u^2+1)^{r-1}}\right\}$$

$$= I_{r-1} + \frac{u}{(2r-2)(u^2+1)^{r-1}} - \frac{1}{(2r-2)}I_{r-1}.$$

$$\therefore\quad I_r = \frac{2r-3}{2r-2}I_{r-1} + \frac{u}{(2r-2)(u^2+1)^{r-1}} \qquad (r=2,3,\cdots).$$

かくして I_r は I_{r-1} でもって表わされた．一般に，I_r を I_{r-1} に帰着させる上のような式のことを**漸化式**といっている．

さて

$$I_1 = \int\frac{du}{u^2+1} = \tan^{-1}u.$$

したがって

$$I_2 = \frac{1}{2}\tan^{-1}u + \frac{u}{2(u^2+1)},$$

$$I_3 = \frac{3}{4}I_2 + \frac{u}{4(u^2+1)^2}$$

$$= \frac{3}{8}\tan^{-1}u + \frac{3}{8}\frac{u}{(u^2+1)} + \frac{u}{4(u^2+1)^2},$$

$$\cdots\cdots\cdots\cdots\cdots.$$

以下これを繰り返して次の一般式を得る：

$$(8.7)\quad\begin{aligned}I_r &= \frac{(2r-3)(2r-5)\cdots 3\cdot 1}{(2r-2)(2r-4)\cdots 2}\tan^{-1}u + \frac{(2r-3)(2r-5)\cdots 3}{(2r-2)(2r-4)\cdots 2}\frac{u}{u^2+1}\\ &\quad + \cdots + \frac{(2r-3)}{(2r-2)(2r-4)}\frac{u}{(u^2+1)^{r-2}} + \frac{1}{(2r-2)}\frac{u}{(u^2+1)^{r-1}}.\end{aligned}$$

$u = \dfrac{x-a}{\beta}$ だったから，(8.1)～(8.7) によって $R(x)$ の積分が求められたことになる．けっきょく，有理函数の不定積分は有理函数，対数函数および逆正接函数の三種で表わされることがわかった．

例 1. $\displaystyle\int\frac{dx}{x^3+1}$ を求めよ．

$$\frac{1}{x^3+1} = \frac{1}{(x+1)(x^2-x+1)} = \frac{A}{x+1} + \frac{Bx+C}{x^2-x+1}$$

とおき，この両辺に x^3+1 をかければ，

$$1 = A(x^2-x+1)+(Bx+C)(x+1).$$

$x=-1$ とおいて $\quad 1=3A \quad \therefore\ A=\dfrac{1}{3}$.

$x=0$ とおいて $\quad 1=A+C \quad \therefore\ C=\dfrac{2}{3}$.

x^2 の係数を比較して $0=A+B \quad \therefore\ B=-\dfrac{1}{3}$.

したがって,
$$\frac{1}{x^3+1}=\frac{1}{3(x+1)}-\frac{x-2}{3(x^2-x+1)}.$$

$$\therefore\ \int\frac{dx}{x^3+1}=\frac{1}{3}\int\frac{dx}{x+1}-\frac{1}{3}\int\frac{x-2}{x^2-x+1}dx$$
$$=\frac{1}{3}\log|x+1|-\frac{1}{6}\int\frac{(2x-1)-3}{x^2-x+1}dx$$
$$=\frac{1}{3}\log|x+1|-\frac{1}{6}\log(x^2-x+1)+\frac{1}{2}\int\frac{dx}{\left(x-\dfrac{1}{2}\right)^2+\dfrac{3}{4}}$$
$$=\frac{1}{3}\log|x+1|-\frac{1}{6}\log(x^2-x+1)+\frac{1}{\sqrt{3}}\tan^{-1}\frac{2x-1}{\sqrt{3}}.$$

例 2. $\displaystyle\int\frac{dx}{x(1+x^2)^2}$ を求めよ.

$$\frac{1}{x(1+x^2)^2}=\frac{A}{x}+\frac{Bx+C}{(1+x^2)^2}+\frac{Dx+E}{1+x^2}$$

とおき,この両辺に $x(1+x^2)^2$ をかけて整頓すれば,
$$(A+D)x^4+Ex^3+(2A+B+D)x^2+(C+E)x+A=1.$$
これから $A=1,\ B=-1,\ C=0,\ D=-1,\ E=0$. ゆえに,
$$\frac{1}{x(1+x^2)^2}=\frac{1}{x}-\frac{x}{(1+x^2)^2}-\frac{x}{1+x^2}.$$

$$\therefore\ \int\frac{dx}{x(1+x^2)^2}=\int\frac{dx}{x}-\int\frac{x}{(1+x^2)^2}dx-\int\frac{x}{1+x^2}dx$$
$$=\log|x|+\frac{1}{2(1+x^2)}-\frac{1}{2}\log(1+x^2)$$
$$=\frac{1}{2}\left(\log\frac{x^2}{1+x^2}+\frac{1}{1+x^2}\right).$$

以上,有理函数の不定積分が既知の初等函数で表わされることを一般的に証明し,その例題を与えたのであるが,個々の場合にあっては必ずしも上述の方法によることなく,随時適当な方法をとってさしつかえないのである.

たとえば,例 2 にあっては次のように計算することも可能である.$x^2=1/t$ と置換すれ

ば,
$$\int \frac{dx}{x(1+x^2)^2} = -\frac{1}{2}\int \frac{tdt}{(t+1)^2} = -\frac{1}{2}\left\{\int \frac{dt}{t+1} - \int \frac{dt}{(t+1)^2}\right\}$$
$$= -\frac{1}{2}\left(\log|t+1| + \frac{1}{t+1}\right) = -\frac{1}{2}\left(\log\frac{x^2+1}{x^2} + \frac{1}{\frac{1}{x^2}+1}\right)$$
$$= \frac{1}{2}\left(\log\frac{x^2}{x^2+1} - \frac{x^2}{x^2+1}\right).\ ^{1)}$$

また一般に $\int \dfrac{dx}{(x-a)^m(x-b)^n}$ $(a \neq b)$ の形の積分においては $(x-b)/(x-a) = t$ とおいてみれば,
$$\frac{1}{x-a} = \frac{t-1}{a-b}, \qquad \frac{1}{x-b} = \frac{1}{a-b}\frac{t-1}{t},$$
$$\left(\frac{1}{x-b} - \frac{1}{x-a}\right)dx = \frac{dt}{t}$$
となるから,
$$(8.8) \qquad \int \frac{dx}{(x-a)^m(x-b)^n} = -\frac{1}{(a-b)^{m+n-1}}\int \frac{(t-1)^{m+n-2}}{t^n}dt$$
を得る.

例 3. $\int \dfrac{dx}{(x-1)^2(x-2)^3}$ を求めよ.

$(x-2)/(x-1) = t$ と置換すれば,
$$\int \frac{dx}{(x-1)^2(x-2)^3} = -\int \frac{(t-1)^3}{t^3}dt = \int \left(\frac{1}{t}-1\right)^3 dt$$
$$= \int \left(\frac{1}{t^3} - \frac{3}{t^2} + \frac{3}{t} - 1\right)dt = -\frac{1}{2t^2} + \frac{3}{t} + 3\log|t| - t$$
$$= -\frac{1}{2}\left(\frac{x-1}{x-2}\right)^2 + 3\left(\frac{x-1}{x-2}\right) + 3\log\left|\frac{x-2}{x-1}\right| - \frac{x-2}{x-1}.$$

したがって, 積分定数を無視して, これは次のようにも書ける:
$$\int \frac{dx}{(x-1)^2(x-2)^3} = \frac{2}{x-2} - \frac{1}{2(x-2)^2} + \frac{1}{x-1} + 3\log\left|\frac{x-2}{x-1}\right|.$$

問. 次の函数を積分せよ:

(1) $\dfrac{2x+3}{x^3+x^2-2x}$,　　　　(2) $\dfrac{1}{(x+a)^2(x+b)}$ $(a \neq b)$,

(3) $\dfrac{x^3+1}{x(x-1)^3}$,　　　　(4) $\dfrac{1}{(x^2-a^2)^2}$ $(a \neq 0)$,

---

1) 前に得た結果と異なるが, 差は定数 1/2 であるから問題はない.

(5) $\dfrac{1}{(x^2+a^2)(x+b)}$ $(a\neq 0)$,　　(6) $\dfrac{1}{x^3-1}$,

(7) $\dfrac{1}{x^4+1}$,　　(8) $\dfrac{x^2}{(1+x^2)^3}$,

(9) $\dfrac{1}{(x^3+1)^2}$,　　(10) $\dfrac{x^3}{(x^3+1)^2}$.

§9. 無理函数の積分

　無理函数の不定積分は，有理函数の積分のように初等函数で表わされるとは限らないが，このうち特に初等函数で表わされるようなものだけについてその求め方を述べることにしよう．

　$R(u, v)$ で変数 u, v に関する有理函数，すなわち分母，分子ともに u, v についての整式であるような分数式を表わすことにし，まず

$$\int R\!\left(x,\ \sqrt[n]{\dfrac{ax+b}{cx+d}}\right)dx \quad (ad \neq bc)^{1)}$$

の形の積分について考える．ただし，n は正の整数とする．このときには

$$\sqrt[n]{\dfrac{ax+b}{cx+d}}=t \ \text{とおけば}\ \dfrac{ax+b}{cx+d}=t^n.$$

これを x について解けば，

$$x=\dfrac{dt^n-b}{a-ct^n},\quad dx=\dfrac{n(ad-bc)}{(a-ct^n)^2}t^{n-1}dt.$$

ゆえに

(9.1)　　$\displaystyle\int R\!\left(x,\ \sqrt[n]{\dfrac{ax+b}{cx+d}}\right)dx = n(ad-bc)\int R\!\left(\dfrac{dt^n-b}{a-ct^n},\ t\right)\dfrac{t^{n-1}}{(a-ct^n)^2}dt$

となり，有理函数の積分に帰着する．

　特に $c=0,\ d=1$ のときには

(9.2)　　$\displaystyle\int R(x,\ \sqrt[n]{ax+b})dx = \dfrac{n}{a}\int R\!\left(\dfrac{t^n-b}{a},\ t\right)t^{n-1}dt$

となる．

　例 1. $\displaystyle\int\dfrac{dx}{x\sqrt{1-x}}$ を求めよ．

---

1) これは $(ax+b)/(cx+d)$ が定数にならないための条件である．

$\sqrt{1-x}=t$ とおけば，$x=1-t^2$, $dx=-2t\,dt$ だから

$$\int\frac{dx}{x\sqrt{1-x}}=2\int\frac{dt}{t^2-1}=\log\left|\frac{t-1}{t+1}\right|$$
$$=\log\left|\frac{\sqrt{1-x}-1}{\sqrt{1-x}+1}\right|.$$

例 2. $\int\sqrt{\frac{x+a}{x+b}}\,dx$ $(a\neq b)$ を求めよ．

$\sqrt{\frac{x+a}{x+b}}=t$ とおけば，$x=\frac{bt^2-a}{1-t^2}$, $dx=\frac{2(b-a)t}{(1-t^2)^2}dt$.

$$\therefore\quad \int\sqrt{\frac{x+a}{x+b}}\,dx=2(b-a)\int\frac{t^2}{(1-t^2)^2}dt.$$

しかるに

$$\frac{t^2}{(1-t^2)^2}=\frac{1}{2(t^2-1)}+\frac{1}{4(t-1)^2}+\frac{1}{4(t+1)^2}.$$

$$\therefore\quad \int\frac{t^2}{(1-t^2)^2}dt=\frac{1}{4}\log\left|\frac{t-1}{t+1}\right|-\frac{1}{4(t-1)}-\frac{1}{4(t+1)}$$
$$=\frac{1}{4}\log\left|\frac{t-1}{t+1}\right|-\frac{t}{2(t^2-1)}.$$

変数 t を x にもどせば，

$$\int\sqrt{\frac{x+a}{x+b}}\,dx=\frac{a-b}{2}\log\frac{(\sqrt{|x+a|}+\sqrt{|x+b|})^2}{|a-b|}+(x+b)\sqrt{\frac{x+a}{x+b}}.$$

定数項を省略すれば，

$$\int\sqrt{\frac{x+a}{x+b}}\,dx=\begin{cases}(a-b)\log(\sqrt{x+a}+\sqrt{x+b})+\sqrt{(x+a)(x+b)}\\ \qquad\qquad (x>\max(-a,-b)\text{ のとき}),\\ (a-b)\log(\sqrt{|x+a|}+\sqrt{|x+b|})-\sqrt{(x+a)(x+b)}\\ \qquad\qquad (x<\min(-a,-b)\text{ のとき}).\end{cases}$$

しかし実際には，最初の場合だけをやってすますのが普通のようである．

次に

$$\int R(x,\sqrt{ax^2+bx+c})\,dx\quad (a\neq 0)$$

の形の積分について考える．

まず，$a>0$ のときには

$$\sqrt{ax^2+bx+c}+\sqrt{a}\,x=t$$

とおくと，

$$x=\frac{t^2-c}{b+2\sqrt{a}\,t},\quad \sqrt{ax^2+bx+c}=t-\frac{\sqrt{a}\,(t^2-c)}{b+2\sqrt{a}\,t}$$

$$dx = 2\frac{\sqrt{a}\,t^2 + bt + \sqrt{a}\,c}{(b+2\sqrt{a}\,t)^2}dt$$

となるから,

(9.3) $$\int R(x,\sqrt{ax^2+bx+c}\,)dx$$
$$=2\int R\left(\frac{t^2-c}{b+2\sqrt{a}\,t},\ t-\frac{\sqrt{a}\,(t^2-c)}{b+2\sqrt{a}\,t}\right)\frac{\sqrt{a}\,t^2+bt+\sqrt{a}c}{(b+2\sqrt{a}\,t)^2}dt$$

となり, やはり有理函数の積分に帰着する.

$a<0$ のとき, $b^2-4ac<0$ ならば, どんな x の値に対しても $ax^2+bx+c<0$ となるから, われわれの考える場合ではない. また, $b^2-4ac=0$ ならば x の一つの値を除き $ax^2+bx+c<0$ となるから, この場合も除外する. よって, $b^2-4ac>0$ の場合だけ考えることにすると, $ax^2+bx+c=0$ は相異なる二実根をもつから, それを $\alpha,\beta\ (\alpha<\beta)$ とすれば,

$$\sqrt{ax^2+bx+c}=\sqrt{a(x-\alpha)(x-\beta)}$$
$$=(x-\alpha)\sqrt{\frac{a(x-\beta)}{x-\alpha}}\quad(\alpha<x<\beta).$$

ゆえに, この場合には

(9.4) $$\int R(x,\sqrt{ax^2+bx+c}\,)dx=\int R\left(x,(x-\alpha)\sqrt{\frac{a(x-\beta)}{x-\alpha}}\right)dx$$

となり, 前述 (9.1) の場合となる.

ここに述べた通りの変換を行えば, ともかく積分は遂行できるわけであるが, 個々の場合においては有理函数の場合同様適当な方法で積分が簡単に求められることもあるから, 場合場合に応じて臨機の工夫が必要である.

例 3. $\int\dfrac{dx}{x^2\sqrt{1+x^2}}$ を求めよ.

$\sqrt{1+x^2}+x=t$ とおけば,

$$x=\frac{t^2-1}{2t},\qquad dx=\frac{1}{2}\left(1+\frac{1}{t^2}\right)dt.$$

$$\therefore\ \int\frac{dx}{x^2\sqrt{1+x^2}}=\int\frac{1}{\left(\dfrac{t^2-1}{2t}\right)^2\left(\dfrac{t^2+1}{2t}\right)}\frac{t^2+1}{2t^2}dt=4\int\frac{t\,dt}{(t^2-1)^2}$$

§9. 無理函数の積分

$$=-\frac{2}{t^2-1}=-\frac{2}{(x+\sqrt{1+x^2})^2-1}=-\frac{1}{x(x+\sqrt{1+x^2})}$$

$$=\frac{x-\sqrt{1+x^2}}{x}=1-\frac{\sqrt{1+x^2}}{x}.$$

定数を省略して

$$\int\frac{dx}{x^2\sqrt{1+x^2}}=-\frac{\sqrt{1+x^2}}{x}.$$

しかし，この積分は $t=1/x$ と置換して，

$$\int\frac{dx}{x^2\sqrt{1+x^2}}=-\int\frac{dt}{\sqrt{1+\frac{1}{t^2}}}=\mp\int\frac{t}{\sqrt{t^2+1}}dt$$

$$=\mp\sqrt{t^2+1}=\mp\sqrt{\frac{1}{x^2}+1}=-\frac{\sqrt{1+x^2}}{x}$$

（複号のうち，－は $x=t^{-1}>0$ のとき，＋は $x=t^{-1}<0$ のとき）

と簡単に求められる．

例 4. $\displaystyle\int\frac{dx}{\sqrt{x^2-a^2}}$ を求めよ．

$\sqrt{x^2-a^2}+x=t$ とおいて前述の結果をそのまま利用すると

$$\sqrt{x^2-a^2}=t-\frac{t^2+a^2}{2t},\qquad dx=\frac{t^2-a^2}{2t^2}dt.$$

$$\therefore\quad\int\frac{dx}{\sqrt{x^2-a^2}}=\int\frac{1}{t-\frac{t^2+a^2}{2t}}\cdot\frac{t^2-a^2}{2t^2}dt=\int\frac{dt}{t}$$

$$=\log|t|=\log|x+\sqrt{x^2-a^2}|.$$

例 5. $\displaystyle\int\frac{dx}{(1-2ax+a^2)\sqrt{1-x^2}}$ $(a\neq1)$ を求めよ．

$\sqrt{\dfrac{1-x}{1+x}}=t$ とおけば，

$$x=\frac{1-t^2}{1+t^2},\quad\sqrt{1-x^2}=\frac{2t}{1+t^2},\quad dx=-\frac{4t}{(1+t^2)^2}dt,$$

$$1-2ax+a^2=1-2a\frac{1-t^2}{1+t^2}+a^2=\frac{(1-a)^2+(1+a)^2t^2}{1+t^2}.$$

$$\therefore\quad\int\frac{dx}{(1-2ax+a^2)\sqrt{1-x^2}}=-2\int\frac{dt}{(1-a)^2+(1+a)^2t^2}=-\frac{2}{(1+a)^2}\int\frac{dt}{\left(\frac{1-a}{1+a}\right)^2+t^2}$$

$$=\frac{2}{a^2-1}\tan^{-1}\!\left(\frac{1+a}{1-a}t\right)=\frac{2}{a^2-1}\tan^{-1}\!\left(\frac{1+a}{1-a}\sqrt{\frac{1-x}{1+x}}\right).$$

最後に，m, n, s が有理数のとき

$$\int x^m(a+bx^n)^s dx$$

の形の積分について考える.

m, n を既約分数で表わし,その分母の最小公倍数を r とするとき, $x=t^r$ とおけば $dx=rt^{r-1}dt$ となるから,

$$\int x^m(a+bx^n)^s dx = r\int t^{(m+1)r-1}(a+bt^{nr})^s dt.$$

ここに $(m+1)r-1$, nr ともに整数となる.したがって,最初の積分において m, n ともに整数の場合を考えておけば十分である.さらに $n<0$ のときには, $n=-k$ とおけば

$$\int x^m(a+bx^n)^s dx = \int x^{m-ks}(ax^k+b)^s dx$$

となるから,最初から $n>0$ としておく.

s が整数の場合,これは有理関数の積分だから問題はない.

s が整数でない有理数 $s=p/q$ (p, q は既約整数, $q>0$) のときには, $t=(a+bx^n)^{1/q}$ とおけば,

$$x = \left(\frac{t^q-a}{b}\right)^{1/n}, \quad dx = \frac{q}{bn}\left(\frac{t^q-a}{b}\right)^{1/n-1} t^{q-1}dt.$$

(9.5) $$\int x^m(a+bx^n)^s dx = \frac{q}{bn}\int \left(\frac{t^q-a}{b}\right)^{(m+1)/n-1} t^{p+q-1} dt.$$

したがって, $(m+1)/n$ が整数のとき,(9.5) は有理関数の積分となる.

$$\int x^m(a+bx^n)^s dx = \int x^{m+ns}(ax^{-n}+b)^s dx$$

において $t=(ax^{-n}+b)^{1/q}$ とおけば,

$$x = \left(\frac{t^q-b}{a}\right)^{-1/n}, \quad dx = -\frac{q}{an}\left(\frac{t^q-b}{a}\right)^{-1/n-1} t^{q-1}dt.$$

(9.6) $$\int x^m(a+bx^n)^s dx = -\frac{q}{an}\int \left(\frac{t^q-b}{a}\right)^{-(m+1)/n-s-1} t^{p+q-1} dt.$$

したがって, $(m+1)/n+s$ が整数のとき,(9.6) は有理関数の積分となる.

例 6. $\int \dfrac{\sqrt{x}}{\sqrt[4]{x^3}+1} dx$ を求めよ.

被積分函数を $x^m(a+bx^n)^s$ と比較すれば, $m=1/2$, $n=3/4$, $s=-1$ となる. m, n の分母の最小公倍数は 4 だから, $x=t^4$ とおけば $dx=4t^3 dt$.

$$\therefore \int\frac{\sqrt{x}}{\sqrt[4]{x^3+1}}dx=4\int\frac{t^5}{t^3+1}dt=4\int\Bigl(t^2-\frac{t^2}{t^3+1}\Bigr)dt$$
$$=\frac{4}{3}t^3-\frac{4}{3}\log(t^3+1)=\frac{4}{3}\{\sqrt[4]{x^3}-\log(\sqrt[4]{x^3}+1)\}.$$

例 7. $\int\dfrac{dx}{x\sqrt{(1-x^3)^3}}$ を求めよ.

被積分函数を $x^m(a+bx^n)^s$ と比較すれば $m=-1,\ n=3,\ s=-3/2$ となる. $(m+1)/n=0$ だから, $\sqrt{1-x^3}=t$ とおけば,
$$x^3=1-t^2,\qquad 3x^2dx=-2tdt.$$
$$\therefore\int\frac{dx}{x\sqrt{(1-x^3)^3}}=\frac{2}{3}\int\frac{dt}{t^2(t^2-1)}=\frac{2}{3}\int\Bigl(\frac{1}{t^2-1}-\frac{1}{t^2}\Bigr)dt$$
$$=\frac{1}{3}\Bigl(\log\Bigl|\frac{t-1}{t+1}\Bigr|+\frac{2}{t}\Bigr)=\frac{1}{3}\Bigl(\frac{2}{\sqrt{1-x^3}}+\log\Bigl|\frac{\sqrt{1-x^3}-1}{\sqrt{1-x^3}+1}\Bigr|\Bigr).$$

例 8. $\int\dfrac{x^4}{\sqrt[4]{1+x^4}}dx$ を求めよ.

被積分函数を $x^m(a+bx^n)^s$ と比較すれば, $m=4,\ n=4,\ s=-1/4$ だから $(m+1)/n+s=1$. よって, $\sqrt[4]{1+x^{-4}}=t$ とおけば,
$$1+\frac{1}{x^4}=t^4,\qquad \frac{dx}{x^5}=-t^3dt.$$
$$\therefore\int\frac{x^4}{\sqrt[4]{1+x^4}}dx=\int\frac{x^8}{x^5\sqrt[4]{1+x^{-4}}}dx=-\int\frac{t^2}{(t^4-1)^2}dt$$
$$=-\frac{1}{4}\int\Bigl\{\frac{1}{(t^2-1)^2}-\frac{1}{(t^2+1)^2}\Bigr\}dt$$
$$=\frac{1}{8}\Bigl(\frac{t}{t^2-1}+\frac{1}{2}\log\Bigl|\frac{t-1}{t+1}\Bigr|+\frac{t}{t^2+1}+\tan^{-1}t\Bigr)$$
$$=\frac{1}{4}x\sqrt[4]{(1+x^4)^3}+\frac{1}{16}\log\frac{\sqrt[4]{1+x^4}-x}{\sqrt[4]{1+x^4}+x}+\frac{1}{8}\tan^{-1}\frac{\sqrt[4]{1+x^4}}{x}$$
($x>0$ のときとして導いたが, $x<0$ のときも同じ).

$f(x)$ を三次または四次の整式とするとき,
$$\int R(x,\sqrt{f(x)})dx$$
の形の積分を一般に**楕円積分**と呼んでいる. 特別の場合として, これが有理函数または初等函数で表わせる無理函数の積分になることもあるが, これら特殊の場合を除けば, 上の積分は次の三つの標準型の積分に変形できることが知られている.
$$\int\frac{dx}{\sqrt{(1-x^2)(1-k^2x^2)}}=\int\frac{d\theta}{\sqrt{1-k^2\sin^2\theta}},$$

$$\int\sqrt{\frac{1-k^2x^2}{1-x^2}}\,dx=\int\sqrt{1-k^2\sin^2\theta}\,d\theta,$$

$$\int\frac{dx}{(1+cx^2)\sqrt{(1-x^2)(1-k^2x^2)}}=\int\frac{d\theta}{(1+c\sin^2\theta)\sqrt{1-k^2\sin^2\theta}}$$

$$(0<k^2<1,\ x=\sin\theta)$$

これらはいずれも初等函数では表わし得ない積分であって，それぞれ**第一種**，**第二種**，**第三種の楕円積分**と呼ばれる．この形の積分は，§18 で示すように楕円の弧長の計算に際し現われるものであるからこの名称がある．

問 1. 次の函数を積分せよ：

(1) $\dfrac{1}{x\sqrt{x+1}}$, (2) $\dfrac{1}{1+\sqrt[3]{x+1}}$,

(3) $\dfrac{1}{x}\sqrt{\dfrac{1-x}{1+x}}$, (4) $\dfrac{1}{x\sqrt{x^2-x+2}}$,

(5) $\dfrac{1+x}{x\sqrt{x^2+2x-1}}$, (6) $\dfrac{1}{(1+x)\sqrt{1+x-x^2}}$,

(7) $\dfrac{1}{\sqrt{x}(1-\sqrt[3]{x})}$, (8) $\dfrac{x}{(1+x^3)^{2/3}}$,

(9) $\dfrac{(a+bx^3)^{3/2}}{x}$ ($ab\neq 0$), (10) $\dfrac{1}{(2ax-x^2)^{3/2}}$ ($a>0$).

問 2. §7，例 5 の方法にならい本節例 4 の結果を利用して，次の公式を証明せよ：

$$\int\sqrt{x^2-a^2}\,dx=\frac{1}{2}\{x\sqrt{x^2-a^2}-a^2\log|x+\sqrt{x^2-a^2}|\}.$$

§10. 超越函数の積分

超越函数の不定積分は，無理函数の積分と同様に常に初等函数で表わされるとは限らないが，このうち初等函数で表わされる場合を総括的にとりあげてみよう．

$P(x)$ を x の整式とし，$f(x)$ で指数函数，対数函数，三角函数，逆三角函数などの超越函数を表わすことにする．まず

$$\int P(x)f(x)\,dx$$

の形の積分において，$f(x)$ が e^x, $\log x$, $\sin x$, $\cos x$, $\sin^{-1}x$, $\cos^{-1}x$, $\tan^{-1}x$ などの場合には，部分積分法を適用することによってこれを求めることができ

§10. 超越函数の積分

る．すなわち

$$\int P(x)e^x dx = P(x)e^x - \int P'(x)e^x dx$$
$$= P(x)e^x - P'(x)e^x + \int P''(x)e^x dx$$
$$= \cdots\cdots\cdots\cdots\cdots.$$

$P(x)$ が n 次の整式ならば $P^{(n)}(x)=a$（定数）となるから，

(10.1) $\quad \int P(x)e^x dx = e^x\{P(x)-P'(x)+P''(x)-\cdots+(-1)^n P^{(n)}(x)\}.$

同様に

(10.2)
$$\int P(x)\sin x\, dx = -P(x)\cos x + \int P'(x)\cos x\, dx$$
$$= -P(x)\cos x + P'(x)\sin x - \int P''(x)\sin x\, dx$$
$$= \cdots\cdots\cdots\cdots\cdots,$$

(10.3)
$$\int P(x)\cos x\, dx = P(x)\sin x - \int P'(x)\sin x\, dx$$
$$= P(x)\sin x + P'(x)\cos x - \int P''(x)\cos x\, dx$$
$$= \cdots\cdots\cdots\cdots\cdots.$$

$$\int P(x)\,dx = Q(x)$$

とすれば，$Q(x)$ もまた整式である．このとき

(10.4) $\quad \int P(x)\log x\, dx = Q(x)\log x - \int \dfrac{Q(x)}{x} dx,$

(10.5) $\quad \int P(x)\sin^{-1} x\, dx = Q(x)\sin^{-1} x - \int \dfrac{Q(x)}{\sqrt{1-x^2}} dx,$

(10.6) $\quad \int P(x)\cos^{-1} x\, dx = Q(x)\cos^{-1} x + \int \dfrac{Q(x)}{\sqrt{1-x^2}} dx,$

(10.7) $\quad \int P(x)\tan^{-1} x\, dx = Q(x)\tan^{-1} x - \int \dfrac{Q(x)}{1+x^2} dx.$

となり，いずれも有理函数または無理函数の積分に帰着するが，この無理函数の積分は前節の方法でその積分が求められるものである．

また

(10.8) $\quad \int P(\sin^{-1}x)\,dx = \int P(t)\cos t\,dt \quad (t=\sin^{-1}x),$

(10.9) $\quad \int P(\cos^{-1}x)\,dx = -\int P(t)\sin t\,dt \quad (t=\cos^{-1}x)$

となり，それぞれ (10.3), (10.2) の場合に帰着する．さらに

$$F(x) = \sum_{k=0}^{n} a_k x^k$$

とすれば，

(10.10) $\quad \int P(x)F(e^x)\,dx = \sum_{k=0}^{n} a_k \int P(x)e^{kx}\,dx,$

(10.11) $\quad \int P(\log x)F(x)\,dx = \int P(t)F(e^t)e^t\,dt \quad (t=\log x)$

$$= \sum_{k=0}^{n} a_k \int P(t)e^{(k+1)t}\,dt$$

となって，ともに (10.1) の場合となる．

例 1.
$$\int x^n (\log x)^2 dx = \int e^{(n+1)t} t^2 dt \quad (t=\log x)$$
$$= \frac{e^{(n+1)t}}{n+1} t^2 - \frac{2}{n+1}\int e^{(n+1)t} t\,dt$$
$$= \frac{e^{(n+1)t}}{n+1} t^2 - \frac{2e^{(n+1)t}}{(n+1)^2} t + \frac{2}{(n+1)^2}\int e^{(n+1)t}\,dt$$
$$= \frac{e^{(n+1)t}}{n+1}\left\{ t^2 - \frac{2t}{n+1} + \frac{2}{(n+1)^2}\right\}$$
$$= \frac{x^{n+1}}{n+1}\left\{ (\log x)^2 - \frac{2\log x}{n+1} + \frac{2}{(n+1)^2}\right\}.$$

例 2.
$$\int x\sin^{-1}x\,dx = \frac{x^2}{2}\sin^{-1}x - \frac{1}{2}\int \frac{x^2}{\sqrt{1-x^2}}\,dx.$$

しかるに

$$\int \frac{x^2}{\sqrt{1-x^2}}\,dx = \int \frac{dx}{\sqrt{1-x^2}} - \int \sqrt{1-x^2}\,dx$$
$$= \sin^{-1}x - \frac{1}{2}(x\sqrt{1-x^2}+\sin^{-1}x) = \frac{1}{2}(\sin^{-1}x - x\sqrt{1-x^2}).$$

$\therefore \quad \int x\sin^{-1}x\,dx = \frac{1}{4}\{(2x^2-1)\sin^{-1}x + x\sqrt{1-x^2}\}.$

例 3.
$$\int (\cos^{-1}x)^3 dx = -\int t^3 \sin t\,dt \quad (t=\cos^{-1}x)$$

$$= t^3\cos t - 3\int t^2\cos t\,dt = t^3\cos t - 3t^2\sin t + 6\int t\sin t\,dt$$
$$= t^3\cos t - 3t^2\sin t - 6t\cos t + 6\int \cos t\,dt$$
$$= t^3\cos t - 3t^2\sin t - 6t\cos t + 6\sin t$$
$$= x(\cos^{-1}x)^3 - 3\sqrt{1-x^2}(\cos^{-1}x)^2 - 6x\cos^{-1}x + 6\sqrt{1-x^2}.$$

次に，$R(x)$ を x の有理函数とするとき，
$$\int R(f(x))f'(x)\,dx$$
の形の積分においては，$t=f(x)$ とおけば $dt=f'(x)dx$ であるから，
$$\int R(f(x))f'(x)\,dx = \int R(t)\,dt$$
となって有理函数の積分に帰着する．直接この形でなくても，この形に導ければよいわけで，そのような場合を挙げれば，

(10.12) $\quad \displaystyle\int R(e^x)\,dx = \int \frac{R(e^x)}{e^x}e^x\,dx = \int \frac{R(t)}{t}\,dt \quad (t=e^x),$

(10.13) $\quad \displaystyle\int R(\tan x)\,dx = \int \frac{R(\tan x)}{1+\tan^2 x}\sec^2 x\,dx = \int \frac{R(t)}{1+t^2}\,dt \quad (t=\tan x).$

なお，R が有理函数でなくても，右辺の形が積分できるものであればよいわけである．

例 4. $\quad \displaystyle\int \frac{e^x-1}{e^x+1}\,dx = \int \frac{t-1}{t+1}\frac{dt}{t} \quad (t=e^x)$
$$= \int\left(\frac{2}{t+1} - \frac{1}{t}\right)dt = 2\log|t+1| - \log|t|$$
$$= 2\log(e^x+1) - x.$$

例 5. $\quad \displaystyle\int (\tan x)^2\,dx = \int \frac{t^2}{1+t^2}\,dt \quad (t=\tan x)$
$$= \int\left(1 - \frac{1}{1+t^2}\right)dt = t - \tan^{-1}t$$
$$= \tan x - x.$$

次に，$t=\tan\dfrac{x}{2}$ とおけば，
$$x = 2\tan^{-1}t \qquad \therefore \quad dx = \frac{2}{1+t^2}dt.$$
また

$$\sin x = \frac{2\tan\frac{x}{2}}{1+\tan^2\frac{x}{2}} = \frac{2t}{1+t^2}, \quad \cos x = \frac{1-\tan^2\frac{x}{2}}{1+\tan^2\frac{x}{2}} = \frac{1-t^2}{1+t^2}$$

となるから，$R(u, v)$ を u, v に関する有理函数とするとき

(10.14) $\quad \int R(\sin x, \cos x)dx = 2\int R\left(\frac{2t}{1+t^2}, \frac{1-t^2}{1+t^2}\right)\frac{dt}{1+t^2} \quad \left(t=\tan\frac{x}{2}\right)$

となって，やはり有理函数の積分に帰着する．

しかし，特別の場合として

(10.15) $\quad \int R(\sin^2 x, \cos x)\sin x\, dx = -\int R(1-t^2, t)dt \quad (t=\cos x),$

(10.16) $\quad \int R(\sin x, \cos^2 x)\cos x\, dx = \int R(t, 1-t^2)dt \quad (t=\sin x)$

など覚えておいた方が便利である．

例 6. $\quad \displaystyle\int \frac{\cos^3 x}{1+\sin x}dx = \int \frac{1-t^2}{1+t}dt \quad (t=\sin x)$

$$= \int (1-t)dt = t - \frac{t^2}{2} = \sin x - \frac{1}{2}\sin^2 x.$$

例 7. $\quad \displaystyle\int \frac{dx}{a+b\cos x} = 2\int \frac{dt}{(1+t^2)\{a+b(1-t^2)(1+t^2)^{-1}\}} \quad \left(t=\tan\frac{x}{2}\right)$

$$= 2\int \frac{dt}{a(1+t^2)+b(1-t^2)} = 2\int \frac{dt}{(a+b)+(a-b)t^2}.$$

$a+b>0$, $a>b$ ならば，

$$\int \frac{dx}{a+b\cos x} = \frac{2}{a-b}\int \frac{dt}{\left(\sqrt{\frac{a+b}{a-b}}\right)^2+t^2}$$

$$= \frac{2}{\sqrt{a^2-b^2}}\tan^{-1}\left(\sqrt{\frac{a-b}{a+b}}\tan\frac{x}{2}\right).$$

$a+b>0$, $a<b$ ならば，

$$\int \frac{dx}{a+b\cos x} = \frac{2}{b-a}\int \frac{dt}{\left(\sqrt{\frac{b+a}{b-a}}\right)^2-t^2}$$

$$= \frac{1}{\sqrt{b^2-a^2}}\log\left|\frac{\sqrt{a+b}+\sqrt{b-a}\tan\frac{x}{2}}{\sqrt{a+b}-\sqrt{b-a}\tan\frac{x}{2}}\right|.$$

$a+b>0$, $a=b$ ならば，

$$\int\frac{dx}{a+b\cos x}=\frac{1}{a}\int dt=\frac{1}{a}t=\frac{1}{a}\tan\frac{x}{2}.$$

$a+b<0$ ならば，$a=-a'$，$b=-b'$ とおけば，
$$\int\frac{dx}{a+b\cos x}=-\int\frac{dx}{a'+b'\cos x}$$
は前述の場合となる．

$a+b=0$ ならば $(a\neq 0)$，
$$\int\frac{dx}{a+b\cos x}=\frac{1}{a}\int\frac{dt}{t^2}=-\frac{1}{at}=-\frac{1}{a}\cot\frac{x}{2}.$$

$$\int\sin^m x\cos^n x\,dx\quad(m,\ n\text{ は整数})$$

の場合は，$t=\tan x/2$ と置換して有理函数の積分になるのであるが，よく現われる形でもあり他に方法もあるから，これだけは別にとりあつかう．まず

$$\frac{d}{dx}(\sin^{m+1}x\cos^{n+1}x)=(m+1)\sin^m x\cos^{n+2}x-(n+1)\sin^{m+2}x\cos^n x$$
$$=(m+n+2)\sin^m x\cos^{n+2}x-(n+1)\sin^m x\cos^n x$$
$$=(m+1)\sin^m x\cos^n x-(m+n+2)\sin^{m+2}x\cos^n x.$$

これらの式を積分して

$$\sin^{m+1}x\cos^{n+1}x=(m+n+2)\int\sin^m x\cos^{n+2}x\,dx-(n+1)\int\sin^m x\cos^n x\,dx,$$

$$\sin^{m+1}x\cos^{n+1}x=(m+1)\int\sin^m x\cos^n x\,dx-(m+n+2)\int\sin^{m+2}x\cos^n x\,dx.$$

第一式において n を $n-2$ に，第二式において m を $m-2$ におきかえて

$$\sin^{m+1}x\cos^{n-1}x=(m+n)\int\sin^m x\cos^n x\,dx-(n-1)\int\sin^m x\cos^{n-2}x\,dx,$$

$$\sin^{m-1}x\cos^{n+1}x=(m-1)\int\sin^{m-2}x\cos^n x\,dx-(m+n)\int\sin^m x\cos^n x\,dx.$$

もし $m,\ n$ が -2 以下ならば，前式を変形した

$$\int\sin^m x\cos^n x\,dx=-\frac{\sin^{m+1}x\cos^{n+1}x}{n+1}+\frac{m+n+2}{n+1}\int\sin^m x\cos^{n+2}x\,dx,$$

$$\int\sin^m x\cos^n x\,dx=\frac{\sin^{m+1}x\cos^{n+1}x}{m+1}+\frac{m+n+2}{m+1}\int\sin^{m+2}x\cos^n x\,dx$$

を用いて $m,\ n$ が -1 以上の積分に導ける．このあと，もし $n\geqq 2$ ならば，上式を変形した

$$\int \sin^m x \cos^n x \, dx = \frac{\sin^{m+1} x \cos^{n-1} x}{m+n} + \frac{n-1}{m+n} \int \sin^m x \cos^{n-2} x \, dx,$$

$m \geq 2$ ならば

$$\int \sin^m x \cos^n x \, dx = -\frac{\sin^{m-1} x \cos^{n+1} x}{m+n} + \frac{m-1}{m+n} \int \sin^{m-2} x \cos^n x \, dx$$

を用いて m, n が 1 以下の積分に導ける.[1] けっきょく,次の 9 種の積分のうちのどれかに導くことができる.

$$\int dx = x, \quad \int \sin x \, dx = -\cos x, \quad \int \cos x \, dx = \sin x,$$

$$\int \frac{\sin x}{\cos x} dx = -\log|\cos x|, \quad \int \frac{\cos x}{\sin x} dx = \log|\sin x|,$$

$$\int \frac{dx}{\sin x} = \log\left|\tan \frac{x}{2}\right|, \quad \int \frac{dx}{\cos x} = \log\left|\tan\left(\frac{x}{2} + \frac{\pi}{4}\right)\right|,$$

$$\int \sin x \cos x \, dx = \frac{\sin^2 x}{2}, \quad \int \frac{dx}{\sin x \cos x} = \log|\tan x|.$$

例 8. $\int \sin^m x \, dx$ (m は正の整数) を求めよ.

$$\int \sin^m x \, dx = -\frac{\sin^{m-1} x \cos x}{m} + \frac{m-1}{m} \int \sin^{m-2} x \, dx.$$

この漸化式から,m が偶数ならば,

$$\int \sin^m x \, dx = -\cos x \left\{ \frac{1}{m} \sin^{m-1} x + \frac{m-1}{m(m-2)} \sin^{m-3} x + \frac{(m-1)(m-3)}{m(m-2)(m-4)} \sin^{m-5} x \right.$$
$$\left. + \cdots + \frac{(m-1)(m-3)\cdots 3}{m(m-2)\cdots 2} \sin x \right\} + \frac{(m-1)(m-3)\cdots 3 \cdot 1}{m(m-2)\cdots 2} x.$$

m が奇数ならば,

$$\int \sin^m x \, dx = -\cos x \left\{ \frac{1}{m} \sin^{m-1} x + \frac{m-1}{m(m-2)} \sin^{m-3} x + \frac{(m-1)(m-3)}{m(m-2)(m-4)} \sin^{m-5} x \right.$$
$$\left. + \cdots + \frac{(m-1)(m-3)\cdots 4}{m(m-2)\cdots 3} \sin^2 x + \frac{(m-1)(m-3)\cdots 4 \cdot 2}{m(m-2)\cdots 3 \cdot 1} \right\}.$$

例 9.
$$\int \frac{dx}{\sin^3 x \cos^3 x} = \frac{1}{2\sin^2 x \cos^2 x} + 2 \int \frac{dx}{\sin^3 x \cos x}.$$

しかるに

$$\int \frac{dx}{\sin^3 x \cos x} = -\frac{1}{2\sin^2 x} + \int \frac{dx}{\sin x \cos x}$$

---

[1] ここに得た漸化式は m, n が整数でなくても成立する.

$$= -\frac{1}{2\sin^2 x} + \log|\tan x|.$$

$$\therefore \int \frac{dx}{\sin^3 x \cos^3 x} = \frac{1}{2\sin^2 x \cos^2 x} - \frac{1}{\sin^2 x} + 2\log|\tan x|.$$

しかし,一般に

(10.17) $\qquad \int \sin^m x \cos^{-m-2k} x\, dx = \int t^m (1+t^2)^{k-1} dt \quad (t = \tan x)$

なる置換のできることを利用するならば,例 9 は次のようにすることもできる.

$k=3,\ m=-3$ とおいて

$$\int \frac{dx}{\sin^3 x \cos^3 x} = \int t^{-3}(1+t^2)^2 dt = \int t^{-3}(1+2t^2+t^4)\, dt$$

$$= \int t^{-3} dt + 2\int t^{-1} dt + \int t\, dt = -\frac{1}{2t^2} + 2\log|t| + \frac{t^2}{2}$$

$$= \frac{1}{2}(\tan^2 x - \cot^2 x) + 2\log|\tan x|.$$

また,次のような方法も考えられる:

$$\int \frac{dx}{\sin^3 x \cos^3 x} = \int \frac{\sin^2 x + \cos^2 x}{\sin^3 x \cos^3 x} dx = \int \frac{dx}{\sin x \cos^3 x} + \int \frac{dx}{\sin^3 x \cos x}$$

$$= \int \frac{\sin^2 x + \cos^2 x}{\sin x \cos^3 x} dx + \int \frac{\sin^2 x + \cos^2 x}{\sin^3 x \cos x} dx$$

$$= \int \frac{\sin x}{\cos^3 x} dx + \int \frac{\cos x}{\sin^3 x} dx + 2\int \frac{dx}{\sin x \cos x}$$

$$= \frac{1}{2}(\sec^2 x - \mathrm{cosec}^2 x) + 2\log|\tan x|.$$

これらの結果は前に得た結果と異なるように見えるが,それは見かけ上の違いにすぎない.

なお,初等函数で表わし得ない積分としては

$$\int \frac{\sin x}{x} dx,\quad \int \frac{\cos x}{x} dx,\quad \int \frac{\log x}{x-a} dx\ (a \neq 0),\quad \int \frac{e^x}{x} dx,$$

$$\int \frac{dx}{\log x},\quad \int \log \sin x\, dx,\quad \int \log \cos x\, dx,\quad \int e^{-x^2} dx,$$

$$\int \sin x^2\, dx,\quad \int \cos x^2\, dx,\quad \int \frac{\sin^{-1} x}{x} dx,\quad \int \frac{\tan^{-1} x}{x} dx$$

などが挙げられる.

問. 次の函数を積分せよ:

(1) $e^x(x^4+1)$, (2) $\log^n x$ (n は自然数),
(3) $x^2\tan^{-1}x$, (4) $(\sin^{-1}x)^2$,
(5) $\dfrac{e^{2x}+1}{e^x+1}$, (6) $\dfrac{1}{a+b\tan x}$,
(7) $\dfrac{1}{1+\sin x}$, (8) $\dfrac{1+\sin x}{\sin x(1+\cos x)}$,
(9) $\sin^2 x \cos^3 x$, (10) $\dfrac{1}{\sin^3 x \cos^5 x}$.

問題 2

1. 次の函数の不定積分を求めよ：

(1) $\dfrac{1}{(x-a)(x-b)}$ ($a \neq b$), (2) $(a^x+1)^2$,
(3) $\dfrac{1}{x(x^n+1)}$, (4) $\dfrac{1}{x}\log^n x$,
(5) $\sin ax \cos bx$ ($a^2 \neq b^2$), (6) $\sin x \cos^n x$ ($n \neq -1$),
(7) $\dfrac{\sin x}{a+b\cos x}$ ($b \neq 0$), (8) $\dfrac{x-b}{x^2+a^2}$,
(9) $x^3\sqrt{a^2-x^2}$, (10) $\dfrac{x+1}{\sqrt{a^2-x^2}}$ ($a>0$).

2. 置換積分法により，次の函数の不定積分を求めよ：

(1) $\dfrac{x^3-x}{(x-2)^3}$, (2) $\dfrac{x}{x^2-ax-a^2}$,
(3) $\dfrac{x}{\sqrt{x^4+a^4}}$, (4) $\dfrac{x^2}{\sqrt{1-x^6}}$,
(5) $\dfrac{1}{x(a^3+x^3)}$ ($a\neq 0$), (6) $\dfrac{1}{x\sqrt{x^2+a^2}}$ ($a>0$),
(7) $\dfrac{1}{x\sqrt{1-\log^2 x}}$, (8) $\dfrac{e^x\sqrt{e^x-1}}{e^x+3}$,
(9) $a^{\log \sin x}\cot x$, (10) $\dfrac{1}{a^2\cos^2 x + b^2\sin^2 x}$ ($ab\neq 0$).

3. 部分積分法により，次の函数の不定積分を求めよ：

(1) $x^3(a+x^2)^{1/2}$, (2) $x^3 e^x$,
(3) $\log(1+x^2)$, (4) $x\log(x+\sqrt{1+x^2})$,
(5) $(e^x+e^{-x})\sin x$, (6) $\cos x \log \sin x$,
(7) $\tan^{-1}\sqrt{x}$, (8) $\dfrac{\sin^{-1}x}{\sqrt{(1-x^2)^3}}$.

4. 部分積分法により $xe^{ax}\sin bx$, $xe^{ax}\cos bx$ ($a\neq 0$) の不定積分を求めよ．

問　題　2

5. 次の函数の不定積分を求めよ:

(1) $\dfrac{x^4}{(x^2-1)(x+2)}$, (2) $\dfrac{4}{x^3+4x}$,

(3) $\dfrac{x}{x^3+1}$, (4) $\dfrac{x^2}{x^4+x^2-2}$,

(5) $\dfrac{x+c}{(x+a)^2(x+b)^2}$ $(a\neq b)$, (6) $\dfrac{2x}{(1+x)(1+x^2)^2}$,

(7) $\dfrac{x^2-2x}{(x-1)^2(x^2+1)^2}$, (8) $\dfrac{x}{(x+2)^2(x+1)^4}$,

(9) $\dfrac{x^4}{(x^2+1)^5}$, (10) $\dfrac{1}{x(a+bx^3)^3}$ $(a\neq 0)$.

6. $\displaystyle\int\dfrac{dx}{(x^3+a^3)^n}$ の漸化式を作り，これを利用して $\displaystyle\int\dfrac{dx}{(x^3+a^3)^3}$ $(a\neq 0)$ を求めよ．

7. $\displaystyle\int\dfrac{x^2+px+q}{(x-a)^2(x-b)^2}dx$ が有理函数であるための条件を求めよ．

8. $f(u,v,w)$ を u, v, w に関する有理函数とするとき，

$$\int f(x,\sqrt{a+bx},\sqrt{a'+b'x})dx$$

の求め方を考え，これを利用して

$$\int\dfrac{x+\sqrt{1+x}}{\sqrt{1-x}}dx$$

を求めよ．

9. 次の函数の不定積分を求めよ:

(1) $\dfrac{1}{x+\sqrt{1+x}}$, (2) $\dfrac{x^2}{(a+bx)^{3/2}}$ $(b\neq 0)$,

(3) $\dfrac{1}{x}\sqrt{\dfrac{x+1}{x-1}}$, (4) $\dfrac{1}{x\sqrt{1+x+x^2}}$,

(5) $\dfrac{1}{(1-x^2)\sqrt{1+x^2}}$, (6) $\dfrac{1}{x^2\sqrt{x^2-a^2}}$,

(7) $\dfrac{1}{x\sqrt{5x-6-x^2}}$, (8) $\dfrac{1}{x^2\sqrt{a^2-x^2}}$ $(a>0)$,

(9) $\dfrac{1}{\sqrt[3]{1-x^3}}$, (10) $\dfrac{1}{x(a^4-x^4)^{2/3}}$ $(a>0)$.

10. 次の函数の不定積分を求めよ:

(1) $x^n\log^3 x$ $(n\geqq 0)$, (2) $\dfrac{1}{a+be^x}$ $(a\neq 0)$,

(3) $\dfrac{a^x-a^{-x}}{a^x+a^{-x}}$, (4) $x^2\sin^{-1}x$,

(5) $\tan^3 x$, (6) $\dfrac{\cos x}{1+\cos x}$,

(7) $\dfrac{\sin x}{1+\sin x+\cos x}$, (8) $\sin^4 x \cos^2 x$,

(9) $\dfrac{\cos^5 x}{\sin^3 x}$, (10) $\dfrac{1}{\cos^7 x}$.

第3章 定積分

§11. 定積分の計算

連続函数 $f(x)$ の不定積分 $F(x)$ が求まれば,

(11.1) $$\int_a^b f(x)\,dx = F(b) - F(a)$$

となるから，これより直ちにこの定積分の値を求めることができる．たとえば

$$\int_0^{1/\sqrt{2}} \frac{dx}{\sqrt{1-x^2}} = [\sin^{-1} x]_0^{1/\sqrt{2}}$$

$\sin^{-1} x$ は元来多価であるが，ここでは主値をとる約束であるから $\sin^{-1} 1/\sqrt{2} = \pi/4$, $\sin^{-1} 0 = 0$.

$$\therefore \int_0^{1/\sqrt{2}} \frac{dx}{\sqrt{1-x^2}} = \frac{\pi}{4}$$

となるのである．同様に

$$\int_0^1 \frac{dx}{1+x^2} = [\tan^{-1} x]_0^1 = \frac{\pi}{4}.$$

しかし

$$\int \frac{dx}{x^2} = -\frac{1}{x}$$

だからといって不用意に

$$\int_{-1}^1 \frac{dx}{x^2} = \left[-\frac{1}{x}\right]_{-1}^1 = -2$$

などとしてはいけない．なぜならば，$1/x^2$ や $1/x$ は $x=0$ で不連続であるから，この場合 (11.1) は適用できないのである．

さて，定積分を求めるにあたって，一々不定積分を求めてからというのでなく，それを求める途中の結果を利用すれば，計算が簡単になる場合が多い．そのためには次の部分積分法，置換積分法の公式を随時利用すればよい：

$$\frac{d}{dx}\{f(x)g(x)\} = f'(x)g(x) + f(x)g'(x);$$

これを a から b まで積分し，移項して

(11.2) $$\int_a^b f(x)g'(x)\,dx = [f(x)g(x)]_a^b - \int_a^b f'(x)g(x)\,dx.$$

また $x=\varphi(t)$ と変換するとき，$\alpha \leq t \leq \beta$ で $f(\varphi(t))\varphi'(t)$ が連続ならば，[1]

(11.3) $$\int_a^b f(x)\,dx = \int_\alpha^\beta f(\varphi(t))\varphi'(t)\,dt.$$

ただし $a=\varphi(\alpha), b=\varphi(\beta)$ とする．この公式を証明しよう．

$v=\varphi(u)$ とおけば，

$$\frac{d}{du}\left(\int_a^v f(x)\,dx - \int_\alpha^u f(\varphi(t))\varphi'(t)\,dt\right)$$

$$= f(v)\frac{dv}{du} - f(\varphi(u))\varphi'(u) = 0.$$

$$\therefore \int_a^v f(x)\,dx = \int_\alpha^u f(\varphi(t))\varphi'(t)\,dt + C \quad (\text{定数}).$$

しかるに $u=\alpha$ とおけば $v=\varphi(\alpha)=a$ だから $C=0$. したがって $u=\beta, v=\varphi(\beta)=b$ とおいて

$$\int_a^b f(x)\,dx = \int_\alpha^\beta f(\varphi(t))\varphi'(t)\,dt.$$

たとえば，$I=\int_0^{1/\sqrt{2}} \dfrac{dx}{\sqrt{1-x^2}}$ の計算で $x=\varphi(t)=\sin t$ $(0 \leq t \leq \pi/4)$ と置換すれば $t=0$ で $x=0$, $t=\pi/4$ で $x=1/\sqrt{2}$, またこの範囲で $\sqrt{1-x^2}=\cos t$, $\varphi'(t)=\cos t$ だから

$$I = \int_0^{\pi/4} dt = \frac{\pi}{4}$$

を得る．しかし，上の変換で t の範囲を $[0, 3\pi/4]$ ととり，$t=0$ で $x=0$, $t=3\pi/4$ で $x=1/\sqrt{2}$ だからといって

$$I = \int_0^{3\pi/4} dt = \frac{3}{4}\pi$$

---

[1] $\varphi'(t)$ の存在を仮定しているから，もちろん $\varphi(t)$ は連続である．もし，$\varphi(t)$ が単調函数ならば $f(\varphi(t))$ もまた連続である．しかしながら，$\varphi(t)$ が単調でなくても，この条件がありさえすればよいのである．実際には，$\varphi(t)$ は単調にとれる場合が多い．

§11. 定積分の計算

としては間違った答を得る．この原因は被積分函数が $t=\pi/2$ で不連続になることを考慮しなかったためである．しかし，t の範囲を $[3\pi/4, \pi]$ にとることはできる．ただし，このときには $t=3\pi/4$ で $x=1/\sqrt{2}$，$t=\pi$ で $x=0$，またこの範囲で $\sqrt{1-x^2}=-\cos t$ なることに注意して

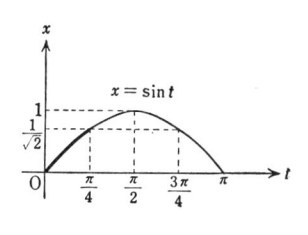

図 5

$$I = -\int_\pi^{3\pi/4} dt = \frac{\pi}{4}$$

を得るのである．置換積分法を行うにあたっては以上のような点を特に注意しなければならない．

例 1. $\displaystyle\int_0^1 x^3(1-x^2)^3 dx = \int_0^1 x^2 \frac{d}{dx}\left\{-\frac{(1-x^2)^4}{8}\right\} dx$

$\displaystyle\qquad = \left[-\frac{x^2(1-x^2)^4}{8}\right]_0^1 + \frac{1}{4}\int_0^1 x(1-x^2)^4 dx$

$\displaystyle\qquad = \frac{1}{4}\left[-\frac{(1-x^2)^5}{10}\right]_0^1 = \frac{1}{40}.$

例 2. $\displaystyle\int_0^1 e^x\left(\frac{1-x}{1+x^2}\right)^2 dx = \int_0^1 \frac{e^x}{1+x^2} dx - \int_0^1 e^x \frac{2x}{(1+x^2)^2} dx$

$\displaystyle\qquad = \left[\frac{e^x}{1+x^2}\right]_0^1 + \int_0^1 e^x \frac{2x}{(1+x^2)^2} dx - \int_0^1 e^x \frac{2x}{(1+x^2)^2} dx$

$\displaystyle\qquad = \frac{e}{2} - 1.$

例 3. $\displaystyle\int_0^\pi \frac{dx}{a+b\cos x}$ $(a>|b|)$ を求めよ．

被積分函数の不定積分は §10，例7で求めてあるから，その結果を利用すると不定積分は $\dfrac{2}{\sqrt{a^2-b^2}}\tan^{-1}\left(\sqrt{\dfrac{a-b}{a+b}}\tan\dfrac{x}{2}\right)$ である．しかし，$x=\pi$ では $\tan\dfrac{x}{2}$ は不定であるから直接この値を代入することはできない．このようなときには，$x\to\pi-0$ のとき $\tan\dfrac{x}{2}\to\infty$ となることに注意して次のようにすればよい．

$$\int_0^\pi \frac{dx}{a+b\cos x} = \lim_{\varepsilon\to+0}\int_0^{\pi-\varepsilon}\frac{dx}{a+b\cos x}$$
$$= \frac{2}{\sqrt{a^2-b^2}}\lim_{x\to\pi-0}\tan^{-1}\left(\sqrt{\frac{a-b}{a+b}}\tan\frac{x}{2}\right) = \frac{\pi}{\sqrt{a^2-b^2}}.$$

このような操作を行う場合でも以後簡単に

$$\int_0^\pi \frac{dx}{a+b\cos x} = \left[\frac{2}{\sqrt{a^2-b^2}}\tan^{-1}\left(\sqrt{\frac{a-b}{a+b}}\tan\frac{x}{2}\right)\right]_0^\pi = \frac{\pi}{\sqrt{a^2-b^2}}$$

と書くことにする。[1]

例 4. $\int_0^{\pi/2}\sin^m x\,dx$ (m は正の整数) を求めよ.

§10, 例8で $\sin^m x$ の不定積分を求めてあるから、この結果を用いれば直ちに求められるわけであるが、その結果を用いないで求めてみると

$$\int_0^{\pi/2}\sin^m x\,dx = \left[-\frac{\sin^{m-1}x\cos x}{m}\right]_0^{\pi/2} + \frac{m-1}{m}\int_0^{\pi/2}\sin^{m-2}x\,dx$$

$$= \frac{m-1}{m}\int_0^{\pi/2}\sin^{m-2}x\,dx$$

$$\begin{cases} = \dfrac{m-1}{m}\cdot\dfrac{m-3}{m-2}\cdots\dfrac{3}{4}\cdot\dfrac{1}{2}\int_0^{\pi/2}dx = \dfrac{m-1}{m}\cdot\dfrac{m-3}{m-2}\cdots\dfrac{3}{4}\cdot\dfrac{1}{2}\cdot\dfrac{\pi}{2} \text{ (m が偶数のとき)} \\ \qquad\qquad\qquad\qquad = \dfrac{(2n)!\pi}{2^{2n+1}(n!)^2} \qquad (m=2n), \\ = \dfrac{m-1}{m}\cdot\dfrac{m-3}{m-2}\cdots\dfrac{4}{5}\cdot\dfrac{2}{3}\int_0^{\pi/2}\sin x\,dx = \dfrac{m-1}{m}\cdot\dfrac{m-3}{m-2}\cdots\dfrac{4}{5}\cdot\dfrac{2}{3} \text{ (m が奇数のとき)} \\ \qquad\qquad\qquad\qquad = \dfrac{2^{2n}(n!)^2}{(2n+1)!} \quad (m=2n+1). \end{cases}$$

なお, $x=\dfrac{\pi}{2}-t$ とおけば,

$$\int_0^{\pi/2}\cos^m x\,dx = -\int_{\pi/2}^0\sin^m t\,dt = \int_0^{\pi/2}\sin^m t\,dt.$$

例 5. $\int_0^{\pi/2}\sin^m x\cos^n x\,dx$ (m, n は正の整数) を求めよ.

§10 における結果を利用すると、n が奇数ならば

$$\int_0^{\pi/2}\sin^m x\cos^n x\,dx = \left[\frac{\sin^{m+1}x\cos^{n-1}x}{m+n}\right]_0^{\pi/2} + \frac{n-1}{m+n}\int_0^{\pi/2}\sin^m x\cos^{n-2}x\,dx$$

$$= \frac{n-1}{m+n}\int_0^{\pi/2}\sin^m x\cos^{n-2}x\,dx$$

$$= \frac{n-1}{m+n}\cdot\frac{n-3}{m+n-2}\int_0^{\pi/2}\sin^m x\cos^{n-4}x\,dx$$

$$= \cdots\cdots\cdots\cdots\cdots\cdots\cdots\cdots$$

$$= \frac{n-1}{m+n}\cdot\frac{n-3}{m+n-2}\cdots\frac{2}{m+3}\int_0^{\pi/2}\sin^m x\cos x\,dx$$

$$= \frac{n-1}{m+n}\cdot\frac{n-3}{m+n-2}\cdots\frac{2}{m+3}\cdot\frac{1}{m+1}.$$

---

[1] $[F(x)]_a^b$ を $F(b-0)-F(a+0)$ の意味にも用いるというわけである.

§11. 定積分の計算

m が奇数ならば

$$\int_0^{\pi/2}\sin^m x\cos^n x\,dx=\int_0^{\pi/2}\sin^n t\cos^m t\,dt \quad\left(t=\frac{\pi}{2}-x\right)$$

$$=\frac{m-1}{m+n}\cdot\frac{m-3}{m+n-2}\cdots\frac{2}{n+3}\cdot\frac{1}{n+1}.$$

m, n ともに偶数ならば

$$\int_0^{\pi/2}\sin^m x\cos^n x\,dx=\frac{n-1}{m+n}\cdot\frac{n-3}{m+n-2}\cdots\frac{1}{m+2}\int_0^{\pi/2}\sin^m x\,dx$$

$$=\frac{n-1}{m+n}\cdot\frac{n-3}{m+n-2}\cdots\frac{1}{m+2}\cdot\frac{m-1}{m}\cdot\frac{m-3}{m-2}\cdots\frac{1}{2}\cdot\frac{\pi}{2}.$$

例 6. $\int_0^1 x^p(1-x)^q\,dx$ (p, q は正の整数) を求めよ.

$x=\sin^2\theta$ ($0\leq\theta\leq\pi/2$) とおくと

$$(1-x)^q=(1-\sin^2\theta)^q=\cos^{2q}\theta,\ \ dx=2\sin\theta\cos\theta\,d\theta.$$

$$\therefore\ \int_0^1 x^p(1-x)^q\,dx=2\int_0^{\pi/2}\sin^{2p+1}\theta\cos^{2q+1}\theta\,d\theta$$

$$=2\frac{2p}{2(p+q+1)}\cdot\frac{2(p-1)}{2(p+q)}\cdots\frac{2}{2(q+2)}\cdot\frac{1}{2(q+1)}$$

$$=\frac{p!\,q!}{(p+q+1)!}.$$

最後に，定積分の値を求める特殊な計算例を一つ挙げておく.

例 7. $\int_0^{\pi}\dfrac{x\sin x}{1+\cos^2 x}dx=\int_0^{\pi/2}\dfrac{x\sin x}{1+\cos^2 x}dx+\int_{\pi/2}^{\pi}\dfrac{x\sin x}{1+\cos^2 x}dx.$

右辺第二の積分において $x=\pi-t$ とおけば，

$$\int_{\pi/2}^{\pi}\frac{x\sin x}{1+\cos^2 x}dx=-\int_{\pi/2}^{0}\frac{(\pi-t)\sin t}{1+\cos^2 t}dt=-\int_0^{\pi/2}\frac{t\sin t}{1+\cos^2 t}dt+\pi\int_0^{\pi/2}\frac{\sin t}{1+\cos^2 t}dt.$$

$$\therefore\ \int_0^{\pi}\frac{x\sin x}{1+\cos^2 x}dx=\pi\int_0^{\pi/2}\frac{\sin t}{1+\cos^2 t}dt=\pi[-\tan^{-1}\cos t]_0^{\pi/2}=\frac{\pi^2}{4}.$$

問 1. 次の定積分を求めよ：

(1) $\int_0^1\dfrac{dx}{a^2-b^2x^2}$ ($a,b\neq 0$), (2) $\int_0^1\dfrac{x+2}{x^2+x+1}dx,$

(3) $\int_0^{2a}\sqrt{2ax-x^2}\,dx$ ($a>0$), (4) $\int_{1/2}^1\dfrac{1}{x}\sqrt{1-x^2}\,dx,$

(5) $\int_0^1\dfrac{dx}{e^x+e^{-x}},$ (6) $\int_0^1\log(1+\sqrt{x})dx,$

(7) $\int_0^{\pi/2}\dfrac{\cos x}{1+\sin^2 x}dx,$ (8) $\int_0^{\pi/2}\dfrac{dx}{\sin x+\cos x},$

(9) $\int_0^a(a^2-x^2)\tan^{-1}\sqrt{\dfrac{x}{a}}\,dx$ ($a>0$), (10) $\int_{-\pi/2}^{\pi/2}e^{-2x}\cos^2 x\,dx.$

問 2. m, n を負でない整数とするとき,

$$\int_0^{2\pi} \sin mx \sin nx\, dx = \int_0^{2\pi} \cos mx \cos nx\, dx = 0 \quad (m \neq n),$$

$$\int_0^{2\pi} \sin mx \cos nx\, dx = 0,$$

$$\int_0^{2\pi} \sin^2 nx\, dx = \pi \quad (n \neq 0),$$

$$\int_0^{2\pi} \cos^2 mx\, dx = \begin{cases} 2\pi & (m=0), \\ \pi & (m \neq 0) \end{cases}$$

を証明せよ.

§12. 定積分の評価と数列の極限

区間 $a \leqq x \leqq b$ において連続函数 $f(x), g(x), h(x)$ の間に

$$h(x) \leqq f(x) \leqq g(x)$$

の関係があり,かつ $f(x) \not\equiv g(x), f(x) \not\equiv h(x)$ のとき

$$\int_a^b h(x)\, dx < \int_a^b f(x)\, dx < \int_a^b g(x)\, dx$$

が成り立つ(§3参照).この不等式を用いるならば,直接 $\int_a^b f(x)\, dx$ が求められない場合でも,適当に $h(x), g(x)$ を選ぶならば,この積分値を評価することができる.

例 1. $0 < x < 1$ では $\dfrac{1}{\sqrt{1+x^2}} < \dfrac{1}{\sqrt{1+x^n}} < 1 \quad (n > 2)$.

しかるに

$$\int_0^1 \frac{dx}{\sqrt{1+x^2}} = [\log(x + \sqrt{1+x^2})]_0^1 = \log(1 + \sqrt{2}).$$

また

$$\int_0^1 dx = 1.$$

$$\therefore \quad \log(1 + \sqrt{2}) < \int_0^1 \frac{dx}{\sqrt{1+x^n}} < 1 \quad (n > 2).$$

例 2. $0 < x < \dfrac{\pi}{2}$ では $\sin^{2n+1} x < \sin^{2n} x < \sin^{2n-1} x$.

$$\therefore \quad \int_0^{\pi/2} \sin^{2n+1} x\, dx < \int_0^{\pi/2} \sin^{2n} x\, dx < \int_0^{\pi/2} \sin^{2n-1} x\, dx.$$

各項の値はすでにわかっているから($n=1, 2, \cdots$),その値を代入すると

§12. 定積分の評価と数列の極限

$$\frac{2\cdot 4\cdots(2n)}{1\cdot 3\cdots(2n+1)} < \frac{1\cdot 3\cdots(2n-1)}{2\cdot 4\cdots(2n)}\cdot\frac{\pi}{2} < \frac{2\cdot 4\cdots(2n-2)}{1\cdot 3\cdots(2n-1)}.$$

これから

$$\left[\frac{2\cdot 4\cdots(2n)}{1\cdot 3\cdots(2n-1)}\right]^2\frac{1}{2n+1} < \frac{\pi}{2} < \left[\frac{2\cdot 4\cdots(2n)}{1\cdot 3\cdots(2n-1)}\right]^2\frac{1}{2n}.$$

ここで $n\to\infty$ とすれば,上式の両端はともに $\pi/2$ に収束することがわかる.

ゆえに

(12.1) $$\pi = \lim_{n\to\infty}\left[\frac{2\cdot 4\cdots(2n)}{1\cdot 3\cdots(2n-1)}\right]^2\frac{1}{n}$$

なる等式を得る,これを**ワリスの公式**という.これはまた

(12.2) $$\sqrt{\pi} = \lim_{n\to\infty}\frac{2^{2n}(n!)^2}{\sqrt{n}(2n)!}$$

という形にも書かれる.

最後に,定積分の定義から直接得られる特殊な数列の極限について述べる.

例 3. $\lim_{n\to\infty}\dfrac{1}{\log n}\left(1+\dfrac{1}{2}+\cdots+\dfrac{1}{n}\right)=1$ の証明.

$\dfrac{1}{x}$ は $x>0$ で単調減少(狭義)だから

$$\int_1^2\frac{dx}{x}<1,\quad \int_k^{k+1}\frac{dx}{x}<\frac{1}{k}<\int_{k-1}^k\frac{dx}{x}\quad (k=2,3,\cdots).$$

これらを加えて

$$\int_1^{n+1}\frac{dx}{x}=\log(n+1)<\sum_{k=1}^n\frac{1}{k}<1+\int_1^n\frac{dx}{x}=1+\log n.$$

したがって

$$1<\frac{\log(n+1)}{\log n}<\frac{1}{\log n}\sum_{k=1}^n\frac{1}{k}<1+\frac{1}{\log n}.$$

$$\therefore\quad \lim_{n\to\infty}\frac{1}{\log n}\sum_{k=1}^n\frac{1}{k}=1.$$

例 4. $\lim_{n\to\infty}\dfrac{1}{n^{k+1}}(1^k+2^k+\cdots+n^k)=\dfrac{1}{k+1}$ $(k>0)$ の証明.

上式の左辺は次のように書き換えられる.

$$\lim_{n\to\infty}\frac{1}{n^{k+1}}(1^k+2^k+\cdots+n^k)=\lim_{n\to\infty}\frac{1}{n}\left\{\left(\frac{1}{n}\right)^k+\left(\frac{2}{n}\right)^k+\cdots+\left(\frac{n}{n}\right)^k\right\}.$$

この極限は,関数 x^k の 0 から 1 までの定積分の定義そのものである.

$$\therefore\quad \lim_{n\to\infty}\frac{1}{n^{k+1}}(1^k+2^k+\cdots+n^k)=\int_0^1 x^k\,dx=\frac{1}{k+1}.$$

問 1. 次の不等式を証明せよ:

(1) $0.78 < \int_0^{\pi/4} \dfrac{dx}{\sqrt{1-\sin x}} < 1.08,$

(2) $\dfrac{1}{2} < \int_0^{1/2} \dfrac{dx}{\sqrt{1-x^n}} < \dfrac{\pi}{6} \ (n>2).$

問 2. 次の極限値を求めよ:

(1) $\lim\limits_{n\to\infty}\left\{\dfrac{1}{n}+\dfrac{1}{n+1}+\cdots+\dfrac{1}{2n-1}\right\},$

(2) $\lim\limits_{n\to\infty}\left\{\dfrac{n}{n^2}+\dfrac{n}{n^2+1}+\cdots+\dfrac{n}{n^2+(n-1)^2}\right\}.$

§13. 定積分の定義の拡張

いままで,定積分における被積分函数は,積分区域(閉区間)でいたるところ定義された連続函数に限られていた.しかし,これだけでは不便であるので,もう少し広い範囲の函数,たとえば,有限個の不連続点をもつ函数や有界でない函数についてまで定積分の定義を拡張しようというのが本節の目的である.

まず最初に,$f(x)$ は開区間 (a, b)($a<x<b$ なる範囲のことをこのように記す)においてただ連続とだけ仮定する.[1] 正数 ε, δ を十分小さくとれば,$\int_{a+\varepsilon}^{b-\delta} f(x)dx$ は存在する.もし $\varepsilon\to 0, \delta\to 0$ とするとき,この積分値の極限値が存在するならば,この極限値をもって $f(x)$ の a から b までの**定積分**とし,記号で

(13.1) $\quad\displaystyle\int_a^b f(x)\,dx = \lim_{\varepsilon\to+0,\delta\to+0}\int_{a+\varepsilon}^{b-\delta} f(x)\,dx$

とする.この極限値が存在するとき,$f(x)$ は (a, b) において**積分可能**であるという.また,このとき積分 $\int_a^b f(x)dx$ は**存在する**とも,**収束する**ともいう.

もし,$f(x)$ が $a \leqq x < b$ で連続ならば

$$\int_a^b f(x)\,dx = \lim_{\delta\to+0}\int_a^{b-\delta} f(x)\,dx,$$

$a < x \leqq b$ で連続ならば

$$\int_a^b f(x)\,dx = \lim_{\varepsilon\to+0}\int_{a+\varepsilon}^b f(x)\,dx$$

---

[1] したがって有界かどうかはわからない.

となることはいうまでもない．また $[a, b]$ で連続なとき，この函数を (a, b) だけで考えて本節における定積分の定義を適用しても，本節以前での積分値と一致することは明らかである．

次に，$f(x)$ が (a, b) において有限個の不連続点をもつ場合を考える．もちろん不連続点のなかには，その点で函数値のないような点も含めて考えている．不連続点を順に $c_1, c_2, \cdots, c_k$ とするとき，各区間 (c_i, c_{i+1}) ($i=0, 1, \cdots, k;\ c_0=a,\ c_{k+1}=b$) において $f(x)$ が積分可能であるとき，このときに限り $f(x)$ は (a, b) において積分可能であるといい，

(13.2) $$\int_a^b f(x)\,dx = \sum_{i=0}^k \int_{c_i}^{c_{i+1}} f(x)\,dx$$

と定義する．これを $f(x)$ の a から b までの定積分という．

さらに

$$\int_b^a f(x)\,dx = -\int_a^b f(x)\,dx \quad (a\leq b)$$

とすれば，この拡張された定積分が連続函数の定積分同様§3における基本関係式を満たす（ただし，定積分は存在すると仮定）ことがいえる．

例 1. $\int_0^1 \dfrac{dx}{\sqrt{1-x^2}} = \lim_{\delta\to +0}\int_0^{1-\delta} \dfrac{dx}{\sqrt{1-x^2}} = \lim_{\delta\to +0}[\sin^{-1}x]_0^{1-\delta} = \dfrac{\pi}{2}$.

このような操作を一々書くことを省略して，前の約束通りに

$$\int_0^1 \frac{dx}{\sqrt{1-x^2}} = [\sin^{-1}x]_0^1 = \frac{\pi}{2}$$

と書く．

例 2. $\int_{-1}^0 \log|x|\,dx = \int_0^1 \log t\,dt = [t(\log t - 1)]_0^1 = -1$,

$\int_0^2 \log|x|\,dx = \int_0^2 \log x\,dx = [x(\log x - 1)]_0^2 = 2(\log 2 - 1)$.

$\therefore\ \int_{-1}^2 \log|x|\,dx = \int_{-1}^0 \log|x|\,dx + \int_0^2 \log|x|\,dx = 2\log 2 - 3$.

例 3. $\int_0^1 \dfrac{dx}{x} = [\log x]_0^1 = \infty$.

したがって，$\int_0^1 \dfrac{dx}{x}$ は存在しない．

例 4. $\int_{-1}^1 \dfrac{dx}{(1-2ax+a^2)\sqrt{1-x^2}} = \dfrac{2}{a^2-1}\left[\tan^{-1}\left(\dfrac{1+a}{1-a}\sqrt{\dfrac{1-x}{1+x}}\right)\right]_{-1}^1$

$$= \begin{cases} \dfrac{\pi}{1-a^2} & (|a|<1), \\ \dfrac{\pi}{a^2-1} & (|a|>1). \end{cases}{}^{1)}$$

さて，拡張された定積分のことをいままでの定積分と区別するとき，**広義積分**という．この広義積分 $\int_a^b f(x)dx$ が存在するかどうかは，不連続点の近傍における函数の状態に左右されるわけであるが，ではどのような状態のとき，この積分は存在するか，また，存在しないか．この判定条件を与えるものとして次の定理がある．

定理 13.1. 函数 $f(x)$ が $a<x\leq b$ で連続であり，この区間のすべての x に対し

(13.3) $$|f(x)| \leq \frac{A}{(x-a)^\lambda}, \quad \lambda<1,$$

が成り立つような定数 A, λ が存在するならば，$f(x)$ は (a, b) において積分可能であり，

(13.4) $$|f(x)| \geq \frac{B}{(x-a)^\mu}, \quad \mu \geq 1$$

が成り立つような正の定数 B, μ が存在するならば，$f(x)$ は (a, b) において積分不能である．

証明． まず前半については

$$F(x) = \int_x^b f(t)dt$$

とおくと，$0<x_1-a<\delta$, $0<x_2-a<\delta$ なる区間内の任意の二点 x_1, x_2 $(x_1<x_2)$ に対し

$$|F(x_1)-F(x_2)| \leq \int_{x_1}^{x_2}|f(x)|dx \leq A\int_{x_1}^{x_2}\frac{dx}{(x-a)^\lambda}$$

$$= \frac{A}{1-\lambda}[(x-a)^{1-\lambda}]_{x_1}^{x_2} \leq \frac{A}{1-\lambda}\delta^{1-\lambda}.$$

したがって，正数 ε に対し δ を $\dfrac{A}{1-\lambda}\delta^{1-\lambda}<\varepsilon$ なる如く十分小さくとれば $(1-\lambda>0$ だから，このことは可能である$)$，

---

1) この積分については §9, 例5参照.

§13. 定積分の定義の拡張

$$|F(x_1)-F(x_2)|<\varepsilon.$$

定理 2.4′ によれば，$x\to a+0$ に対し $F(x)$ は収束する．よって

$$\lim_{x\to a+0} F(x)=\lim_{\varepsilon\to +0}\int_{a+\varepsilon}^{b} f(x)\,dx=\int_{a}^{b} f(x)\,dx$$

は存在する．ゆえに，$f(x)$ は積分可能である．

次に，後半の証明に移る．$f(x)$ は連続だから，仮定により $a<x\leqq b$ で定符号である．$a<x_1<x_2<b$ なるような x_1, x_2 に対し

$$|F(x_1)-F(x_2)|=\int_{x_1}^{x_2}|f(x)|\,dx\geqq B\int_{x_1}^{x_2}\frac{dx}{(x-a)^\mu}$$

$$=\begin{cases}\dfrac{B}{1-\mu}[(x-a)^{1-\mu}]_{x_1}^{x_2}=\dfrac{B}{1-\mu}\{(x_2-a)^{1-\mu}-(x_1-a)^{1-\mu}\} \\ \hspace{5cm}(\mu>1), \\ B[\log(x-a)]_{x_1}^{x_2}=B\log\dfrac{x_2-a}{x_1-a} \quad (\mu=1).\end{cases}$$

ここで $x_1=a+\delta,\ x_2=a+2\delta\ (\delta>0)$ ととれば

$$|F(x_1)-F(x_2)|\geqq\begin{cases}\dfrac{B}{\mu-1}\delta^{1-\mu}(1-2^{1-\mu}) & (\mu>1), \\ B\log 2 & (\mu=1).\end{cases}$$

$\delta\to 0$ に対し右辺は 0 に収束しないから，$x\to a+0$ に対し $F(x)$ は発散する．したがって，$f(x)$ は積分不能である．

注意． この定理における条件式 (13.3)，(13.4) は $x=a$ の近傍において成り立てば十分である．また，この定理は左端 $x=a$ における状態に関するものであるが，同様な定理が右端 $x=b$ においても成立することはもちろんである．

系 1. $f(x)$ が $a<x<b$ で有界連続ならば，$f(x)$ は (a, b) において積分可能である．

系 2. $f(x)$ が $a<x\leqq b$ において連続で，

(13.5) $$\lim_{x\to a+0} f(x)(x-a)^\alpha=L \quad (L\text{ は定数})$$

が，$\alpha<1$ なる α について成り立てば，$f(x)$ は積分可能であり，$\alpha\geqq 1$ なる α および $L\ (\not=0)$ について成り立てば，$f(x)$ は積分不能である．

例 5. $\sin\dfrac{1}{x}$ は $0<x\leqq a$ で有界連続であるから，系1によって $\displaystyle\int_0^a \sin\dfrac{1}{x}dx$ は存在する．

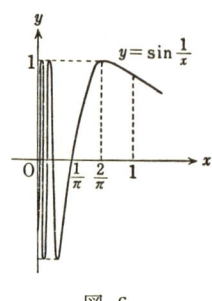

$\sin\dfrac{1}{x}$ のグラフは左の図に示すように，一定の幅 (-1 から 1) の間を無限に振動するような複雑なものであるが，その定積分は確定する．

例 6. 任意の正数 p, q に対し $x^{p-1}(1-x)^{q-1}$ を $0<x<1$ で考えると，ここで連続，しかも両端では

$$\lim_{x \to +0} \{x^{p-1}(1-x)^{q-1} \times x^{1-p}\} = 1 \quad (1-p<1),$$

$$\lim_{x \to 1-0} \{x^{p-1}(1-x)^{q-1} \times (1-x)^{1-q}\} = 1 \quad (1-q<1)$$

となるから，系 2 によって，$x^{p-1}(1-x)^{q-1}$ は $(0,1)$ において積分可能である．

図 6

したがって

(13.6) $\qquad B(p, q) = \displaystyle\int_0^1 x^{p-1}(1-x)^{q-1} dx \quad (p>0, q>0)$

は存在するが，この関数を**ベータ函数**と呼んでいる．

§11, 例 6 において p, q が 1 より大きい整数のとき

$$B(p, q) = \frac{(p-1)!(q-1)!}{(p+q-1)!}$$

なることを示した．しかし，この等式は p, q が 1 であっても成り立つのである．なぜならば $p=1, q\geqq1$ とすれば

$$B(1, q) = \int_0^1 (1-x)^{q-1} dx = \left[-\frac{(1-x)^q}{q}\right]_0^1 = \frac{1}{q}$$

となり，$p\geqq1, q=1$ でも同様に

$$B(p, 1) = \int_0^1 x^{p-1} dx = \left[\frac{x^p}{p}\right]_0^1 = \frac{1}{p}$$

となるからである．

例 7. $\dfrac{1}{x^2}\sin x$ を $0<x\leqq a$ で考えると，ここでは連続であるが

$$\lim_{x \to +0}\left(\frac{1}{x^2}\sin x \times x\right) = 1$$

となるから，系 2 によれば $\displaystyle\int_0^a \frac{1}{x^2}\sin x\, dx$ は存在しないことがわかる．

有界函数に対する広義積分について，§4 の基本定理に相当するものを次に述べておこう．

定理 13.2. $f(x)$ が (a, b) で有界，かつ，有限個の点を除いて連続なら

§13. 定積分の定義の拡張

ば，連続点ではその導函数が $f(x)$ と一致するような $[a, b]$ で連続な函数は常に存在し，その一つを $F(x)$ とすれば

(13.7) $$F(x) = \int_a^x f(t)\,dt + C$$

かつ

(13.8) $$\int_a^b f(x)\,dx = F(b) - F(a)$$

である．ただし，C は定数である．

証明． 仮定によって，$a \leqq x \leqq b$ なる任意の x に対して

$$S(x) = \int_a^x f(t)\,dt$$

は存在する．$f(x)$ の連続点 x において $S(x)$ が連続なること，および，$S'(x) = f(x)$ となることは，定理 3.6 および定理 4.1 の示すところである．x が不連続点のときには，[1] $|f(x)| < M$ とすれば，

$$|S(x+\delta) - S(x)| = \left|\int_x^{x+\delta} f(t)\,dt\right| = \lim_{\varepsilon \to 0, \varepsilon\delta > 0} \left|\int_{x+\varepsilon}^{x+\delta} f(t)\,dt\right|$$
$$< M|\delta| \to 0 \quad (\delta \to 0).$$

よって，$S(x)$ は $f(x)$ の不連続点 x でも連続である．したがって，$S(x)$ は題意に適する一つの函数である．

他に条件に適するものを任意に $F(x)$ とすれば，有限個の不連続点を除いて

$$\frac{d}{dx}\{F(x) - S(x)\} = 0.$$

したがって，不連続点を端点とする開区間 I_i $(i = 1, 2, \cdots, k)$ に (a, b) を分けるとき，各区間 I_i においては

$$F(x) - S(x) = C_i \quad (C_i \text{ は定数}).$$

しかし，$F(x) - S(x)$ は $[a, b]$ で連続だから $C_i = C$ $(i = 1, 2, \cdots, k)$ でなければならぬ．

$$\therefore\ F(x) = S(x) + C = \int_a^x f(t)\,dt + C.$$

さらに $x = a$, $x = b$ とおいて

---

[1] a, b も不連続点にいれておく．

$$F(b) = \int_a^b f(t)\,dt + C, \quad F(a) = C.$$
$$\therefore \int_a^b f(t)\,dt = F(b) - F(a).$$

例 8. $f(x) = 2x\sin\dfrac{1}{x} - \cos\dfrac{1}{x}$ は $x=0$ で不連続である．しかし，$x=0$ の近傍では有界であるから，$x=0$ を含む範囲において，この定積分の存在することがわかる．ところで

$$\frac{d}{dx}\left(x^2\sin\frac{1}{x}\right) = 2x\sin\frac{1}{x} - \cos\frac{1}{x} \quad (x \neq 0)$$

であり，$x^2\sin\dfrac{1}{x}$ は $x=0$ での値を 0 と定めることによりいたるところ連続な函数となる．したがって，定理 13.2 により

$$\int_{1/\pi}^{x}\left(2t\sin\frac{1}{t} - \cos\frac{1}{t}\right)dt = \left[t^2\sin\frac{1}{t}\right]_{1/\pi}^{x} = \begin{cases} x^2\sin\dfrac{1}{x} & (x \neq 0), \\ 0 & (x = 0). \end{cases}$$

有界でない函数に対しては

定理 13.3. $f(x)$ は (a, b) で有限個の点を除いて連続とする．もし，$f(x)$ が (a, b) において積分可能ならば，$f(x)$ の連続点ではその導函数が $f(x)$ と一致するような $[a, b]$ で連続な函数が常に存在し，その一つを $F(x)$ とすると

(13.9) $$F(x) = \int_a^x f(t)\,dt + C$$

かつ

(13.10) $$\int_a^b f(x)\,dx = F(b) - F(a)$$

となる．ただし，C は定数である．

逆に，$f(x)$ の連続点でその導函数が $f(x)$ と一致するような $[a, b]$ で連続な函数 $F(x)$ が存在すれば，$f(x)$ は (a, b) において積分可能であり，かつ，(13.9)，(13.10) が成り立つ．

証明. 前半の証明は，定理 13.2 のそれとほとんど変わりはない．ただ，$f(x)$ の不連続点 x で $S(x)$ が連続なことの証明を次のように変えればよいだけである．

仮定により $\int_x^{x+h} f(t)\,dt$ $(h \neq 0)$ は存在するが，このことは $\lim_{\varepsilon \to 0, \varepsilon h > 0} \int_{x+\varepsilon}^{x+h} f(t)\,dt$ が収束することであるから，定理 2.4' により任意の正数 η に対し $|\delta|$ を十分小さくとれば

$$\left| \int_{x+\varepsilon}^{x+\delta} f(t)\,dt \right| < \eta \quad (\varepsilon\delta > 0,\ 0 < |\varepsilon| < |\delta|).$$

$$\therefore\ \left| \int_x^{x+\delta} f(t)\,dt \right| \leq \eta \to 0 \quad (\delta \to 0).$$

ゆえに，$S(x)$ は x においても連続である．

後半はここに改めて証明するまでもないであろう．

例2において，$x=0$ は $\log|x|$ の $-\infty$ の不連続点であるが

$$\frac{d}{dx}\{x(\log|x|-1)\} = \log|x| \quad (x \neq 0)$$

で，$x(\log|x|-1)$ は $x=0$ で 0 と定義することによって連続函数となる．したがって定理 13.3 によって

$$\int_{-1}^{2} \log|x|\,dx = [x(\log|x|-1)]_{-1}^{2} = 2\log 2 - 3$$

とすることができる．

なお，$f(x)$ が $a \leq x < c,\ c < x \leq b$ で連続のとき，$\int_a^b f(x)\,dx$ は存在しなくても

$$\lim_{\varepsilon \to +0} \left\{ \int_a^{c-\varepsilon} f(x)\,dx + \int_{c+\varepsilon}^b f(x)\,dx \right\}$$

が存在する場合，この極限値を定積分 $\int_a^b f(x)\,dx$ の **主値** とよび

$$p.v. \int_a^b f(x)\,dx$$

で表わすことがある．たとえば，$\int_{-1}^{1} \dfrac{dx}{x}$ は存在しないが，

$$p.v. \int_{-1}^{1} \frac{dx}{x} = \lim_{\varepsilon \to +0} \left\{ \int_{-1}^{-\varepsilon} \frac{dx}{x} + \int_{\varepsilon}^{1} \frac{dx}{x} \right\} = 0$$

である．

問 1. $\int_{-1}^{1} \dfrac{\cos ax}{\sqrt{1-x^2}}\,dx$ が存在することを証明せよ．

問 2. 次の定積分が存在するかどうかを調べよ：

（1） $\int_0^1 \dfrac{\log x}{1-x}\,dx$, （2） $\int_0^\pi \dfrac{dx}{\sin^\lambda x}$ $(\lambda > 0)$.

問 3. 次の定積分を求めよ:

(1) $\displaystyle\int_{-1}^{1}\frac{dx}{\sqrt{1-2ax+a^2}}$,　　(2) $\displaystyle\int_{0}^{1}\sqrt{\frac{x}{1-x}}dx$,

(3) $\displaystyle\int_{0}^{1}(\log x)^n dx$ (n は自然数),　　(4) $\displaystyle\int_{0}^{2\pi}\left[\frac{2x}{\pi}\right]\cos x\,dx$.

ただし, $[\alpha]$ は α を越えない最大整数を表わすものとする.

問 4. $m>-1, n>-1$ のとき
$$\int_{0}^{\pi/2}\sin^m x\cos^n x\,dx=\frac{1}{2}B\left(\frac{m+1}{2},\ \frac{n+1}{2}\right)$$
なることを示せ.

§14. 無限積分

いままで, 積分区域は有限区間に限られていたが, これを無限に延びた区間にまで拡張しよう. 有限範囲の積分は前節で考えた広義積分でよいのであるが, 簡単のため被積分函数は連続なものに限っておく.

(14.1) $\quad\displaystyle\int_{a}^{\infty}f(x)\,dx=\lim_{L\to\infty}\int_{a}^{L}f(x)\,dx,$

(14.2) $\quad\displaystyle\int_{-\infty}^{a}f(x)\,dx=\lim_{M\to\infty}\int_{-M}^{a}f(x)\,dx,$

(14.3) $\quad\displaystyle\int_{-\infty}^{\infty}f(x)\,dx=\lim_{L,M\to\infty}\int_{-M}^{L}f(x)\,dx$
$\qquad\qquad =\displaystyle\int_{-\infty}^{a}f(x)\,dx+\int_{a}^{\infty}f(x)\,dx$

によって無限区間における $f(x)$ の定積分を定義する. もちろん, 右辺の極限値は有限のものとする. (14.1) の場合, $f(x)$ は (a, ∞) において**積分可能**である, または $\displaystyle\int_{a}^{\infty}f(x)dx$ は**存在**(**収束**[1])するという. 他の場合も同様である.

例 1. $\displaystyle\int_{1}^{\infty}x^\alpha dx=\begin{cases}\displaystyle\lim_{L\to\infty}\left[\frac{x^{1+\alpha}}{1+\alpha}\right]_{1}^{L}=\infty & (\alpha>-1),\\[4pt] \displaystyle\lim_{L\to\infty}[\log x]_{1}^{L}=\infty & (\alpha=-1),\\[4pt] \displaystyle\lim_{L\to\infty}\left[\frac{x^{1+\alpha}}{1+\alpha}\right]_{1}^{L}=-\frac{1}{1+\alpha} & (\alpha<-1).\end{cases}$

---

[1] 収束でないとき $\displaystyle\int_{a}^{\infty}f(x)dx$ は発散するという.

したがって $\int_1^\infty x^\alpha dx$ は $\alpha<-1$ のときに限って存在する.

例 2. $\int_0^\infty \cos x\,dx = \lim_{L\to\infty}[\sin x]_0^L$ は振動する. したがって $\int_0^\infty \cos x\,dx$ は存在しない.

例 3.
$$\int_{-\infty}^\infty \frac{dx}{1+x^2} = \lim_{L,M\to\infty}[\tan^{-1}x]_{-M}^L = \pi.$$

以後書き方を簡単にするため,上のような場合も
$$\int_{-\infty}^\infty \frac{dx}{1+x^2} = [\tan^{-1}x]_{-\infty}^\infty = \pi$$
と書くことにする.

このような無限区間における定積分を**無限積分**と呼んでいる.無限積分が存在するかどうかは,$|x|$ が十分大きいときの $f(x)$ の状態に左右されるのであって,これを判定するに次の定理がある.

定理 14.1. 十分大きいすべての x について

(14.4) $$|f(x)| \leq \frac{A}{x^\lambda} \quad (\lambda>1)$$

が成り立つような定数 A, λ が存在するならば $\int_a^\infty f(x)dx$ は存在する.また

(14.5) $$|f(x)| \geq \frac{B}{x^\mu} \quad (\mu \leq 1)$$

が成り立つような正の定数 B, μ が存在するならば $\int_a^\infty f(x)dx$ は存在しない.

証明. 前半を証明するには,$a \leq x < \infty$ において (14.4) が成り立つと仮定して $\int_a^\infty f(x)dx$ が存在することを証明すれば十分である.
$$F(x) = \int_a^x f(t)dt$$
とおくとき,$L_2 > L_1 > L > a, L > 0$ とすれば
$$|F(L_2) - F(L_1)| \leq \int_{L_1}^{L_2}|f(t)|\,dt \leq A\int_{L_1}^{L_2} t^{-\lambda}dt$$
$$= \frac{A}{\lambda-1}(L_1^{1-\lambda} - L_2^{1-\lambda}) \leq \frac{A}{\lambda-1}L^{1-\lambda}.$$

$1-\lambda<0$ だから $L\to\infty$ とすれば右辺は 0 に収束する.したがって $\int_a^\infty f(x)dx = \lim_{x\to\infty} F(x)$ は存在する.

後半を証明するには，$a \leq x < \infty$ ($a > 1$) において (14.5) が成り立つと仮定して $\int_a^\infty f(x)dx$ が存在しないことを証明すればよい．

$\mu \leq 1$ であるから，
$$|f(x)| \geq \frac{B}{x^\mu} \geq \frac{B}{x} \quad (x > 1).$$

$f(x)$ が定符号であることを注意すれば，
$$|F(2L) - F(L)| = \int_L^{2L} |f(t)|dt \geq B\int_L^{2L} \frac{dt}{t} = B\log 2$$

が $L > 1$ に対して成り立つ．ゆえに $\int_a^\infty f(x)dx = \lim_{x \to \infty} F(x)$ は存在しない．

系．
$$\lim_{x \to \infty} x^\alpha |f(x)| = L < \infty$$

が $\alpha > 1$ に対して成り立てば $\int_a^\infty f(x)dx$ は存在し，$\alpha \leq 1$，$L > 0$ に対して成り立てば $\int_a^\infty f(x)dx$ は存在しない．

例 4． $0 < x < \infty$ において $x^\alpha e^{-x}$ を考えると
$$\lim_{x \to +0} x^{-\alpha}(x^\alpha e^{-x}) = 1$$

であるから，$\alpha > -1$ ならば $\int_0^1 x^\alpha e^{-x}dx$ は存在し，任意の α について
$$\lim_{x \to \infty} x^2(x^\alpha e^{-x}) = 0$$

となるから，本節の系によって $\int_1^\infty x^\alpha e^{-x}dx$ は存在する．ゆえに
$$\int_0^\infty x^\alpha e^{-x}dx \quad (\alpha > -1)$$

は存在する．

したがって

(14.6) $$\Gamma(x) = \int_0^\infty t^{x-1}e^{-t}dt \quad (x > 0)$$

は存在するが，これを**ガンマ函数**といって応用上重要な函数である．

無限積分の存在，不存在を示すには他にいろいろの方法があるが，そのうちの二例を次に挙げてみよう．

§14. 無 限 積 分

例 5. $\int_0^\infty \frac{\sin x}{x} dx$ の存在することの証明.

$\lim_{x \to 0} \frac{\sin x}{x} = 1$ だから $\int_0^\pi \frac{\sin x}{x} dx$ の存在することは明らかである. 次に

$$a_n = \int_{(n-1)\pi}^{n\pi} \frac{\sin x}{x} dx \quad (n=1, 2, \cdots)$$

とおけば, n が偶数のとき $a_n < 0$, n が奇数のとき $a_n > 0$. しかも

$$|a_n| = \int_{(n-1)\pi}^{n\pi} \frac{|\sin x|}{x} dx > \int_{n\pi}^{(n+1)\pi} \frac{|\sin x|}{x} dx = |a_{n+1}|,$$

かつ

$$|a_{n+1}| < \int_{n\pi}^{(n+1)\pi} \frac{dx}{x} < \frac{1}{n} \to 0 \ (n \to \infty)$$

であるから, 無限級数

$$a_1 + a_2 + a_3 + \cdots\cdots$$

は必ず収束する.[1] ゆえに $\lim_{n \to \infty} \sum_{k=1}^n a_k = \lim_{n \to \infty} \int_0^{n\pi} \frac{\sin x}{x} dx$ は存在する.

$n\pi < L \leqq (n+1)\pi$ ならば

$$\left| \int_0^L \frac{\sin x}{x} dx - \int_0^{n\pi} \frac{\sin x}{x} dx \right| < \int_{n\pi}^{(n+1)\pi} \frac{dx}{x} = \log \frac{n+1}{n}.$$

$n \to \infty$ に対し右辺は 0 に収束する. したがって, $\lim_{L \to \infty} \int_0^L \frac{\sin x}{x} dx$ は存在し, これから $\int_0^\infty \frac{\sin x}{x} dx$ もまた存在することがいえる (この値は明らかに正である).

例 6. $\int_0^\infty \frac{|\sin x|}{x} dx$ の存在しないことの証明.

前の記号を用いれば

$$|a_n| > \frac{1}{n\pi} \int_{(n-1)\pi}^{n\pi} |\sin x| dx = \frac{1}{n\pi} \left| \int_{(n-1)\pi}^{n\pi} \sin x \, dx \right|.$$
$$= \frac{2}{n\pi}$$

$$\therefore \int_0^{n\pi} \frac{|\sin x|}{x} dx = |a_1| + |a_2| + \cdots + |a_n|$$
$$> \frac{2}{\pi} \left(1 + \frac{1}{2} + \cdots + \frac{1}{n} \right) \to \infty \ (n \to \infty).$$

したがって $\int_0^\infty \frac{|\sin x|}{x} dx$ は存在しない.

有限区間における定積分に関する公式は, そのまま無限積分の場合にも成立

---

1) 各項の絶対値が減少しながら 0 に収束する交代級数は収束する. 微分学 (本講座第 5 巻) 定理 32.3 参照.

する．たとえば，$a<x<\infty$ の場合だけを述べてみると，$f(x)$ の原始函数の一つを $F(x)$ とするとき

(14.7) $\quad\displaystyle\int_a^\infty f(x)dx = [F(x)]_a^\infty = \lim_{x\to\infty} F(x) - \lim_{x\to a+0} F(x).$

部分積分の公式は

(14.8) $\quad\displaystyle\int_a^\infty f(x)g'(x)dx = [f(x)g(x)]_a^\infty - \int_a^\infty f'(x)g(x)dx$

となる．また，x を $x=\varphi(t)$ で t に変換するとき，$f(\varphi(t))\varphi'(t)$ が $\alpha < t < \infty$ で連続であり，$t\to\alpha$ に対し $x\to a$, $t\to\infty$ に対し $x\to\infty$ となるならば，置換積分の公式は

(14.9) $\quad\displaystyle\int_a^\infty f(x)dx = \int_\alpha^\infty f(\varphi(t))\varphi'(t)dt.$

さらに，$a<x<\infty$ に $\alpha<t<\beta$ が対応し，$t\to\alpha$ に対し $x\to a$, $t\to\beta$ に対し $x\to\infty$ となるならば

(14.10) $\quad\displaystyle\int_a^\infty f(x)dx = \int_\alpha^\beta f(\varphi(t))\varphi'(t)dt$

となる．この式で無限積分は有限区間における積分に直される．

例 7. $\displaystyle\int_0^\infty \frac{dx}{\sqrt[4]{x^2(1+x^2)^5}} = \int_0^{\pi/2} \frac{d\theta}{\sqrt{\tan\theta\sec\theta}} \quad (x=\tan\theta)$

$\qquad\qquad\qquad = \displaystyle\int_0^{\pi/2} \frac{\cos\theta}{\sqrt{\sin\theta}}d\theta = [2\sqrt{\sin\theta}]_0^{\pi/2} = 2.$

例 8. $\displaystyle\int_0^\infty e^{-x^2}dx = \frac{\sqrt{\pi}}{2}$ の証明．[1]

これを示すため，まず次の不等式に着目する．

$$1-x^2 < e^{-x^2} < \frac{1}{(1+x^2)} \quad (x>0).$$

したがって

$\qquad 0<x\leqq 1$ では $(1-x^2)^n < e^{-nx^2},$

$\qquad 0<x$ では $e^{-nx^2} < \dfrac{1}{(1+x^2)^n}.$

$\therefore\ \displaystyle\int_0^\infty e^{-x^2}dx = \sqrt{n}\int_0^\infty e^{-nt^2}dt \quad (\sqrt{n}\,t=x)$

---

[1] $\displaystyle\lim_{x\to\infty} x^2 e^{-x^2} = 0$ だから，この無限積分の存在することは明らかである．

§14. 無限積分

$$> \sqrt{n}\int_0^1 e^{-nt^2}dt > \sqrt{n}\int_0^1 (1-t^2)^n dt$$
$$= \sqrt{n}\int_0^{\pi/2} \sin^{2n+1}\theta\, d\theta = \sqrt{n}\,\frac{2\cdot 4\cdots(2n)}{1\cdot 3\cdots(2n+1)}.$$

他方

$$\int_0^\infty e^{-x^2}dx = \sqrt{n}\int_0^\infty e^{-nt^2}dt < \sqrt{n}\int_0^\infty (1+t^2)^{-n}dt$$
$$= \sqrt{n}\int_0^{\pi/2} \cos^{2(n-1)}\theta\, d\theta = \sqrt{n}\cdot\frac{\pi}{2}\cdot\frac{1\cdot 3\cdots(2n-3)}{2\cdot 4\cdots(2n-2)}.$$

ゆえに

$$\sqrt{n}\cdot\frac{\pi}{2}\cdot\frac{1\cdot 3\cdots(2n-3)}{2\cdot 4\cdots(2n-2)} > \int_0^\infty e^{-x^2}dx > \sqrt{n}\,\frac{2\cdot 4\cdots(2n)}{1\cdot 3\cdots(2n+1)}.$$

ここで $n\to\infty$ とすれば両端の値はともに $\sqrt{\pi}/2$ に収束する (§12, ワリスの公式参照).

$$\therefore\quad \int_0^\infty e^{-x^2}dx = \frac{\sqrt{\pi}}{2}.$$

部分積分法を利用して $\Gamma(x)$ の重要な性質を導いておこう.

$$\Gamma(x+1) = \int_0^\infty t^x e^{-t}dt = [-t^x e^{-t}]_0^\infty + x\int_0^\infty t^{x-1}e^{-t}dt$$
$$= x\int_0^\infty t^{x-1}e^{-t}dt = x\Gamma(x).$$

ゆえに

(14.11) $$\Gamma(x+1) = x\Gamma(x).$$

特に $x=n$ (自然数) とおけば

$$\Gamma(n+1) = n\Gamma(n) = n(n-1)\Gamma(n-1) = \cdots$$
$$= n!\Gamma(1).$$

しかるに

$$\Gamma(1) = \int_0^\infty e^{-t}dt = [-e^{-t}]_0^\infty = 1.$$
$$\therefore\quad \Gamma(n+1) = n!.$$

さて, $\int_a^\infty f(x)dx$ が収束しても $\int_a^\infty |f(x)|dx$ は収束するとは限らない. 実際, $\int_0^\infty \dfrac{\sin x}{x}dx$ は収束するが $\int_0^\infty \left|\dfrac{\sin x}{x}\right|dx$ は収束しない. $\int_a^\infty |f(x)|dx$ が収束するとき, $\int_a^\infty f(x)dx$ は**絶対収束**するという. $\int_a^\infty f(x)dx$ は収束するが絶対収束しないとき**条件収束**するという.

定理 14.2. $\int_a^\infty f(x)dx$ が絶対収束すれば $\int_a^\infty f(x)dx$ は収束する.

証明. $\int_a^x f(t)dt = S(x)$, $\int_a^x |f(t)|dt = T(x)$ とおけば, $L_2 > L_1 > a$ のとき

$$|S(L_2) - S(L_1)| \leq \int_{L_1}^{L_2} |f(t)|dt \leq T(L_2) - T(L_1).$$

絶対収束の条件から, $\varepsilon > 0$ に対し L を十分大きくとれば,

$$T(L_2) - T(L_1) < \varepsilon \quad (L_2 > L_1 > L),$$
$$\therefore |S(L_2) - S(L_1)| < \varepsilon \quad (L_2 > L_1 > L).$$

ゆえに $\int_a^\infty f(x)dx$ は収束する.

最後に, 無限積分の主値のことについてふれておく. $\int_{-\infty}^\infty f(x)dx$ は存在しなくても, $\lim_{L\to\infty} \int_{-L}^L f(x)dx$ が存在する場合がある. このようなものを考えて便利な場合もあるので, この極限値が存在するとき, これを $\int_{-\infty}^\infty f(x)dx$ の**主値**といい,

$$p.v.\int_{-\infty}^\infty f(x)dx$$

で表わす. たとえば, $\int_{-\infty}^\infty x\,dx$ は存在しないのであるが,

$$p.v.\int_{-\infty}^\infty x\,dx = \lim_{L\to\infty} \left[\frac{x^2}{2}\right]_{-L}^L = 0$$

である.

問 1. 次の無限積分が存在するかどうかを吟味せよ:

(1) $\int_0^\infty \dfrac{x^{\alpha-1}}{1+x}dx \ (\alpha > 0),$ (2) $\int_0^\infty \dfrac{dx}{1+\sqrt{x}},$

(3) $\int_1^\infty \dfrac{\log x}{x^2}dx,$ (4) $\int_0^\infty \sin x^2 dx.$

問 2. 次の定積分を求めよ:

(1) $\int_1^\infty \dfrac{dx}{x(1+x)},$ (2) $\int_1^\infty \dfrac{dx}{x(1+x^2)},$

(3) $\int_{-\infty}^\infty \dfrac{dx}{(x^2+a^2)(x^2+b^2)}(a,b>0),$ (4) $\int_0^\infty \dfrac{x}{(1+x+x^2)^{3/2}}dx,$

(5) $\int_0^\infty \dfrac{\log x}{(1+x)^4}dx,$ (6) $\int_0^\infty e^{-ax}\sin bx\,dx \ (a>0).$

問 3. 次の等式を証明せよ:

(1) $\Gamma(x)=2\int_0^\infty t^{2x-1}e^{-t^2}dt=\int_0^1\left(\log\frac{1}{t}\right)^{x-1}dt,$

(2) $\Gamma\left(\dfrac{1}{2}\right)=\sqrt{\pi},$ 　　　　(3) $\displaystyle\int_{-\infty}^\infty x^2 e^{-x^2}dx=\frac{\sqrt{\pi}}{2}.$

§15. 無限級数の積分

区間 $[a,b]$ において連続な函数 $f_1(x), f_2(x), \cdots$ を各項とする無限級数

(15.1) $$\sum_{k=1}^\infty f_k(x)=f_1(x)+f_2(x)+\cdots=f(x)$$

が $[a,b]$ において収束するとき,

(15.2) $$\int_a^b f(x)\,dx=\sum_{k=1}^\infty \int_a^b f_k(x)\,dx$$

が成り立つかどうかの問題を考える.

上の仮定だけでは, $f(x)$ が連続かどうかもわからないし, またたとえ, $f(x)$ が連続になったとしても (15.2) が成り立つとは限らないのである. たとえば

$$f_1(x)=xe^{-x^2},$$
$$f_n(x)=nxe^{-nx^2}-(n-1)e^{-(n-1)x^2} \qquad (n\geqq 2)$$

とおけば,

$$\sum_{k=1}^n f_k(x)=nxe^{-nx^2}\to 0 \quad (n\to\infty).$$

したがって, $\sum_{k=1}^\infty f_k(x)$ は $0\leqq x\leqq 1$ で収束し, その和 $f(x)=0$ である.

$$\therefore \quad \int_0^1 f(x)\,dx=0.$$

しかるに

$$\sum_{k=1}^n \int_0^1 f_k(x)\,dx=\int_0^1 \sum_{k=1}^n f_k(x)\,dx=\int_0^1 nxe^{-nx^2}dx$$

$$=-\frac{1}{2}[e^{-nx^2}]_0^1=\frac{1}{2}(1-e^{-n})\to\frac{1}{2}\ (n\to\infty)$$

となるから,

$$\int_0^1 f(x)\,dx \neq \sum_{k=1}^\infty \int_0^1 f_k(x)\,dx.$$

この例の示すように,無限級数の積分では項別積分可能とは限らないのである.では,どのような条件のもとに,このことが可能になるか.この問題に答える前に,和 $f(x)$ が連続になるための条件を考察しておく必要がある.

$S_n(x) = \sum_{k=1}^{n} f_k(x)$ とおくとき,任意の正数 ε に対し,ある自然数 N が定まって

$$|f(x) - S_n(x)| < \varepsilon \quad (n > N)$$

となるのであるが,一般に N は x の値に関係する.特に,この N が $[a, b]$ に属する x に無関係に選べるとき,$\sum_{k=1}^{\infty} f_k(x)$ は $[a, b]$ において**一様収束**するという.

たとえば,$\sum_{k=0}^{\infty} a_k x^k$ が $|x| < \rho$ で収束するとき,このベキ級数は $|x| \leq \rho' < \rho$ においては一様収束する.なぜならば,$\sum_{k=0}^{\infty} a_k(\rho' + \delta)^k$ が収束するから(ただし $\rho' + \delta < \rho$, $\delta > 0$)

$$\lim_{k \to \infty} |a_k(\rho' + \delta)^k| = 0.$$

よって,正数 ε に対し N が定まって

$$|a_k(\rho' + \delta)^k| < \varepsilon. \quad \therefore \quad |a_k| < \frac{\varepsilon}{(\rho' + \delta)^k} \quad (k > N).$$

$|x| \leq \rho'$ なる任意の x に対して

$$\left| \sum_{k=n}^{\infty} a_k x^k \right| \leq \sum_{k=n}^{\infty} |a_k x^k| \leq \varepsilon \sum_{k=n}^{\infty} \left(\frac{\rho'}{\rho' + \delta} \right)^k$$

$$< \varepsilon \left(1 + \frac{\rho'}{\delta} \right) \quad (n > N).$$

この式は $\sum_{k=0}^{\infty} a_k x^k$ が $|x| \leq \rho'$ において一様収束であることを示している.

また前例において,$\sum_{k=1}^{\infty} f_k(x)$ は $0 \leq x \leq 1$ においては一様収束ではない.なぜならば,もし一様収束とすれば,ある N に対し

$$S_n(x) = nxe^{-nx^2} < \frac{1}{2} \quad (0 \leq x \leq 1, n > N)$$

となるが,$nx = 1$ なるように $n \to \infty$, $x \to 0$ とすれば,

$$S_n(x) = e^{-x} \to 1$$

となって矛盾するからである.

以上は無限級数について述べたのであるが，これを函数系列の問題として述べることもできる．すなわち，$[a, b]$ において連続な函数の系列 $\{g_n(x)\}$ があるとき，任意の正数 ε に対し，x に無関係に自然数 N を選んで

$$|g(x)-g_n(x)|<\varepsilon \quad (n>N)$$

ならしめることができるとき，$\{g_n(x)\}$ は $[a, b]$ において $g(x)$ に**一様収束**するという．無限級数の場合の $S_n(x)=g_n(x)$ と考えれば，内容的には全く同一である．

定理 15.1. $\sum_{k=1}^{\infty} f_k(x)$ が $[a, b]$ において一様収束するための必要かつ十分な条件は，任意の正数 ε に対し

$$\left|\sum_{k=n}^{m} f_k(x)\right|<\varepsilon \quad (a\leq x\leq b,\ m>n>N)$$

なるように自然数 N を定めることができることである．

定理 15.1'. $\{g_n(x)\}$ が $[a, b]$ において一様収束するための必要かつ十分な条件は，任意の正数 ε に対し

$$|g_m(x)-g_n(x)|<\varepsilon \quad (a\leq x\leq b,\ m,\ n>N)$$

なるように自然数 N を定めることができることである．

証明． 両定理とも内容は同じだから，後の定理を証明しておく．$\{g_n(x)\}$ が収束することに問題はないから，その極限函数を $g(x)$ とする．もし一様収束するとすれば，ε に対し N が定まって

$$|g(x)-g_m(x)|<\frac{\varepsilon}{2},\ |g(x)-g_n(x)|<\frac{\varepsilon}{2}\ (a\leq x\leq b,\ m,\ n>N).$$

$$\therefore\ |g_m(x)-g_n(x)|<\varepsilon \quad (a\leq x\leq b,\ m,\ n>N).$$

逆に，この式が成り立てば $m\to\infty$ として

$$|g(x)-g_n(x)|\leq\varepsilon \quad (a\leq x\leq b,\ n>N).$$

これは $\{g_n(x)\}$ が一様収束であることを示している．

定理 15.2. $[a, b]$ において $f_n(x)$ $(n=1, 2, \cdots)$ が連続で，$f(x)=\sum_{k=1}^{\infty} f_k(x)$ が一様収束ならば，$f(x)$ は $[a, b]$ において連続である．

定理 15.2′. $[a, b]$ において $g_n(x)$ $(n=1, 2, \cdots)$ が連続で，$g(x) = \lim\limits_{n \to \infty} g_n(x)$ が一様収束ならば，$g(x)$ は $[a, b]$ において連続である．

証明． 後の定理を証明する．ε に対し N が定まって
$$|g(x) - g_n(x)| < \varepsilon \quad (a \leqq x \leqq b,\ n > N)$$
一点 x_0 および $n > N$ なる n を固定して考えると，δ が定まって
$$|g_n(x_0 + h) - g_n(x_0)| < \varepsilon \quad (|h| < \delta).$$
$\therefore\ |g(x_0 + h) - g(x_0)| \leqq |g(x_0 + h) - g_n(x_0 + h)| + |g_n(x_0 + h) - g_n(x_0)|$
$$+ |g_n(x_0) - g(x_0)| < 3\varepsilon \quad (|h| < \delta).$$
ゆえに $g(x)$ は x_0 において連続である．x_0 は任意でよかったから，$g(x)$ は $[a, b]$ において連続となる．

以上を準備として，次の定理を証明しよう．

定理 15.3. $[a, b]$ において $f_n(x)$ $(n=1, 2, \cdots)$ は連続で，$f(x) = \sum\limits_{k=1}^{\infty} f_k(x)$ が一様収束するならば，

(15.2) $$\int_a^b f(x)\,dx = \sum_{k=1}^{\infty} \int_a^b f_k(x)\,dx$$

が成り立つ．

証明． 任意の正数 ε に対し N が定まり
$$\left| f(x) - \sum_{k=1}^{n} f_k(x) \right| < \varepsilon \quad (a \leqq x \leqq b,\ n > N).$$
$f(x)$ は $[a, b]$ において連続であるから，$\int_a^b f(x)\,dx$ は存在し
$$\left| \int_a^b f(x)\,dx - \sum_{k=1}^{n} \int_a^b f_k(x)\,dx \right| < \varepsilon \int_a^b dx = \varepsilon(b - a).$$
$$\therefore\ \sum_{k=1}^{n} \int_a^b f_k(x)\,dx \to \int_a^b f(x)\,dx \quad (n \to \infty).$$
よって (15.2) が成り立つ．

この定理を書き換えれば

定理 15.3′. $[a, b]$ において $g_n(x)$ $(n=1, 2, \cdots)$ は連続で，$g(x) = \lim\limits_{n \to \infty} g_n(x)$ が一様収束するならば

§15. 無限級数の積分

(15.3) $$\int_a^b g(x)\,dx = \lim_{n\to\infty} \int_a^b g_n(x)\,dx$$

が成り立つ.

例 1. $\dfrac{\sin t}{t} = 1 - \dfrac{t^2}{3!} + \dfrac{t^4}{5!} - \cdots + (-1)^n \dfrac{t^{2n}}{(2n+1)!} + \cdots \quad (|t|<\infty).$

左辺の函数は, $t=0$ のとき 1 をとるものとすると, このベキ級数は任意の有限区間で一様収束であるから

$$\int_0^x \frac{\sin t}{t}\,dt = \sum_{n=0}^{\infty} \int_0^x (-1)^n \frac{t^{2n}}{(2n+1)!}\,dt$$
$$= \sum_{n=0}^{\infty} (-1)^n \frac{x^{2n+1}}{(2n+1)(2n+1)!} \quad (|x|<\infty).$$

例 2. $0<k<1$ のとき,

$$\int_0^1 \sqrt{\frac{1-k^2 x^2}{1-x^2}}\,dx = \int_0^{\pi/2} \sqrt{1-k^2\sin^2\theta}\,d\theta$$
$$= \frac{\pi}{2}\left\{1 - \sum_{n=1}^{\infty} \frac{k^{2n}}{2n-1}\left(\frac{1\cdot 3\cdots(2n-1)}{2\cdot 4\cdots(2n)}\right)^2\right\}$$

を証明しよう.

$k^2\sin^2\theta \leqq k^2 < 1$ であるから, 二項定理[1]) によって

$$\sqrt{1-k^2\sin^2\theta} = 1 - \sum_{n=1}^{\infty} \frac{1\cdot 3\cdots(2n-3)}{2\cdot 4\cdots(2n)} k^{2n}\sin^{2n}\theta.$$

この級数は $0\leqq\theta\leqq\pi/2$ において一様収束する. よって, 両辺を θ について 0 から $\pi/2$ まで積分して

$$\int_0^{\pi/2} \sqrt{1-k^2\sin^2\theta}\,d\theta = \frac{\pi}{2} - \sum_{n=1}^{\infty} \int_0^{\pi/2} \frac{1\cdot 3\cdots(2n-3)}{2\cdot 4\cdots(2n)} k^{2n}\sin^{2n}\theta\,d\theta.$$

ここに §11, 例 4 の結果を用いれば

$$\int_0^{\pi/2} \sqrt{1-k^2\sin^2\theta}\,d\theta = \frac{\pi}{2}\left\{1 - \sum_{n=1}^{\infty} \frac{k^{2n}}{2n-1}\left(\frac{1\cdot 3\cdots(2n-1)}{2\cdot 4\cdots(2n)}\right)^2\right\}$$

を得る.

定理 15.3 および定理 15.3′ を広義積分の場合にまで拡張すれば次のようになる.

定理 15.4. $f_n(x)$ $(n=1,2,\cdots)$ は (a,b) で連続とし, $f(x) = \sum_{k=1}^{\infty} f_k(x)$ は (a,b) 内の任意の閉区間で一様収束するものとする. もし $\int_a^b f(x)\,dx$, $\int_a^b f_n(x)\,dx$ $(n=1,2,\cdots)$ はすべて存在し, かつ $\left|\sum_{k=1}^{n} f_k(x)\right| \leqq F(x)$ で $\int_a^b F(x)\,dx$ が

---

[1]) 微分学 (本講座第 5 巻) §6, (34.8) 参照.

存在するような函数 $F(x)$ が存在するならば,

(15.2′) $$\int_a^b f(x)\,dx = \sum_{k=1}^{\infty} \int_a^b f_k(x)\,dx$$

が成り立つ.

定理 15.4′. $g_n(x)$ $(n=1,2,\cdots)$ は (a,b) で連続とし, $g(x)=\lim\limits_{n\to\infty} g_n(x)$ は (a,b) 内の任意の閉区間で一様収束するものとする. もし $\int_a^b g(x)\,dx$, $\int_a^b g_n(x)\,dx$ $(n=1,2,\cdots)$ はすべて存在し, かつ, $|g_n(x)|\leqq G(x)$ で $\int_a^b G(x)\,dx$ が存在するような函数 $G(x)$ が存在するならば,

(15.3′) $$\int_a^b g(x)\,dx = \lim_{n\to\infty} \int_a^b g_n(x)\,dx$$

が成り立つ.

証明. 両定理とも同内容だから, 後の方を証明する. $\int_a^b g(x)\,dx, \int_a^b G(x)\,dx$ が存在するという仮定から, 正数 ε に対し δ を十分小さくとれば

$$\left|\int_a^{a+\delta} g(x)\,dx\right|<\varepsilon, \qquad \left|\int_{b-\delta}^b g(x)\,dx\right|<\varepsilon,$$

$$\left|\int_a^{a+\delta} G(x)\,dx\right|<\varepsilon, \qquad \left|\int_{b-\delta}^b G(x)\,dx\right|<\varepsilon$$

とできる. したがって, このとき

$$\left|\int_a^{a+\delta} g_n(x)\,dx\right|<\varepsilon, \qquad \left|\int_{b-\delta}^b g_n(x)\,dx\right|<\varepsilon \quad (n=1,2,\cdots)$$

である. この δ に対し

$$\lim_{n\to\infty}\int_{a+\delta}^{b-\delta} g_n(x)\,dx = \int_{a+\delta}^{b-\delta} g(x)\,dx.$$

よって, N を十分大きくとれば

$$\left|\int_{a+\delta}^{b-\delta} g_n(x)\,dx - \int_{a+\delta}^{b-\delta} g(x)\,dx\right|<\varepsilon \qquad (n>N).$$

$\therefore\quad \left|\int_a^b g_n(x)\,dx - \int_a^b g(x)\,dx\right|<5\varepsilon \qquad (n>N).$

ε は任意に小さくとれるから, 上の不等式より (15.3′) の成り立つことがいえる.

§15. 無限級数の積分

注意 1. $|\sum_{k=1}^{n} f_k(x)| \leq M \ (<\infty)$, $|g_n(x)| \leq M$ のような場合には $F(x) \equiv M$, $G(x) \equiv M$ ととればよいのである.

注意 2. 上の証明をみてわかるように，この定理の結果は $a = -\infty$, $b = \infty$ や $a = 0$, $b = \infty$ などとしても成り立つ.

例 3. $$\frac{1}{1+t} = 1 - t + t^2 - \cdots + (-1)^n t^n + \cdots \quad (|t| < 1).$$

右辺の無限級数は $|t| \leq \rho < 1$ で一様収束する．しかも第 n 部分和は $[-1+\varepsilon, 1]$ $(\varepsilon > 0)$ で一様有界 $\left(< \frac{2}{1+t} \leq \frac{2}{\varepsilon}\right)$, かつ，$\int_0^x \frac{dt}{1+t}$ は $-1 < x \leq 1$ に対して存在する．したがって，定理 15.4 が適用できて

$$\int_0^x \frac{dt}{1+t} = \sum_{n=0}^{\infty} \int_0^x (-1)^n t^n dt = \sum_{n=0}^{\infty} (-1)^n \frac{x^{n+1}}{n+1} \quad (-1 < x \leq 1).$$

$$\therefore \quad \log(1+x) = \sum_{n=0}^{\infty} (-1)^n \frac{x^{n+1}}{n+1} \quad (-1 < x \leq 1).$$

例 4. $$\frac{1}{1+t^2} = 1 - t^2 + t^4 - \cdots + (-1)^n t^{2n} + \cdots \quad (|t| < 1).$$

右辺の無限級数は $|t| \leq \rho < 1$ で一様収束する．第 n 部分和は $|t| \leq 1$ で一様有界であり $\left(< \frac{2}{1+t^2} \leq 2\right)$, かつ，$\int_0^x \frac{dt}{1+t^2}$ は $-1 \leq x \leq 1$ に対して存在するから，

$$\int_0^x \frac{dt}{1+t^2} = \sum_{n=0}^{\infty} \int_0^x (-1)^n t^{2n} dt = \sum_{n=0}^{\infty} (-1)^n \frac{x^{2n+1}}{2n+1} \quad (|x| \leq 1).$$

$$\therefore \quad \tan^{-1} x = \sum_{n=0}^{\infty} (-1)^n \frac{x^{2n+1}}{2n+1} \quad (|x| \leq 1).$$

例 5. $$\frac{\log x}{1-x} = \log x \sum_{n=0}^{\infty} x^n \quad (0 < x < 1).$$

右辺の級数は $(0, 1)$ 内の任意の閉区間で一様収束する．第 n 部分和の絶対値は

$$\left|\log x \frac{1-x^n}{1-x}\right| < \frac{\log x}{x-1}.$$

しかるに $\int_0^1 \frac{\log x}{x-1} dx$ は存在するから（§13, 問 2），定理 15.4 が適用できて

$$\int_0^1 \frac{\log x}{1-x} dx = \sum_{n=0}^{\infty} \int_0^1 x^n \log x \, dx$$

$$= \sum_{n=0}^{\infty} \left\{\left[\frac{x^{n+1}}{n+1} \log x\right]_0^1 - \frac{1}{n+1} \int_0^1 x^n dx\right\}$$

$$= -\sum_{n=1}^{\infty} \frac{1}{n^2}.$$

この値は $-\pi^2/6$ であることが知られている.[1]

最後に, 定理15.3を利用して項別微分に関する次の定理を証明しよう.

定理 15.5. $[a, b]$ において $F_n'(x)$ $(n=1, 2, \cdots)$ が連続で, $F(x)=F_1(x)+F_2(x)+\cdots$ が収束し, かつ, $F_1'(x)+F_2'(x)+\cdots$ が一様収束するならば

(15.4) $\qquad F'(x)=F_1'(x)+F_2'(x)+\cdots \qquad (a \leqq x \leqq b)$

が成り立つ.[2]

証明. $\sum_{n=1}^{\infty} F_n'(x)$ に定理15.3を適用すれば,

$$\int_a^x \sum_{n=1}^{\infty} F_n'(t)\,dt = \sum_{n=1}^{\infty} \int_a^x F_n'(t)\,dt = \sum_{n=1}^{\infty} \{F_n(x)-F_n(a)\}$$
$$=F(x)-F(a).$$

両辺を x について微分すれば, $\sum_{n=1}^{\infty} F_n'(t)$ は $[a, b]$ において連続だから

$$\sum_{n=1}^{\infty} F_n'(x) = F'(x).$$

ゆえに定理は証明された.

この定理を函数列に関する形に書き直せば,

定理 15.5′. $[a, b]$ において $G_n'(x)$ が連続で, $G(x)=\lim_{n\to\infty} G_n(x)$ が存在し, かつ, $\lim_{n\to\infty} G_n'(x)$ が一様収束するならば,

(15.4′) $\qquad G'(x)=\lim_{n\to\infty} G_n'(x) \qquad (a \leqq x \leqq b)$

が成り立つ.

問 1. 次の定積分を無限級数で表わせ:

(1) $\int_0^x \frac{\sin^2 t}{t}dt,$ \qquad (2) $\int_0^1 \frac{dx}{\sqrt{1+x^4}}.$

問 2. $\qquad f(x)=\frac{a_0}{2}+\sum_{n=1}^{\infty}(a_n\cos nx + b_n\sin nx) \ (-\pi \leqq x \leqq \pi)$

が一様収束するとき, 係数 a_n, b_n (フーリエの係数) を求めよ.

問 3. $(1-x^2)^{-1/2}$ の展開式を作り, これを項別積分して

---

1) 問題3,17参照.
2) 微分学(本講座第5巻)においては, さらに一般的な定理が証明されている. 定理33.5参照.

$$\sin^{-1}x = x + \sum_{n=1}^{\infty}\frac{1\cdot 3\cdots(2n-1)}{2\cdot 4\cdots(2n)}\cdot\frac{x^{2n+1}}{2n+1} \qquad (|x|<1)$$

を示せ.

§16. 助変数を含む定積分の微分

$f(x, t)$ を $a \leqq x \leqq b$, $\alpha \leqq t \leqq \beta$ における二変数 x, t の連続函数とすれば, 任意の t について

$$F(t) = \int_a^b f(x, t)\, dx \qquad (a<b)$$

は存在する. このとき, $F(t)$ は t について連続である. なぜならば, $f(x, t)$ は $a \leqq x \leqq b$, $\alpha \leqq t \leqq \beta$ で一様連続となるから,[1] 任意の正数 ε に対して δ が定まり, 区間内のすべての x について

$$|f(x, t) - f(x, t')| < \varepsilon, \qquad |t - t'| < \delta$$

が成立するようにできる. したがって

$$|F(t) - F(t')| \leqq \int_a^b |f(x, t) - f(x, t')|\, dx$$
$$< \varepsilon(b-a)$$

となるから, $F(t)$ は t について連続である.

さらに, $\dfrac{\partial}{\partial t}f(x, t)$ が $a \leqq x \leqq b$, $\alpha \leqq t \leqq \beta$ で連続と仮定しよう. $\dfrac{\partial}{\partial t}f(x, t)$ はここで一様連続となるから, 任意の正数 ε に対し δ を定め, どのような x, t に対しても

$$\frac{\partial}{\partial t}f(x, t+h) = \frac{\partial}{\partial t}f(x, t) + \eta(x, t, h),$$
$$|\eta(x, t, h)| < \varepsilon \qquad (|h|<\delta)$$

ならしめることができる. しかるとき, $h \neq 0$ に対して

$$\frac{F(t+h) - F(t)}{h} = \int_a^b \frac{f(x, t+h) - f(t)}{h}\, dx.$$
$$= \int_a^b \frac{\partial}{\partial t}f(x, t+\theta_x h)\, dx.$$

---

[1] 定理 2.1〜2.3 は二変数の場合でも成立する. 微分学 (本講座第5巻) §37 参照.

ここに，θ_x は $0<\theta_x<1$ なる x および t に関係する値である。[1]

$$\therefore \quad \frac{F(t+h)-F(t)}{h} = \int_a^b \frac{\partial}{\partial t}f(x,t)\,dx + \int_a^b \eta(x,t,\theta_x h)\,dx,$$

$$\left|\int_a^b \eta(x,t,\theta_x h)\,dx\right| < \varepsilon(b-a) \qquad (|h|<\delta).$$

ε はいくらでも小さくとれるから，$h \to 0$ として上式より

$$\frac{d}{dt}F(t) = \frac{d}{dt}\int_a^b f(x,t)\,dx = \int_a^b \frac{\partial}{\partial t}f(x,t)\,dx$$

を得る．よって次の定理が証明された．

定理 16.1. $f(x,t)$, $\dfrac{\partial}{\partial t}f(x,t)$ が $a \leqq x \leqq b$, $\alpha \leqq t \leqq \beta$ において連続ならば，

(16.1) $\qquad \dfrac{d}{dt}\displaystyle\int_a^b f(x,t)\,dx = \int_a^b \dfrac{\partial}{\partial t}f(x,t)\,dx, \qquad \alpha \leqq t \leqq \beta$

が成り立つ．

この定理を広義積分の場合に拡張してみよう．そのため，助変数を含む定積分の一様収束性について述べておかねばならない．

$f(x,t)$ は $a<x<b$, $\alpha \leqq t \leqq \beta$ において連続とし，$\displaystyle\int_a^b f(x,t)\,dx$ がすべての t について収束するものとすると，任意の正数 ε に対し正数 δ を定め，$0<\delta'<\delta$ ならば

$$\left|\int_a^{a+\delta'} f(x,t)\,dx\right| < \varepsilon, \qquad \left|\int_{b-\delta'}^b f(x,t)\,dx\right| < \varepsilon$$

とできる．しかし，一般にこの δ は t に関係するが，もし δ が t ($\alpha \leqq t \leqq \beta$) に無関係に選べるならば，$\displaystyle\int_a^b f(x,t)\,dx$ は t に関して**一様収束**するという．このとき，$F(t)=\displaystyle\int_a^b f(x,t)\,dx$ は t について連続である，なぜならば，任意の正数 ε に対し正数 δ を t に無関係にとり

$$\left|\int_a^{a+\delta} f(x,t)\,dx\right| < \varepsilon, \qquad \left|\int_{b-\delta}^b f(x,t)\,dx\right| < \varepsilon$$

とできるから，この δ に対し

$$\left|F(t)-F(t')-\int_{a+\delta}^{b-\delta}\{f(x,t)-f(x,t')\}\,dx\right| < 4\varepsilon.$$

―――――――

[1] 微分学（本講座第5巻）定理23.2（平均値定理）参照．

$\int_{a+\delta}^{b-\delta} f(x,t)dx$ は t について連続だから，適当に正数 η を選んで，$|t-t'|<\eta$ ならば，

$$\left|\int_{a+\delta}^{b-\delta}\{f(x,t)-f(x,t')\}dx\right|<\varepsilon$$

とできる．よって

$$|F(t)-F(t')|<5\varepsilon, \qquad |t-t'|<\eta.$$

したがって，$F(t)$ は t について連続である．さらに次の定理が成立する．

定理 16.2. $f(x,t)$，$\dfrac{\partial}{\partial t}f(x,t)$ は $a<x<b$，$\alpha\leqq t\leqq\beta$ において連続とし，$\int_a^b f(x,t)dx$ は収束し，$\int_a^b \dfrac{\partial}{\partial t}f(x,t)dx$ が t に関して一様収束するならば，

(16.2) $$\dfrac{d}{dt}\int_a^b f(x,t)dx = \int_a^b \dfrac{\partial}{\partial t}f(x,t)dx, \qquad \alpha\leqq t\leqq\beta$$

が成り立つ．

証明． $$F_n(t)=\int_{a+1/n}^{b-1/n}f(x,t)dx \quad \left(a+\dfrac{1}{n}<b-\dfrac{1}{n}\right)$$

とおけば，

$$\lim_{n\to\infty}F_n(t)=\int_a^b f(x,t)dx,$$

かつ，定理 16.1 により

$$\lim_{n\to\infty}F_n'(t)=\lim_{n\to\infty}\int_{a+1/n}^{b-1/n}\dfrac{\partial}{\partial t}f(x,t)dx=\int_a^b \dfrac{\partial}{\partial t}f(x,t)dx$$

しかも，この収束は仮定により一様収束である．よって，定理 15.5′ により

$$\dfrac{d}{dt}\int_a^b f(x,t)dx=\int_a^b \dfrac{\partial}{\partial t}f(x,t)dx, \qquad \alpha\leqq t\leqq\beta$$

が成り立つ．

例 1. x^t は $0<x<1$，$0\leqq t\leqq\beta$（β は任意の正数）において連続で $\dfrac{d}{dt}x^t=x^t\log x$ もまた同じ範囲で連続である．また

$$\int_0^1 x^t dx=\dfrac{1}{t+1}.$$

さらに，$\int_0^1 x^t\log x\,dx$ は t に関して一様収束する．なぜならば，$0<x<1$，$0\leqq t$ において $|x^t\log x|\leqq|\log x|$ で，かつ $\int_0^1|\log x|dx$ は存在するから，任意の正数 ε に対し正数 δ を十

分小さく選んで(t に無関係に),
$$\left|\int_0^\delta x^t \log x\, dx\right| \leq \int_0^\delta |\log x|\, dx < \varepsilon,$$
$$\left|\int_{1-\delta}^1 x^t \log x\, dx\right| \leq \int_{1-\delta}^1 |\log x|\, dx < \varepsilon$$
とできるからである。[1] したがって定理 16.2 により
$$\int_0^1 x^t \log x\, dx = \frac{d}{dt}\int_0^1 x^t dx = \frac{d}{dt}\frac{1}{t+1} = -\frac{1}{(t+1)^2}.$$
この操作を反復すれば[2],
$$\int_0^1 x^t (\log x)^2 dx = \frac{2}{(t+1)^3},$$
$$\cdots\cdots\cdots\cdots\cdots\cdots,$$
$$\int_0^1 x^t (\log x)^n dx = (-1)^n \frac{n!}{(t+1)^{n+1}} \quad (t \geq 0,\ n = 0, 1, 2, \cdots).$$

例 2.
$$y = \frac{1}{\pi}\int_{-1}^1 \frac{\cos xt}{\sqrt{1-t^2}} dt = \frac{2}{\pi}\int_0^1 \frac{\cos xt}{\sqrt{1-t^2}} dt.$$
この積分の存在することは §13, 問 1 で示したが
$$y_n = \frac{2}{\pi}\int_0^{1-1/n} \frac{\cos xt}{\sqrt{1-t^2}} dt \quad (n \geq 2)$$
とおけば, $\lim_{n\to\infty} y_n = y$ であり, かつ
$$\frac{2}{\pi}\int_0^1 \frac{d}{dx}\left(\frac{\cos xt}{\sqrt{1-t^2}}\right) dt = -\frac{2}{\pi}\int_0^1 \frac{t \sin xt}{\sqrt{1-t^2}} dt$$
で, この積分は x について一様収束である. なぜならば,
$$\left|\frac{t \sin xt}{\sqrt{1-t^2}}\right| \leq \frac{|t|}{\sqrt{1-t^2}}$$
で, かつ $\int_0^1 \frac{t}{\sqrt{1-t^2}} dt$ は存在するから(脚注 1 参照). ゆえに定理 16.2 により
$$\frac{dy}{dx} = -\frac{2}{\pi}\int_0^1 \frac{t \sin xt}{\sqrt{1-t^2}} dt.$$
同様に
$$\frac{d^2 y}{dx^2} = -\frac{2}{\pi}\int_0^1 \frac{t^2 \cos xt}{\sqrt{1-t^2}} dt.$$

---

1) 一般に $|f(x,t)| \leq g(x)$ で $\int_a^b g(x) dx$ が存在するならば, $\int_a^b f(x,t) dx$ は t に関して一様収束することがいえる.

2) $\int_0^1 (\log x)^n dx$ が存在することから(§13, 問 3 (3) 参照), $\int_0^1 x^t (\log x)^n dx$ が t に関して一様収束することがわかる. したがって, この操作は反復可能となる.

§16. 助変数を含む定積分の微分

$$\therefore \quad \frac{d^2y}{dx^2}+\frac{1}{x}\frac{dy}{dx}+y=\frac{2}{\pi}\int_0^1 \sqrt{1-t^2}\cos xt\, dt-\frac{2}{\pi}\int_0^1 \frac{t\sin xt}{x\sqrt{1-t^2}}dt$$

$$=\frac{2}{\pi}\left[\frac{\sin xt}{x}\sqrt{1-t^2}\right]_0^1=0.$$

よって，y は微分方程式 $y''+\dfrac{1}{x}y'+y=0$ を満たす函数（微分方程式の解という）である．

この微分方程式を0次のベッセルの微分方程式という．また，解 y を0次のベッセル函数といい，$J_0(x)$ で表わす（問題 3,21 参照）．

定理 16.2 の結果を無限積分の場合にまで拡張しよう．この場合には $f(x,t)$ を $a\leq x<\infty$, $\alpha\leq t\leq\beta$ で連続な函数とし，

$$F(t)=\int_a^\infty f(x,t)\,dx$$

がすべての t について存在すると仮定しても，$F(t)$ は t について連続になるとは限らない．たとえば

$$f(x,t)=\frac{\sin tx}{x} \quad (x\neq 0),$$
$$=t \quad (x=0)$$

なる函数を考えれば，これは $-\infty<x<\infty$, $-\infty<t<\infty$ で連続であり，

$$F(t)=\int_0^\infty \frac{\sin xt}{x}dx=\int_0^\infty \frac{\sin\xi}{\xi}d\xi \quad (t>0),$$
$$=-\int_0^\infty \frac{\sin\xi}{\xi}d\xi \quad (t<0),$$
$$=0 \quad (t=0)$$

となるが，§14，例5で示したように $\int_0^\infty \dfrac{\sin\xi}{\xi}d\xi>0$ であるから，$F(t)$ は $t=0$ で不連続となる．では，どのような条件があれば同じような結果が成り立つか．

$\int_a^\infty f(x,t)\,dx$ が収束するとすれば，任意の正数 ε を与えたとき，ある正数 L が存在して

$$\left|\int_b^\infty f(x,t)\,dx\right|<\varepsilon, \quad L<b$$

となることは明らかであるが，この L が t に無関係に選べるとき $\int_a^\infty f(x,t)\,dx$

は t ($\alpha \leqq t \leqq \beta$) に関して**一様収束**するという. しかるとき

定理 16.3. $a \leqq x < \infty$, $\alpha \leqq t \leqq \beta$ において $f(x, t)$ が連続で, $\int_a^\infty f(x, t)\, dx$ が t に関して一様収束するならば, $\int_a^\infty f(x, t)\, dx$ は t について連続である.

証明. 仮定により, 任意の正数 ε に対し t に無関係に L が存在して

$$\left| \int_b^\infty f(x, t)\, dx \right| < \varepsilon \qquad (L < b)$$

となる. よって,

$$F_n(t) = \int_a^n f(x, t)\, dx \qquad (n\ \text{は整数で} > a)$$

とおけば,

$$\left| F_n(t) - \int_a^\infty f(x, t)\, dx \right| = \left| \int_n^\infty f(x, t)\, dx \right| < \varepsilon \qquad (L < n)$$

となるから, $F_n(t)$ は $n \to \infty$ に対し t に関して一様収束する. $F_n(t)$ は t の連続函数であるから, その極限函数である $\lim_{n \to \infty} F_n(t) = \int_a^\infty f(x, t)\, dx$ もまた t の連続函数となる.

さて, $\dfrac{\partial}{\partial t} f(x, t)$ が $a \leqq x < \infty$, $\alpha \leqq t \leqq \beta$ で連続と仮定すると, 定理 16.1 によって

(16.3) $$\frac{d}{dt} \int_a^n f(x, t)\, dx = \int_a^n \frac{\partial}{\partial t} f(x, t)\, dx.$$

ここで $\int_a^\infty f(x, t)\, dx$ は収束し, $\int_a^\infty \dfrac{\partial}{\partial t} f(x, t)\, dx$ が t に関して一様収束すると仮定すれば, (16.3) から $n \to \infty$ に対し $\dfrac{d}{dt} \int_a^n f(x, t)\, dx$ が t に関し一様収束し, $\int_a^n f(x, t)\, dx$ は $\int_a^\infty f(x, t)\, dx$ に収束する. ゆえに, 項別微分に関する定理 15.5′ によって

$$\lim_{n \to \infty} \frac{d}{dt} \int_a^n f(x, t)\, dx = \frac{d}{dt} \int_a^\infty f(x, t)\, dx.$$

しかるに

$$\lim_{n \to \infty} \int_a^n \frac{\partial}{\partial t} f(x, t)\, dx = \int_a^\infty \frac{\partial}{\partial t} f(x, t)\, dx.$$

$$\therefore\quad \frac{d}{dt} \int_a^\infty f(x, t)\, dx = \int_a^\infty \frac{\partial}{\partial t} f(x, t)\, dx.$$

ゆえに次の定理が証明された.

定理 16.4. $f(x,t)$, $\dfrac{\partial}{\partial t}f(x,t)$ は $a\leqq x<\infty$, $\alpha\leqq t\leqq\beta$ において連続とし, $\displaystyle\int_a^\infty f(x,t)\,dx$ は収束し, $\displaystyle\int_a^\infty \dfrac{\partial}{\partial t}f(x,t)\,dx$ が t に関して一様収束するならば,

$$(16.4)\qquad \frac{d}{dt}\int_a^\infty f(x,t)\,dx=\int_a^\infty \frac{\partial}{\partial t}f(x,t)\,dx,\qquad \alpha\leqq t\leqq\beta$$

が成り立つ.

例 3.
$$F(t)=\int_0^\infty e^{-xt}\frac{\sin x}{x}dx \quad (t\geqq 0)$$

なる無限積分を考えるに, 被積分函数

$$f(x,t)=e^{-xt}\frac{\sin x}{x} \quad (x=0 \text{ では } 1 \text{ と定義})$$

は $0\leqq x<\infty$, $0\leqq t<\infty$ において連続で,

$$\frac{\partial}{\partial t}f(x,t)=-e^{-xt}\sin x$$

もまた同様である. ところで

$$\int_a^b e^{-xt}\frac{\sin x}{x}dx \quad (b>a>0)$$

において, e^{-xt}/x は x について正値減少函数であるから, これに第二平均値定理(定理3.7)を用いれば,

$$\int_a^b e^{-xt}\frac{\sin x}{x}dx=\frac{e^{-at}}{a}\int_a^\xi \sin x\,dx \quad (a<\xi<b)$$

なる ξ が存在する.
$\left|\displaystyle\int_a^\xi \sin x\,dx\right|\leqq 2$ だから, $b\to\infty$ として

$$\left|\int_a^\infty e^{-xt}\frac{\sin x}{x}dx\right|\leqq 2\frac{e^{-at}}{a}\leqq \frac{2}{a}.$$

これは $F(t)$ が t に関して一様収束であることを示している. よって, 定理 16.3 により $F(t)$ は $t\geqq 0$ において連続である. 次に

$$\left|\int_a^\infty e^{-xt}\sin x\,dx\right|<\int_a^\infty e^{-xt}dx=\frac{e^{-at}}{t} \quad (a>0).$$

よって, ε を任意の正数とするとき, $t\geqq\varepsilon$ で $\displaystyle\int_0^\infty e^{-tx}\sin x\,dx$ は一様収束する. したがって, 定理 16.4 から

$$F'(t)=-\int_0^\infty e^{-xt}\sin x\,dx=-\frac{1}{1+t^2}{}^{1)} \quad (t\geqq\varepsilon).$$

---

1) §14, 問2 (6) 参照.

ε は任意でよかったから,上式は $t>0$ に対して成立する.

$$\therefore \quad F(t) = -\int \frac{dt}{1+t^2} = C - \tan^{-1} t \quad (t>0,\ C は定数).$$

しかるに

$$|F(t)| < \int_0^\infty e^{-xt} dx = \frac{1}{t} \to 0 \quad (t \to \infty).$$

よって

$$\lim_{t \to \infty} F(t) = C - \lim_{t \to \infty} \tan^{-1} t = C - \frac{\pi}{2} = 0.$$

$$\therefore \quad C = \frac{\pi}{2}.$$

けっきょく

$$F(t) = \frac{\pi}{2} - \tan^{-1} t = \tan^{-1} \frac{1}{t} \quad (t>0),$$

$$\lim_{t \to +0} F(t) = \frac{\pi}{2}$$

を得る.しかるに,$F(t)$ は $t \geq 0$ において連続であったから,

$$F(0) = \lim_{t \to +0} F(t) = \frac{\pi}{2}.$$

$$\therefore \quad \int_0^\infty \frac{\sin x}{x} dx = \frac{\pi}{2}.$$

例 4. $\quad f(x,t) = e^{-ax^2} \cos xt,\quad \dfrac{\partial}{\partial t} f(x,t) = -x e^{-ax^2} \sin xt \quad (a>0)$

は,ともに $-\infty < x < \infty$,$-\infty < t < \infty$ で連続である.

また

$$|f(x,t)| \leq e^{-ax^2},\quad \left|\frac{\partial}{\partial t} f(x,t)\right| \leq |x| e^{-ax^2}$$

であり,$\int_0^\infty e^{-ax^2} dx,\ \int_0^\infty x e^{-ax^2} dx$ はともに収束するから,

$$F(t) = \int_0^\infty e^{-ax^2} \cos xt\, dx,\quad \int_0^\infty x e^{-ax^2} \sin xt\, dx$$

は t に関して一様収束である.ゆえに

$$F'(t) = -\int_0^\infty x e^{-ax^2} \sin xt\, dx$$

$$= \left[\frac{1}{2a} e^{-ax^2} \sin xt\right]_0^\infty - \frac{t}{2a} \int_0^\infty e^{-ax^2} \cos xt\, dx$$

$$= -\frac{t}{2a} F(t).$$

$$\therefore \quad F(t) = C e^{-t^2/4a} \quad (t \geq 0).$$

しかるに
$$F(0) = C = \int_0^\infty e^{-ax^2} dx = \frac{1}{2}\sqrt{\frac{\pi}{a}}.$$
$$\therefore \quad F(t) = \int_0^\infty e^{-ax^2}\cos xt\, dx = \frac{1}{2}\sqrt{\frac{\pi}{a}} e^{-t^2/4a} \quad (a>0).$$

問 1. $\int_0^{\pi/2} \cos\alpha x\, dx = \frac{1}{\alpha}\sin\frac{\pi\alpha}{2}$ ($\alpha \neq 0$) を用いて $\int_0^{\pi/2} x\sin\alpha x\, dx$ を求めよ.

問 2. $\int_0^1 x^{t-1}(t\log x + 1)dx$ ($t>0$) を求めよ.

問 3. 本節例 3 の結果を用いて, 次の無限積分の値を求めよ:

(1) $\int_0^\infty \frac{1-\cos x}{x^2}dx,$ (2) $\int_0^\infty \left(\frac{\sin x}{x}\right)^2 dx.$

問 4. $\int_0^\infty e^{-ax}\sin bx\, dx = \frac{b}{a^2+b^2}$ ($a>0$) を用いて, 次の無限積分を求めよ:

(1) $\int_0^\infty xe^{-ax}\cos bx\, dx,$ (2) $\int_0^\infty xe^{-ax}\sin bx\, dx.$

問 題 3

1. 次の定積分を求めよ:

(1) $\int_0^1 \frac{1-x^2}{1+x^2}dx,$ (2) $\int_0^1 \frac{x^3}{x^6+1}dx,$

(3) $\int_0^1 \frac{dx}{(x^2-x+1)^{3/2}},$ (4) $\int_0^a x^2\sqrt{a^2-x^2}\,dx$ $(a>0),$

(5) $\int_0^{\pi/2} \frac{dx}{a^2\cos^2 x + b^2\sin^2 x}$ $(a,b>0),$ (6) $\int_0^1 x(\tan^{-1}x)^2 dx,$

(7) $\int_0^{\pi/4} \sin^3 x\cos^3 x\, dx,$ (8) $\int_0^{\pi/2} \frac{x+\sin x}{1+\cos x}dx,$

(9) $\int_0^{\pi/4} \sqrt{\tan x}\,dx,$ (10) $\int_0^\pi \frac{x}{1+\sin^2 x}dx.$

2. ルジャンドルの多項式 $P_n(x) = \frac{1}{2^n n!}\frac{d^n}{dx^n}(x^2-1)^n$ について, 次の関係式を証明せよ:

(1) $\int_{-1}^1 x^k P_n(x) dx = \begin{cases} 0 & (0 \leq k < n), \\ \dfrac{2 \cdot n!}{1\cdot 3\cdots(2n+1)} & (k=n), \end{cases}$

(2) $\int_{-1}^1 P_m(x)P_n(x)dx = \begin{cases} 0 & (m \neq n), \\ \dfrac{2}{2n+1} & (m=n). \end{cases}$

3. 次の不等式を証明せよ:

(1) $1 < \int_0^1 \dfrac{dx}{\sqrt{1-\dfrac{1}{4}\sin^2 x}} < \dfrac{\pi}{3}$,

(2) $1-\dfrac{1}{e} < \int_0^{\pi/2} e^{-\sin x}dx < \dfrac{\pi}{2}\left(1-\dfrac{1}{e}\right)$,

(3) $\dfrac{1}{2(n+1)} < \int_0^{\pi/4} \tan^n x\,dx < \dfrac{1}{2(n-1)}$ (n は 2 より大きい整数).

4. 次の極限値を求めよ:

(1) $\lim\limits_{n\to\infty}\left\{\dfrac{1}{\sqrt{n^2}}+\dfrac{1}{\sqrt{n(n+1)}}+\cdots+\dfrac{1}{\sqrt{n(2n-1)}}\right\}$,

(2) $\lim\limits_{n\to\infty}\dfrac{\left(\dfrac{1}{n}\right)^p+\left(\dfrac{2}{n}\right)^p+\cdots+\left(\dfrac{n-1}{n}\right)^p}{\left(\dfrac{n+1}{n}\right)^p+\left(\dfrac{n+2}{n}\right)^p+\cdots+\left(\dfrac{2n-1}{n}\right)^p}$ ($p>0$),

(3) $\lim\limits_{n\to\infty}\dfrac{\sqrt[n]{n!}}{n}$.

5. 次の定積分が存在するかどうかを吟味せよ:

(1) $\int_0^{\pi/2}\dfrac{dx}{x-\sin x}$, (2) $\int_0^1 \dfrac{\log x}{\sqrt{x}}dx$.

6. 次の定積分を求めよ:

(1) $\int_0^1 \dfrac{x^n}{\sqrt{1-x}}dx$ (n は自然数), (2) $\int_a^b \dfrac{dx}{\sqrt{(x-a)(b-x)}}$ ($a<b$),

(3) $\int_a^b \dfrac{x^2}{\sqrt{(x-a)(b-x)}}dx$ ($a<b$), (4) $\int_0^1 \dfrac{1+x^2}{\sqrt{1-x^2}}dx$.

7. $I=\int_0^{\pi/2}\log\sin\theta\,d\theta$ は存在することを示し,しかる後 $2I+\dfrac{\pi}{2}\log 2=\int_0^{\pi/2}\log\sin 2\theta\,d\theta$ なることを証明し,これから $I=-\dfrac{\pi}{2}\log 2$ なることを導け.

8. 上の結果を利用して,次の定積分の値を求めよ:

(1) $\int_0^{\pi/2}\dfrac{\theta}{\tan\theta}d\theta$, (2) $\int_0^{\pi/2}\left(\dfrac{\theta}{\sin\theta}\right)^2 d\theta$,

(3) $\int_0^\pi \log(1+\cos\theta)d\theta$, (4) $\int_0^\pi \dfrac{\theta\sin\theta}{1-\cos\theta}d\theta$,

(5) $\int_0^\pi \theta\log\sin\theta\,d\theta$, (6) $\int_0^1 \dfrac{\log x}{\sqrt{1-x^2}}dx$.

9. $B(p,q)$ について次の関係式を証明せよ:

(1) $B(p,q)=B(q,p)$, (2) $B(p,q)=B(p+1,q)+B(p,q+1)$,

(3) $B(p+1,q)=\dfrac{p}{p+q}B(p,q)$, $B(p,q+1)=\dfrac{q}{p+q}B(p,q)$,

(4) $B(p,q)=2^{1-p-q}\int_0^1 (1+x)^{p-1}(1-x)^{q-1}dx,$ (5) $B(p,q)=\int_0^\infty \dfrac{t^{q-1}}{(1+t)^{p+q}}dt.$

10. 次の無限積分が存在するかどうかを吟味せよ:

(1) $\int_0^\infty \cos x^2 dx,$ (2) $\int_a^\infty \dfrac{dx}{x(\log x)^\lambda}$ $(a>1).$

11. $\int_0^\infty \dfrac{\sin x}{x^\lambda}dx$ は $0<\lambda<2$ で収束, $1<\lambda<2$ で絶対収束するが, $0<\lambda\leqq 1$ では絶対収束しないことを示せ.

12. 次の無限積分を求めよ:

(1) $\int_{-\infty}^\infty \dfrac{dx}{x^2-x+1},$ (2) $\int_0^\infty \dfrac{x}{x^3+1}dx,$

(3) $\int_0^\infty \dfrac{dx}{x^4+1},$ (4) $\int_0^\infty \dfrac{x}{(x^2+a^2)(x^2+b^2)}dx$ $(a>b>0),$

(5) $\int_0^\infty \dfrac{dx}{(a+be^x)^2}$ $(a,b>0),$ (6) $\int_0^\infty \dfrac{\log x}{1+x^2}dx,$

(7) $\int_0^\infty e^{-ax}\cos bx\,dx\,(a>0),$ (8) $\int_0^\infty x^n e^{-x^2}dx$ (n は自然数).

13. $f(x)$ が $x\geqq 1$ において正値連続減少函数ならば, $\int_1^\infty f(x)dx$ と $\sum\limits_{n=1}^\infty f(n)$ とは同時に収束し, 同時に発散することを証明せよ.

14. $a\leqq x<\infty$ において $f(x), g(x)$ はともに連続な函数で, $f(x)\geqq g(x)\geqq 0$ とする. このとき, $\int_a^\infty f(x)dx$ が収束すれば $\int_a^\infty g(x)dx$ もまた収束し, $\int_a^\infty g(x)dx$ が発散すれば $\int_a^\infty f(x)dx$ もまた発散することを証明せよ.

15. 次の定積分を無限級数に展開せよ:

(1) $\int_1^2 \dfrac{dx}{\sqrt{1+x^4}},$ (2) $\int_0^1 \dfrac{\log(1+x)}{x}dx,$

(3) $\int_0^1 \dfrac{dx}{\sqrt{(1-x^2)(1-k^2x^2)}}$ $(|k|<1),$ (4) $\int_0^{\pi/2} \dfrac{dx}{\sqrt[n]{\sin x}}$ $(n>1).$

16. 無限級数に展開することによって
$$\int_0^{\pi/2}\log\left(\dfrac{1+k\sin x}{1-k\sin x}\right)\dfrac{dx}{\sin x}=\pi\sin^{-1}k \quad (|k|<1)$$
なることを証明せよ.

17.
$$x^2=\dfrac{a_0}{2}+a_1\cos x+a_2\cos 2x+\cdots$$
が $-\pi\leqq x\leqq \pi$ において一様収束するものと仮定し, 係数 a_n ($n=0,1,2,\cdots$) を決定せよ. また, この結果から
$$\sum_{n=1}^\infty \dfrac{1}{n^2}=\dfrac{\pi^2}{6}$$

を導け．

18. $J_0(x) = \sum_{n=0}^{\infty} \frac{(-1)^n}{(n!)^2} \left(\frac{x}{2}\right)^{2n}$ で定義されるベッセル函数 $J_0(x)$ について，次の関係式を証明せよ：
$$J_0(x) = \frac{2}{\pi} \int_0^{\pi/2} \cos(x\cos\theta)\, d\theta.$$

19. $\int_0^{\pi} \frac{dx}{\alpha - \cos x} = \frac{\pi}{\sqrt{\alpha^2 - 1}}$ $(\alpha > 1)$ を用いて $\int_0^{\pi} \frac{dx}{(\alpha - \cos x)^2}$ を求めよ．

20. $\int_0^{\pi} \log(1 + a\cos\theta)\, d\theta = \pi \log \frac{1 + \sqrt{1-a^2}}{2}$ $(|a| < 1)$ を証明せよ．

21.
$$J_n(x) = \frac{x^n}{1\cdot 3 \cdots (2n-1)\pi} \int_{-1}^{1} (1-t^2)^{n-1/2} \cos xt\, dt$$
によって定義される n 次のベッセル函数について，次の関係式を証明せよ：
$$J_n'' + \frac{1}{x} J_n' + \left(1 - \frac{n^2}{x^2}\right) J_n = 0 \qquad (n = 0, 1, 2, \cdots).$$

22. $f(u, v)$ を u, v について連続な二次偏導函数をもつ函数とするとき，
$$u(x, y, z) = \int_0^{2\pi} f(x + z\cos\theta,\, y + z\sin\theta)\, d\theta$$
は偏微分方程式 $z(u_{xx} + u_{yy} - u_{zz}) = u_z$ を満たすことを証明せよ．

23. $\int_0^{\infty} \frac{dx}{x^2 + a^2} = \frac{\pi}{2a}$ $(a > 0)$ を用いて $\int_0^{\infty} \frac{dx}{(x^2 + a^2)^{n+1}}$ を求めよ．

24. $\dfrac{1}{\pi} \displaystyle\int_0^{\infty} \frac{\sin x}{x} \cos xt\, dx = \begin{cases} 0 & (|t| > 1), \\ \dfrac{1}{2} & (|t| = 1), \\ 1 & (|t| < 1) \end{cases}$ を証明せよ．

25. $\int_0^{\infty} e^{-x^2 - a^2/x^2}\, dx = \dfrac{\sqrt{\pi}}{2} e^{-2a}$ $(a > 0)$ を証明せよ．

第4章 定積分の応用

§17. 平面図形の面積

平面図形の面積の定義は§1で説明した通りであるが，この節でこの問題をふたたび取りあげてみる．われわれがこれから考える平面図形とは，連続曲線で囲まれた図形のことであるが，連続曲線とは何か．まず，この定義をはっきり述べておこう．

閉区間 $\alpha \leqq t \leqq \beta$ において $x = \varphi(t), y = \psi(t)$ を任意の連続函数とする．変数 t をこの区間で動かしたとき，点 $(x, y) = (\varphi(t), \psi(t))$ の平面上に描く像のことを**連続曲線**(単に**曲線**ということが多い)というのである．特に $\varphi(\alpha) = \varphi(\beta)$, $\psi(\alpha) = \psi(\beta)$ のとき**閉曲線**という．

$t_1 \neq t_2$ に対し $\varphi(t_1) = \varphi(t_2)$, $\psi(t_1) = \psi(t_2)$ となるならば(ただし $t_1 = \alpha$, $t_2 = \beta$ および $t_1 = \beta$, $t_2 = \alpha$ の場合を除く)，この t_1, t_2 に対する曲線上の点のことを**重複点**という．閉曲線で重複点をもたないような曲線のことを**単一閉曲線**と呼んでいる．これは円周の一対一連続写像にほかならない．要するに，線分の連続像を曲線というのであって，その表示の仕方は上の形以外にもいろいろあるが，この問題に深く立ち入らないでおく．

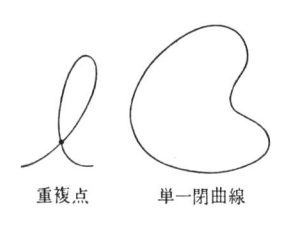

重複点　　単一閉曲線

図 7

単一閉曲線によって平面は内部と外部とに分けられるのであるが，[1] われわれがこれから問題にするのは主として有限個の単一閉曲線で囲まれた図形(曲線とその内部)，または，このようなものの合併集合なのである．このような図形 D の面積が確定する(このとき D は**求積可能**であるという)ための条件は次のように述べられる．

---

1) これを厳密に証明したのはジョルダンである．したがって，この定理をジョルダンの定理といっている．

定理 17.1. D が求積可能なための条件は,一定数 A があって,任意に与えた正数 ε に対し,面積が $A+\varepsilon$ より小さい D を含むような基本図形と,面積が $A-\varepsilon$ より大きい D に含まれるような基本図形とがそれぞれ存在することである.このとき A は D の面積を表わす.

いくらでも小さい面積の基本図形でおおわれるような曲線のことを面積 0 の曲線ということにすれば,上の定理は次のようにいい換えることができる.

定理 17.1′. D が求積可能なための条件は,D の周の面積が 0 なることである.

この条件は §1 で与えた面積の定義をいい換えたようなものにすぎないから,改めて証明するほどのことはないであろう.

次に,面積がもつ基本的な二性質を定理として述べると,[1]

定理 17.2. D がその中の一つの曲線によって二つの求積可能な図形 D_1 と D_2 とに分けられるとき,D もまた求積可能であって,その面積は D_1 の面積と D_2 の面積との和に等しい.

証明. 一般に,ある図形 R の面積を $A(R)$ で表わすとき,D_1, D_2 に含まれる基本図形 R_1, R_2 で

$$A(D_1)-\varepsilon<A(R_1),\quad A(D_2)-\varepsilon<A(R_2)$$

なるものがあり,また,D_1, D_2 をおおうような基本図形 R_1', R_2' で

$$A(D_1)+\varepsilon>A(R_1'),$$
$$A(D_2)+\varepsilon>A(R_2')$$

なるものがある.R_1 と R_2 との合併集合 $R_1 \cup R_2$ を R' とすれば,[2] これは D に含まれる一つの基本図形となり,明らかに

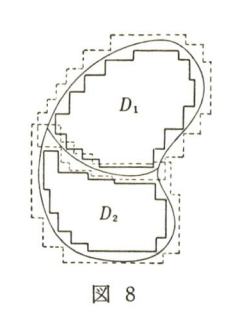

図 8

---

1) これらの定理は面積という概念に対するわれわれの常識から判断すれば,ほとんど自明のことのようであるが,面積を前述のように定義して話を進めてきた以上,一応は証明しておくべきことがらである.しかし,先を急ぐ読者は,この部分を省略されてさしつかえない.

2) 微分学(本講座第 5 巻)§5 参照.

$$A(R) = A(R_1) + A(R_2).$$

また，R_1' と R_2' との合併集合 $R_1' \cup R_2'$ を R' とすれば，これは D をおおう一つの基本図形となり，明らかに

$$A(R') \leqq A(R_1') + A(R_2').$$

ゆえに

$$A(D_1) + A(D_2) - 2\varepsilon < A(R), \ A(R') < A(D_1) + A(D_2) + 2\varepsilon$$

が成り立つから，定理 17.1 によって D の面積は確定し，

$$A(D) = A(D_1) + A(D_2)$$

となることがわかる．

定理 17.3. 求積可能な図形 D が，その中の一つの曲線によって二つの図形 D_1, D_2 に分けられ，D_1 が求積可能ならば D_2 もまた求積可能になり，D_2 の面積は D の面積と D_1 の面積との差に等しい．

証明． D, D_1 が求積可能であるから，それらの周を，その面積がともに ε を越えない基本図形でおおうことができるが，これらを合併した図形もまた一つの基本図形で，その面積は 2ε を越えず，しかも D_2 の周をおおうことは明らかである．したがって D_2 は求積可能である．後半は定理 17.2 より明らかである．

われわれの直観によれば，曲線は常に面積 0 であるように思われるが，常にそうとは限らないのであって，正方形内部をおおいつくすようなペアノ曲線とか，面積が 0 でない単一なオスグード曲線というようなものがあって，[1] 単に曲線といっても複雑で奇妙なものもあるのである．しかし，われわれがこれから具体的に面積を求めようとする図形は，もちろん求積可能な簡単な図形であって，その形やその与えられ方に応じてその計算法を考えていく．

$f(x) \geqq 0$ を $[a, b]$ における連続函数とするとき，$y = f(x)$ の表わす曲線と二直線 $x = a, x = b$ および x 軸とで囲まれる図形の面積を A とすれば，

(17.1) $$A = \int_a^b f(x) \, dx$$

---

[1] 功力金二郎，実函数論および積分論参照．

となることはすでに§2で述べたところである. したがって, 適当に切断線を入れて, このような形の図形に分割できるもの(図9)はすべて求積可能になることがわかる.

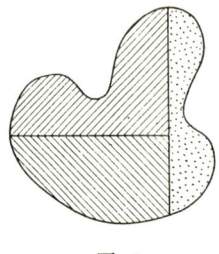

図 9

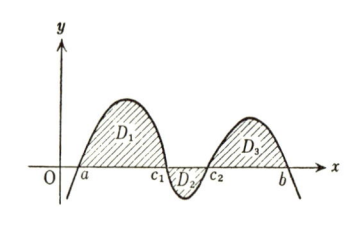

図 10

次に, $f(x)$ の符号が一定でない場合を考える. たとえば, 曲線 $y=f(x)$ が x 軸と交わって図10のような三つの図形 D_1, D_2, D_3 ができたとすると,

$$\int_a^b f(x)dx = \int_a^{c_1} f(x)dx - \int_{c_1}^{c_2}\{-f(x)\}dx + \int_{c_2}^b f(x)dx$$

$$= (D_1 \text{の面積}) - (D_2 \text{の面積}) + (D_3 \text{の面積})$$

となる.

曲線と x 軸との交点がもっと多い場合でも同様で, 一般に

(17.2) $\quad \int_a^b f(x)dx = (x \text{軸より上にある図形の面積の和})$

$\qquad - (x \text{軸より下にある図形の面積の和})$,

(17.3) $\quad \int_a^b |f(x)|dx = $ 曲線と x 軸との間の図形の面積の総和

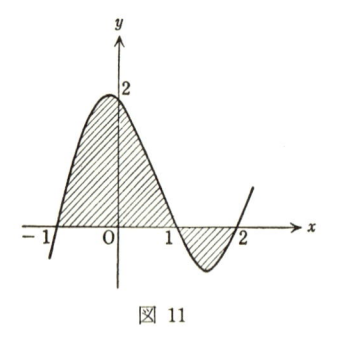

となることがわかる.

例 1. 三次曲線 $y=x^3-2x^2-x+2$ と x 軸とで囲む図形の面積を求めよ.

$$y = x^3-2x^2-x+2$$
$$= (x+1)(x-1)(x-2)$$

と x 軸との交点の x 座標は $\pm 1, 2$ である. そのグラフの概形は左の図のようになるから, 求める図形の面積(の和)は

$$\int_{-1}^1 (x^3-2x^2-x+2)dx$$

図 11

§17. 平面図形の面積

$$-\int_1^2 (x^3-2x^2-x+2)dx$$
$$=\left[\frac{x^4}{4}-\frac{2x^3}{3}-\frac{x^2}{2}+2x\right]_{-1}^{1}-\left[\frac{x^4}{4}-\frac{2x^3}{3}-\frac{x^2}{2}+2x\right]_{1}^{2}=3\frac{1}{12}.$$

例 2. サイクロイド $x=a(t-\sin t),\ y=a(1-\cos t),\ 0\leqq t\leqq 2\pi$ （$a>0$） と x 軸との間の面積を求めよ．

このグラフは右の図のようになり，これは半径 a の円が x 軸にそって回転したとき，円周上の一点の描く軌跡である．求める面積は

$$\int_0^{2\pi a} y\,dx=\int_0^{2\pi} y\frac{dx}{dt}dt=a^2\int_0^{2\pi}(1-\cos t)^2 dt$$
$$=a^2\left[\frac{3}{2}t-2\sin t+\frac{1}{4}\sin 2t\right]_0^{2\pi}$$
$$=3\pi a^2.$$

図 12

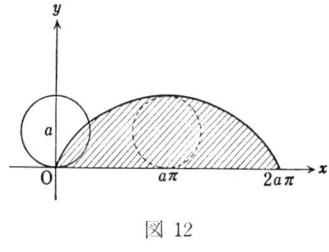

次に，連続函数 $f(x)$, $g(x)$, $f(x)\geqq g(x)$ があるとき，二曲線 $y=f(x)$, $y=g(x)$ と二直線 $x=a$, $x=b\ (>a)$ との間の図形の面積を A とすれば，

$$(17.4)\qquad A=\int_a^b \{f(x)-g(x)\}dx$$

となる．なぜならば，十分小さい数 K をとれば，$a\leqq x\leqq b$ で $f(x)\geqq g(x)>K$ となる．しかるに

$$\int_a^b \{f(x)-g(x)\}dx$$
$$=\int_a^b \{f(x)-K\}dx-\int_a^b \{g(x)-K\}dx.$$

図 13

右辺第一項は $y=f(x)$ と $y=K$ との間の面積，第二項は $y=g(x)$ と $y=K$ との間の面積，したがって，その差は二曲線 $y=f(x)$ と $y=g(x)$ との間の面積となる（定理17.3）．この場合 $f(x)$ と $g(x)$ との大小関係だけが問題であって，その符号はどうでもよい．

例 3. 楕円 $x^2+xy+y^2=1$ によって囲まれる部分の面積を求めよ．

与えられた方程式を y について解けば，

$$y=-\frac{1}{2}(x\pm\sqrt{4-3x^2}).$$

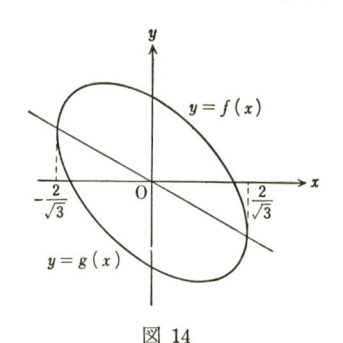

したがって，楕円は
$$-\frac{2}{\sqrt{3}} \leq x \leq \frac{2}{\sqrt{3}}$$
の間にあり，この範囲において
$$y = f(x) = -\frac{1}{2}(x - \sqrt{4-3x^2}),$$
$$y = g(x) = -\frac{1}{2}(x + \sqrt{4-3x^2})$$
によって囲まれた図形の面積が求めるものである．ゆえに，その面積は

図 14

$$\int_{-2/\sqrt{3}}^{2/\sqrt{3}} \{f(x) - g(x)\}dx = \int_{-2/\sqrt{3}}^{2/\sqrt{3}} \sqrt{4-3x^2}\, dx = 2\sqrt{3}\int_{0}^{2/\sqrt{3}} \sqrt{\frac{4}{3} - x^2}\, dx$$
$$= \sqrt{3}\left[x\sqrt{\frac{4}{3} - x^2} + \frac{4}{3}\sin^{-1}\frac{\sqrt{3}\, x}{2} \right]_{0}^{2/\sqrt{3}} = \frac{2\pi}{\sqrt{3}}.$$

例 4. 放物線 $y^2 = x$ と直線 $x - y = 1$ との間の部分の面積を求めよ．

放物線と直線との交点を求めれば
$$\left(\frac{3-\sqrt{5}}{2},\ \frac{1-\sqrt{5}}{2} \right),$$
$$\left(\frac{3+\sqrt{5}}{2},\ \frac{1+\sqrt{5}}{2} \right)$$
である．図によって明らかなように，求める面積は，$0 \leq x \leq \frac{3-\sqrt{5}}{2}$ における $y = \sqrt{x}$ と $y = -\sqrt{x}$ との間の面積と，$\frac{3-\sqrt{5}}{2} \leq x \leq \frac{3+\sqrt{5}}{2}$

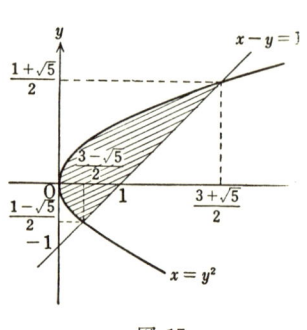

図 15

における $y = \sqrt{x}$ と $y = x-1$ との間の面積の和として求めることができる．しかし，この問題は x を y の函数と考え，y について積分する方が簡単である．すなわち，変域 $\frac{1-\sqrt{5}}{2} \leq y \leq \frac{1+\sqrt{5}}{2}$ において $x = y+1$ と $x = y^2$ との間の面積と考えれば，求める面積は

$$\int_{\frac{1-\sqrt{5}}{2}}^{\frac{1+\sqrt{5}}{2}} (y + 1 - y^2)\, dy = \left[\frac{y^2}{2} + y - \frac{y^3}{3} \right]_{\frac{1-\sqrt{5}}{2}}^{\frac{1+\sqrt{5}}{2}} = \frac{5\sqrt{5}}{6}.$$

例 5. 星ぼう形 $x^{2/3} + y^{2/3} = a^{2/3}$ $(a>0)$ によって囲まれる部分の面積を求めよ．

曲線は $-\pi \leq \theta \leq \pi$ なる助変数を用いて
$$x = a\cos^3\theta, \qquad y = a\sin^3\theta$$
で表わされる．θ が 0 から $\pi/2$ まで変化すれば，曲線は第一象限にあり，曲線は両軸に関

§17. 平面図形の面積

し対称であるから，第一象限内の面積を求めれば，求めるものはその4倍である．ゆえに，求める面積は

$$4\int_0^a y\,dx = 4\int_{\pi/2}^0 a\sin^3\theta[3a\cos^2\theta(-\sin\theta)]d\theta$$
$$= 12a^2\int_0^{\pi/2}\sin^4\theta\cos^2\theta\,d\theta$$
$$= \frac{3\pi a^2}{8} \quad (\S 11,\ \text{例}\,5).$$

次には，曲線の方程式が極座標 (r, θ) を用いて表わされている場合を考えてみよう．曲線の方程式を

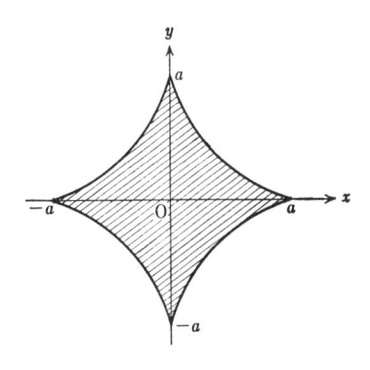

図 16

$$r = f(\theta), \qquad \alpha \leq \theta \leq \beta$$

とする．まず最初に，$f(\theta)$ が一価（連続）の場合を考え，曲線 $r=f(\theta)$ と二つの動径 $\theta=\alpha, \theta=\beta$ ($\beta-\alpha\leq 2\pi$) で囲まれる部分を考えると，その面積は

(17.5)
$$A = \frac{1}{2}\int_\alpha^\beta r^2\,d\theta = \frac{1}{2}\int_\alpha^\beta f^2(\theta)\,d\theta$$

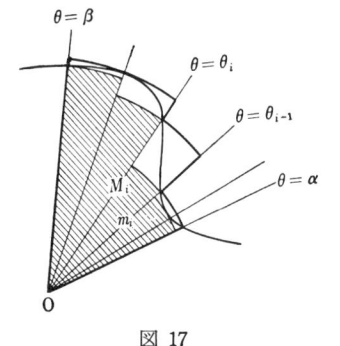

で与えられることを示そう．

$\alpha \leq \theta \leq \beta$ を n 個の区間に分割し，分点を $\alpha=\theta_0<\theta_1<\cdots<\theta_n=\beta$ とする．

$\theta_{i-1}\leq\theta\leq\theta_i$ における $r=f(\theta)$ の最大値を M_i, 最小値を m_i とすれば，

$$\frac{1}{2}\sum_{i=1}^n M_i^2 \Delta\theta_i, \qquad \Delta\theta_i = \theta_i - \theta_{i-1}$$

図 17

は題意の部分をおおう図形（図の太線部分）の面積，

$$\frac{1}{2}\sum_{i=1}^n m_i^2 \Delta\theta_i$$

は題意の部分に含まれる図形（図の斜線部分）の面積である．ここで，$\max_{1\leq i\leq n}\Delta\theta_i \to 0$ なるように分割数を増していけば，定積分の定義から

$$\sum_{i=1}^n M_i^2 \Delta\theta_i \to \int_\alpha^\beta r^2\,d\theta, \quad \sum_{i=1}^n m_i^2 \Delta\theta_i \to \int_\alpha^\beta r^2\,d\theta.$$

ゆえに
$$\frac{1}{2}\int_\alpha^\beta r^2 d\theta = \frac{1}{2}\int_\alpha^\beta f^2(\theta)\,d\theta$$
は題意の図形の面積を表わす．すなわち (17.5) が成り立つ．

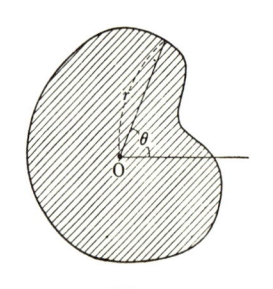

したがって，ある図形が原点をその内部に含む図のようなものであるならば，この図形の面積は

(17.5′) $\quad A = \dfrac{1}{2}\int_{-\pi}^{\pi} r^2 d\theta = \dfrac{1}{2}\int_{-\pi}^{\pi} f^2(\theta)\,d\theta$

で表わされることになる．

さらにまた，原点を外部にもつような図形で，その周が

図 18 $\qquad r_1 = f_1(\theta), \qquad r_2 = f_2(\theta),$

$r_2 \geqq r_1$, $\alpha \leqq \theta \leqq \beta$ で与えられたものにあっては，その面積 A は

(17.6)
$$A = \frac{1}{2}\int_\alpha^\beta (r_2{}^2 - r_1{}^2)\,d\theta$$
$$= \frac{1}{2}\int_\alpha^\beta \{f_2{}^2(\theta) - f_1{}^2(\theta)\}\,d\theta$$

で与えられることになる．

例 6. 連珠形（レムニスケート）$r^2 = a^2 \cos 2\theta$

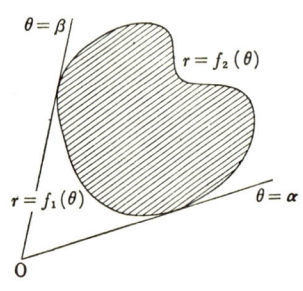

図 19

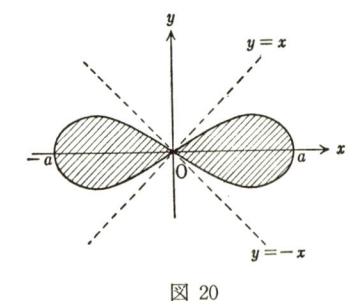

($a>0$) によって囲まれる部分の面積を求めよ．

曲線は図に示すように x 軸，y 軸に関し対称である．右半分の θ の変域は $-\pi/4 \leqq \theta \leqq \pi/4$ であるから，求める面積は

$$\int_{-\pi/4}^{\pi/4} r^2 d\theta = 2a^2 \int_0^{\pi/4} \cos 2\theta\,d\theta$$
$$= 2a^2 \left[\frac{\sin 2\theta}{2}\right]_0^{\pi/4} = a^2.$$

例 7. 曲線 $r = a + b\cos\theta$ ($a \geqq b > 0$) によって囲まれる図形の面積を求めよ．

図 20

公式 (17.5′) によって求める図形の面積は

$$\frac{1}{2}\int_{-\pi}^{\pi}(a+b\cos\theta)^2 d\theta = \pi a^2 + \frac{b^2}{2}\int_{-\pi}^{\pi}\cos^2\theta\,d\theta = \pi\left(a^2 + \frac{b^2}{2}\right).$$

§17. 平面図形の面積

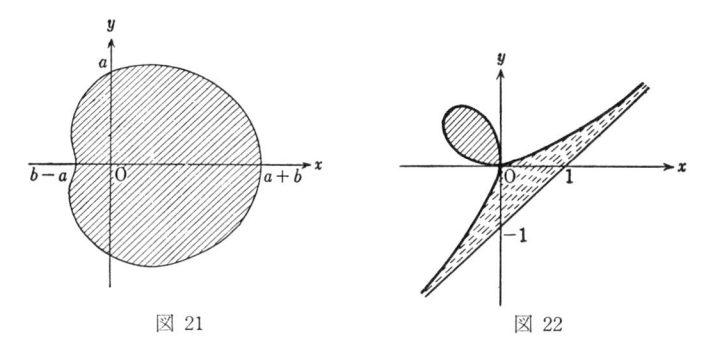

図 21   図 22

例 8. 曲線 $x^3-y^3-3xy=0$ の概形は図に示すようである．この曲線の輪線内の面積，および，この曲線と漸近線との間の面積を求めよ．

$$x=r\cos\theta, \qquad y=r\sin\theta$$

と極座標に換えれば，曲線の方程式は

$$r^3(\cos^3\theta-\sin^3\theta)-3r^2\cos\theta\sin\theta=0. \quad \therefore \quad r=\frac{3\cos\theta\sin\theta}{\cos^3\theta-\sin^3\theta}.$$

輪線を作るのは θ が $\pi/2$ から π まで変わるときであるから，その部分の面積は

$$\frac{1}{2}\int_{\pi/2}^{\pi}r^2d\theta=\frac{9}{2}\int_{\pi/2}^{\pi}\frac{\cos^2\theta\sin^2\theta}{(\cos^3\theta-\sin^3\theta)^2}d\theta=\frac{9}{2}\int_{\pi/2}^{\pi}\frac{\tan^2\theta\sec^2\theta}{(1-\tan^3\theta)^2}d\theta$$

$$=\frac{9}{2}\int_{-\infty}^{0}\frac{t^2}{(1-t^3)^2}dt=\frac{9}{2}\left[\frac{1}{3(1-t^3)}\right]_{-\infty}^{0}=\frac{3}{2}.$$

次に，曲線 $x^3-y^3-3xy=0$ の漸近線は $x-y=1$ であるが，これと曲線との間の面積を求めよう．このような無限に拡がった図形の面積について，いままでに論じたことはなかったが，この場合その面積は，直線で区切った有限範囲の図形の面積の極限と考えればよいのであって，無限積分か，または，被積分函数が ∞ の不連続点をもつ広義積分によって与えられる．

さて，漸近線は

$$r(\cos\theta-\sin\theta)=1. \qquad \therefore \quad r=\frac{1}{\cos\theta-\sin\theta}.$$

曲線と漸近線との間は $0\leqq\theta<\frac{\pi}{4}$，$\frac{5}{4}\pi<\theta\leqq\frac{3}{2}\pi$ の間の無限部分と，$\frac{3}{2}\pi\leqq\theta\leqq2\pi$ の間の三角形の部分とに分けられる．この三角形の面積は明らかに 1/2 である．また，$0\leqq\theta<\frac{\pi}{4}$ の部分と $\frac{5}{4}\pi<\theta\leqq\frac{3}{2}\pi$ の部分とは対称で等しいから，前者の方の面積 A を求めてみると，$0\leqq\theta<\frac{\pi}{2}$ では

$$\frac{1}{\cos\theta-\sin\theta}>\frac{3\cos\theta\sin\theta}{\cos^3\theta-\sin^3\theta}$$

なることに注意して

$$A = \frac{1}{2}\int_0^{\pi/4}\left\{\left(\frac{1}{\cos\theta-\sin\theta}\right)^2 - \left(\frac{3\cos\theta\sin\theta}{\cos^3\theta-\sin^3\theta}\right)^2\right\}d\theta$$

$$= \frac{1}{2}\int_0^{\pi/4}\left\{\frac{\sec^2\theta}{(1-\tan\theta)^2} - \frac{9\tan^2\theta\sec^2\theta}{(1-\tan^3\theta)^2}\right\}d\theta.$$

$t = \tan\theta$ と置換して

$$A = \frac{1}{2}\int_0^1\left\{\frac{1}{(1-t)^2} - \frac{9t^2}{(1-t^3)^2}\right\}dt = \frac{1}{2}\left[\frac{1}{1-t} - \frac{3}{1-t^3}\right]_0^1$$

$$= \frac{1}{2}\left[-\frac{t+2}{t^2+t+1}\right]_0^1 = \frac{1}{2}.$$

したがって, 求める面積は $2A + \frac{1}{2} = \frac{3}{2}$ となる. これは前に求めた輪線内の面積に等しい.

問 1. 次の曲線と x 軸との間の部分の面積を求めよ:
 (1) $a^2y = x(x^2-a^2)$ $(a>0)$, (2) $\sqrt{\dfrac{x}{a}} + \sqrt{\dfrac{y}{b}} = 1$ $(a,b>0)$.

問 2. 次の曲線によって囲まれる図形の面積を求めよ:
 (1) $y^2 = 4a(x+a)$, $y^2 = 4b(b-x)$ $(a,b>0)$,
 (2) $x^2 = a_1 y$, $x^2 = a_2 y$, $y^2 = b_1 x$, $y^2 = b_2 x$ $(a_2>a_1>0,\ b_2>b_1>0)$.

問 3. $y^2 = x^2(1-x)$ の輪線内の面積を求めよ.

問 4. 二曲線 $r = 6\sin\theta$, $r = 12\sin\theta$ の間の部分の面積を求めよ.

問 5. $r = a\sin n\theta$ (n は正の整数) の一つの輪線内の面積を求めよ.

問 6. 連珠形 $r^2 = 2a^2\cos 2\theta$ の内側にあって円 $r = a$ の外側にある図形の面積を求めよ.

§18. 平面曲線の長さ

平面上の連続曲線 C の長さを求める問題を考えよう. その前に曲線の長さとは何か. これをまずはっきりと定義しておかねばならない.

二点 $P(a,b)$, $Q(c,d)$ 間の線分の長さ $PQ = \sqrt{(a-c)^2+(b-d)^2}$ を基として, 一般の曲線の長さを次のように定義する: 曲線 C が助変数 t を用いて

$$x = \varphi(t),\ y = \psi(t) \quad (\alpha \leq t \leq \beta)$$

と与えられていたとする. もちろん, $\varphi(t), \psi(t)$ は $[\alpha, \beta]$ で連続である.

$[\alpha, \beta]$ の任意の分割を $\Delta: \alpha = t_0 < t_1 < \cdots < t_n = \beta$, これからできる曲線上の分点を

$$P_i = (\varphi(t_i), \psi(t_i)) \quad (i = 0, 1, 2, \cdots, n)$$

とし, 内接折線 $\overline{P_{i-1}P_i}$ の長さの和

§18. 平面曲線の長さ

$$L(\varDelta) = \sum_{i=1}^{n} \overline{P_{i-1}P_i}$$

を作る．$|\varDelta| = \max\limits_{1 \leqq i \leqq n}(t_i - t_{i-1}) \to 0$ なるように分割を密にし分割数を増していくとき，この $L(\varDelta)$ が分割 $\varDelta$ には無関係な一定値に収束するならば，すなわち $\lim\limits_{|\varDelta| \to 0} L(\varDelta)$ が存在するとき，[1] この極限値

(18.1) $\qquad L = \lim\limits_{|\varDelta| \to 0} L(\varDelta)$

をもって曲線 C の**長さ**と定義し，**C の長さは存在する**（または，C は**求長可能**である）という．

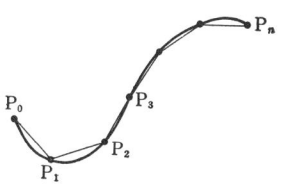

図 23

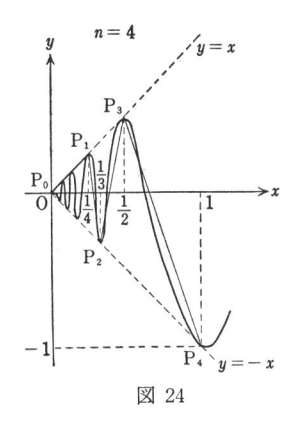

曲線は常に求長可能であるとは限らない．たとえば

$$y = \begin{cases} x \cos \dfrac{\pi}{x} & (0 < x \leqq 1), \\ 0 & (x = 0) \end{cases}$$

によって二点 $P(0, 0)$，$Q(1, -1)$ 間に張られた連続曲線が得られるが，分点として $P_0(0, 0)$，$P_1\left(\dfrac{1}{n}, \dfrac{(-1)^n}{n}\right)$，$P_2\left(\dfrac{1}{n-1}, \dfrac{(-1)^{n-1}}{n-1}\right)$，$\cdots$，$P_n(1, -1)$ をとれば，

図 24

$$L(\varDelta) = \overline{P_0P_1} + \overline{P_1P_2} + \cdots + \overline{P_{n-1}P_n}$$

$$> \left(\dfrac{1}{n} + \dfrac{1}{n-1} + \cdots + 1\right) \to \infty \quad (n \to \infty)$$

となるから，この曲線は長さをもたない曲線である（この場合，無限大の長さをもつということもある）．したがって長さが存在するためには，連続というほかにもっと強い条件を必要とする（この問題に関しては §35 参照）．

では，曲線はどのような条件のもとに長さをもち，また，どのような公式で

---

[1] §2, 定理 2.5 の注意参照.

それが求められるかを考えよう．

C の方程式を
$$x=\varphi(t),\ y=\psi(t)\quad(\alpha\leq t\leq\beta)$$
とし，$\varphi'(t),\psi'(t)$ は $\alpha\leq t\leq\beta$ で連続と仮定する．[1] $[\alpha,\beta]$ の任意の分割を $\varDelta:\alpha=t_0<t_1<\cdots<t_n=\beta$ とし，$\mathrm{P}_i=(\varphi(t_i),\psi(t_i))\ (i=0,1,\cdots,n)$ とする．このとき
$$L(\varDelta)=\sum_{i=1}^n\overline{\mathrm{P}_{i-1}\mathrm{P}_i}=\sum_{i=1}^n\sqrt{\{\varphi(t_i)-\varphi(t_{i-1})\}^2+\{\psi(t_i)-\psi(t_{i-1})\}^2}$$
であるが，$t_{i-1}<\xi_i<t_i,\ t_{i-1}<\eta_i<t_i$ なる ξ_i,η_i を適当にとれば，
$$\varphi(t_i)-\varphi(t_{i-1})=\varphi'(\xi_i)\varDelta t_i,$$
$$\psi(t_i)-\psi(t_{i-1})=\psi'(\eta_i)\varDelta t_i\quad(\varDelta t_i=t_i-t_{i-1})$$
とできるから，
$$L(\varDelta)=\sum_{i=1}^n\overline{\mathrm{P}_{i-1}\mathrm{P}_i}=\sum_{i=1}^n\sqrt{\varphi'(\xi_i)^2+\psi'(\eta_i)^2}\,\varDelta t_i.$$

仮定により，$\psi'(t)^2$ は $[\alpha,\beta]$ で一様連続となるから，任意に正数 ε を与えたとき正数 δ を定めて
$$|t'-t''|<\delta\quad\text{ならば}\quad|\psi'(t')-\psi'(t'')|<\varepsilon$$
ならしめることができる．ゆえに，$|\varDelta|=\max_{1\leq i\leq n}\varDelta t_i<\delta$ なるように分割を密にしておけば，
$$\left|\sqrt{\varphi'(\xi_i)^2+\psi'(\eta_i)^2}-\sqrt{\varphi'(\xi_i)^2+\psi'(\xi_i)^2}\right|\leq|\psi'(\xi_i)-\psi'(\eta_i)|<\varepsilon.\ [2]$$
よって
$$\left|L(\varDelta)-\sum_{i=1}^n\sqrt{\varphi'(\xi_i)^2+\psi'(\xi_i)^2}\,\varDelta t_i\right|<\varepsilon\sum_{i=1}^n\varDelta t_i=\varepsilon(\beta-\alpha).$$

他方正数 η を十分小さくとれば，
$$\left|\sum_{i=1}^n\sqrt{\varphi'(\xi_i)^2+\psi'(\xi_i)^2}\,\varDelta t_i-\int_\alpha^\beta\sqrt{\varphi'(t)^2+\psi'(t)^2}\,dt\right|<\varepsilon(\beta-\alpha),\quad|\varDelta|<\eta.$$

---

1) このような曲線を**滑らかな曲線**という．
2) 二点 $(a,b),(c,d)$ と原点 $(0,0)$ を頂点とする三角形の三辺の間の関係
$$\left|\sqrt{a^2+b^2}-\sqrt{c^2+d^2}\right|\leq\sqrt{(a-c)^2+(b-d)^2}$$
を利用すればよい．

よって

$$\left|L(\Delta)-\int_\alpha^\beta \sqrt{\varphi'(t)^2+\psi'(t)^2}\,dt\right|<2\varepsilon(\beta-\alpha),\quad |\Delta|<\min(\delta,\eta).$$

$$\therefore\ \lim_{|\Delta|\to 0}L(\Delta)=\int_\alpha^\beta \sqrt{\varphi'(t)^2+\psi'(t)^2}\,dt.$$

ゆえに, C の長さ L は確定し

(18.2) $\quad L=\displaystyle\int_\alpha^\beta \sqrt{\varphi'(t)^2+\psi'(t)^2}\,dt=\int_\alpha^\beta \sqrt{\left(\frac{dx}{dt}\right)^2+\left(\frac{dy}{dt}\right)^2}\,dt.$

もし, C の方程式が

$$y=f(x),\qquad a\le x\le b$$

で表わされ, $f'(x)$ が $a\le x\le b$ で連続のとき, 上の式で $y=\psi(t)$, $x=\varphi(t)=t$ と考えてよく, したがって, C の長さは

(18.3) $\quad L=\displaystyle\int_a^b \sqrt{1+f'(x)^2}\,dx=\int_a^b \sqrt{1+\left(\frac{dy}{dx}\right)^2}\,dx$

で与えられる.

次に, 曲線 C の方程式が極座標を用いて

$$r=f(\theta),\qquad \alpha\le\theta\le\beta$$

と与えられ, $f'(\theta)$ が $\alpha\le\theta\le\beta$ で連続な場合には, C の長さは存在し, それは

(18.4) $\quad L=\displaystyle\int_\alpha^\beta \sqrt{f(\theta)^2+f'(\theta)^2}\,d\theta=\int_\alpha^\beta \sqrt{r^2+\left(\frac{dr}{d\theta}\right)^2}\,d\theta$

によって与えられる. なぜならば

$$x=r\cos\theta,\quad y=r\sin\theta$$

であるから,

$$x=f(\theta)\cos\theta,\quad y=f(\theta)\sin\theta.$$

したがって

$$\left(\frac{dx}{d\theta}\right)^2+\left(\frac{dy}{d\theta}\right)^2=\{f'(\theta)\cos\theta-f(\theta)\sin\theta\}^2+\{f'(\theta)\sin\theta+f(\theta)\cos\theta\}^2$$

$$=f(\theta)^2+f'(\theta)^2.$$

$$\therefore\ L=\int_\alpha^\beta \sqrt{\left(\frac{dx}{d\theta}\right)^2+\left(\frac{dy}{d\theta}\right)^2}\,d\theta$$

$$= \int_\alpha^\beta \sqrt{f(\theta)^2 + f'(\theta)^2}\, d\theta = \int_\alpha^\beta \sqrt{r^2 + \left(\frac{dr}{d\theta}\right)^2}\, d\theta.$$

例 1. 星ぼう形 $x^{2/3} + y^{2/3} = a^{2/3}$ ($a>0$) の全長を求めよ.

与えられた方程式を x について微分すれば,

$$\frac{2}{3}x^{-1/3} + \frac{2}{3}y^{-1/3}\frac{dy}{dx} = 0, \qquad \frac{dy}{dx} = -\left(\frac{y}{x}\right)^{1/3}.$$

$$\therefore\quad 1 + \left(\frac{dy}{dx}\right)^2 = 1 + \left(\frac{y}{x}\right)^{2/3} = \left(\frac{a}{x}\right)^{2/3}.$$

曲線は両軸に関し対称だから, 求める全長は

$$4\int_0^a \sqrt{1+\left(\frac{dy}{dx}\right)^2}\, dx = 4\int_0^a \left(\frac{a}{x}\right)^{1/3} dx = 4a^{1/3}\left[\frac{3}{2}x^{2/3}\right]_0^a = 6a.$$

しかし, この求め方には疑問とすべき点が二つある. その一つは, 公式 (18.3) の条件のなかに y' は $a \leqq x \leqq b$ で連続とあるが, 上の例では $|y'| \to \infty$ ($x \to 0$) となるから y' は $x=0$ で不連続である. したがって, 厳密には (18.3) は適用できない. 第二の点は全長を求めるのに四つの部分にわけ, それぞれの長さの和として求めたが, 長さについてのわれわれの常識から判断すれば問題はないが, 長さを (18.1) で定義してきた以上, この性質(長さの加法性)は一応確かめておくべきではないかという点である. これらの疑点は後で解明するとして, 第一の疑点を避けるには次のようにすればよい.

曲線の方程式を

$$x = a\cos^3 t, \qquad y = a\sin^3 t \qquad (0 \leqq t \leqq 2\pi)$$

と表わせば,

$$\sqrt{\left(\frac{dx}{dt}\right)^2 + \left(\frac{dy}{dt}\right)^2} = 3a|\cos t \sin t| = \frac{3a}{2}|\sin 2t|.$$

ゆえに, 求める全長は

$$4\int_0^{\pi/2} \frac{3}{2}a\sin 2t\, dt = 3a\int_0^\pi \sin\theta\, d\theta = 6a.$$

ここでもまた新しい疑問が生ずる——というのは, 曲線を助変数で表わすとき, その表示の仕方はいろいろとあるが, 長さがそれらに無関係に定められるかどうかという点である. もしそうでないとすると, 上の計算もその意義を失うことになる. この疑点は前のと一括して後で説明することにし, なお二つの求長問題の例を挙げる.

例 2. 心ぞう形 $r = a(1+\cos\theta)$ の全長を求めよ.

$$\frac{dr}{d\theta}=-a\sin\theta$$

であるから,

$$r^2+\left(\frac{dr}{d\theta}\right)^2=a^2\{(1+\cos\theta)^2+\sin^2\theta\}$$
$$=2a^2(1+\cos\theta)=4a^2\cos^2\frac{\theta}{2}.$$

ゆえに,求める全長は

$$2a\int_{-\pi}^{\pi}\cos\frac{\theta}{2}d\theta=4a\int_{0}^{\pi}\cos\frac{\theta}{2}d\theta=8a\left[\sin\frac{\theta}{2}\right]_{0}^{\pi}=8a.$$

図 25

例 3. 楕円 $\left(\dfrac{x}{a}\right)^2+\left(\dfrac{y}{b}\right)^2=1$ ($a>b$) の全長を求めよ.[1]

第一象限内の弧長 l を求めることとし,この範囲で楕円弧を

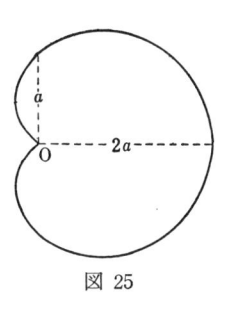

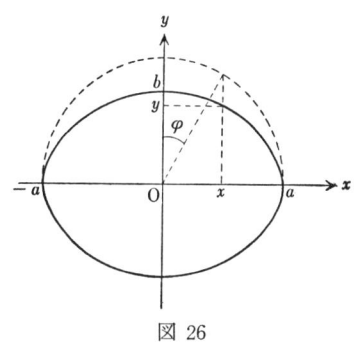

$$x=a\sin\varphi,\ y=b\cos\varphi$$
$$\left(0\leqq\varphi\leqq\frac{\pi}{2}\right)$$

と表わせば,$a>b$ であるから

$$l=\int_{0}^{\pi/2}\sqrt{\left(\frac{dx}{d\varphi}\right)^2+\left(\frac{dy}{d\varphi}\right)^2}d\varphi$$
$$=\int_{0}^{\pi/2}\sqrt{a^2\cos^2\varphi+b^2\sin^2\varphi}\,d\varphi$$
$$=a\int_{0}^{\pi/2}\sqrt{1-\left(1-\frac{b^2}{a^2}\right)\sin^2\varphi}\,d\varphi$$
$$=a\int_{0}^{\pi/2}\sqrt{1-k^2\sin^2\varphi}\,d\varphi\ \left(k^2=1-\frac{b^2}{a^2}\right).$$

図 26

この k (>0) はいわゆる楕円の離心率である.

不定積分 $\int\sqrt{1-k^2\sin^2\varphi}\,d\varphi$ の形は,§9で説明したように第二種の楕円積分であって初等関数で表わすことはできず,したがって,上の定積分は初等関数の範囲でこれを求めることはできない.このようなときには,無限級数に展開してそれを求めることにする.その方法はすでに §15 で述べた通りで,例2の結果を用いれば,全長は

$$4l=2\pi a\left\{1-\sum_{n=1}^{\infty}\frac{k^{2n}}{2n-1}\left(\frac{1\cdot3\cdots(2n-1)}{2\cdot4\cdots(2n)}\right)^2\right\}$$

となる.

$$\int_{0}^{\theta}\sqrt{1-k^2\sin^2\varphi}\,d\varphi=E(k,\theta)$$

---

[1] 楕円 $\left(\dfrac{x}{a}\right)^2+\left(\dfrac{y}{b}\right)^2=1$ とか円 $x^2+y^2=a^2$ とかいう場合には断わりがなくても $a,b>0$ と仮定するものとする.

で表わし，$E(k, \theta)$ を**不完全楕円積分**，$E(k, \pi/2)$ を**完全楕円積分**(ともに第二種)といっているが，この値は計算されて数表になっているから，実際にはこれを利用すればよい．全長は $4aE(\sqrt{1-b^2/a^2}, \pi/2)$ である．

さて，ここで前に約束した三つの疑問に答えることにしよう．そのため，まず，長さについての次の基本的な二つの定理を証明する．

定理 18.1. 曲線 C の方程式を
$$x=\varphi(t), \quad y=\psi(t) \qquad (\alpha \leqq t \leqq \beta)$$
とし，これを途中の一点 $Q(\varphi(\gamma), \psi(\gamma))$ $(\alpha<\gamma<\beta)$ で二つの部分 C_1, C_2 に分けるとき，C_1, C_2 がともに求長可能ならば C もまた求長可能になり，C の長さは C_1 の長さと C_2 の長さの和である．

証明. $[\alpha, \beta]$ を任意に n 個の区間に分割し，分点を $\alpha=t_0, t_1, \cdots, t_n=\beta$ とし，$t_{k-1}<\gamma \leqq t_k$ とする．$P_i=(\varphi(t_i), \psi(t_i))$ $(i=0, 1, \cdots, n)$ とおき，

$$L_{1,n} = \sum_{i=1}^{k-1} \overline{P_{i-1}P_i} + \overline{P_{k-1}Q},$$

$$L_{2,n} = \sum_{i=k+1}^{n} \overline{P_{i-1}P_i} + \overline{QP_k}$$

とおけば，$\max_{1 \leqq i \leqq n}(t_i - t_{i-1}) \to 0$ なるように $n \to \infty$ とするとき
$$L_{1,n} \to L_1, \qquad L_{2,n} \to L_2.$$
ここに L_1, L_2 は C_1, C_2 の長さで，C_1 が $\alpha \leqq t \leqq \gamma$ に対応する部分とする．

しかるに
$$d_n = \overline{P_{k-1}P_k} - \overline{P_{k-1}Q} - \overline{QP_k} \to 0 \quad (n \to \infty)$$
なることは明らかだから，
$$\sum_{i=1}^{n} \overline{P_{i-1}P_i} = L_{1,n} + L_{2,n} + d_n \to L_1 + L_2.$$

ゆえに C は求長可能であって，その長さは C_1 の長さと C_2 の長さとの和に等しい．

この定理さえ成り立てば第二の疑点は解消する．

定理 18.2. 前定理のように与えられた曲線 C の $\alpha \leqq t \leqq \gamma$ $(\gamma<\beta)$ に対応する部分を C_γ で表わすとき，C_γ が常に求長可能であり，その長さを L_γ とする

§18. 平面曲線の長さ

とき
$$\lim_{\gamma \to \beta} L_\gamma = L < \infty$$
ならば，C もまた求長可能であり，その長さは L である．

証明． $[\alpha, \beta]$ の任意の分割を $\Delta: \alpha = t_0 < t_1 < \cdots < t_n = \beta$ とし，$t_{k-1} < \gamma \leq t_k$，$P_i = (\varphi(t_i), \psi(t_i))$，$Q = (\varphi(\gamma), \psi(\gamma))$，さらに

$$L(\Delta) = \sum_{i=1}^{n} \overline{P_{i-1}P_i} = L_1(\Delta) + L_2(\Delta) + d(\Delta) + e(\Delta)$$

と分ける．ただし

$$L_1(\Delta) = \sum_{i=1}^{k-1} \overline{P_{i-1}P_i} + \overline{P_{k-1}Q}, \quad L_2(\Delta) = \sum_{i=k+1}^{n-1} \overline{P_{i-1}P_i} + \overline{QP_k},$$

$$d(\Delta) = \overline{P_{k-1}P_k} - \overline{P_{k-1}Q} - \overline{QP_k} \leq 0, \quad e(\Delta) = \overline{P_{n-1}P_n}.$$

任意の正数 ε に対し正数 δ を適当に選べば，$\beta - \gamma < \delta$ なるとき

$$|L - L_\gamma| < \varepsilon$$

が成立するようにできる．このような γ を一つ選んでおくと，さらに正数 η が定まり，$|\Delta| < \eta$ ならば

$$|L_1(\Delta) - L_\gamma| < \varepsilon, \quad |d(\Delta)| < \varepsilon, \quad |e(\Delta)| < \varepsilon$$

とできる．したがって

$$|L - L_1(\Delta)| < 2\varepsilon \qquad (|\Delta| < \eta)$$

となる．

このような分割 Δ（分割数が n）と γ（ただし $\gamma < t_{n-1}$ にとる）に対し

$$L_2(\Delta) < 3\varepsilon$$

がいえる．なぜならば，もし $L_2(\Delta) \geq 3\varepsilon$ だとすれば，この分割を固定した上で，$\alpha \leq t \leq t_{n-1}$ 間の分点にさらに新しい分点を追加し，これらを用いて内接折線を作っていけば，その長さは増大するばかりだから，$\alpha \leq t \leq t_{n-1}$ に対する長さは $(L - 2\varepsilon) + 3\varepsilon = L + \varepsilon$ より大となる．他方 $\beta - t_{n-1} < \beta - \gamma < \delta$ だから，これは不合理である．

けっきょく

$$L - 3\varepsilon < L(\Delta) < L + 6\varepsilon \qquad (|\Delta| < \eta).$$

この不等式から C は求長可能であり，その長さが L であることがわかる．

この二つの定理の証明がすめば，前に挙げた第一の疑点について答えることができる．

曲線 $C: x=\varphi(t), y=\psi(t)$ $(\alpha \leq t \leq \beta)$ において $\varphi'(t), \psi'(t)$ が有限個の不連続点をもつ場合でも，公式 (18.2) の積分を広義積分と解釈して，それが存在するとき，C は求長可能であり，積分値がその長さを表わすことがいえる．他の公式の場合も同様である．

簡単のため，不連続点が一個で，それが $t=\gamma$ $(\alpha<\gamma<\beta)$ の場合を証明すると次のようになる．

$\alpha \leq t \leq \gamma-\varepsilon$ に対する曲線を $C_1(\varepsilon)$，$\gamma+\varepsilon \leq t \leq \beta$ に対する曲線を $C_2(\varepsilon)$ とすれば，これらはともに求長可能であり，その長さを $L_1(\varepsilon)$，$L_2(\varepsilon)$ とすると広義積分存在の仮定から

$$L_1(\varepsilon) \to L_1, \quad L_2(\varepsilon) \to L_2 \quad (\varepsilon \to 0)$$

なる極限値 L_1, L_2 が存在する．定理 18.2 により $C_1(0), C_2(0)$ なる曲線はともに求長可能で，その長さが L_1, L_2 となる．したがって，定理 18.1 により C もまた求長可能となり，その長さは L_1+L_2 である．この値は公式における広義積分の値にほかならない．

このことから例 1 の最初の方法は，結果として誤りでなかったことがわかる．

第三の疑点はもっと厄介である．まず，われわれは曲線を単なる図形としてだけで考えているのではないことを強調しておく必要がある（少なくとも本節では）．たとえば，二曲線

$$C_1: \quad x=\cos t, \quad y=\sin t \quad (0 \leq t \leq 2\pi).$$

$$C_2: \quad x=\cos \frac{3}{2}t, \quad y=\sin \frac{3}{2}t \quad (0 \leq t \leq 2\pi)$$

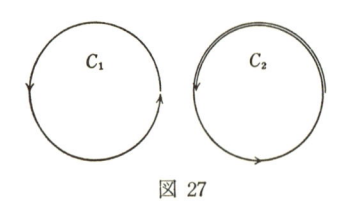

において曲線を図形（点集合）としてだけ考えるならば，ともに原点を中心とする半径 1 の円 $x^2+y^2=1$ を表わすのであるが，t を 0 から 2π まで動かしてみると動点 (x, y) は，C_1 の方では円を一周するのに，C_2

図 27

の方では一周半する．ここに二曲線の相異がある．定義にしたがって長さを求めてみると，C_1 の方は 2π，C_2 の方は 3π となるのはそのためである．

　助変数表示は，曲線の一般的な表わし方であるが，二つの表示式が同じ曲線を表わすというのは，ひらたくいえば，動点の描き具合が同じということで，厳密にいえば次のようになる：
$$x=\varphi(t),\ y=\psi(t)\ (\alpha\leqq t\leqq\beta);\ x=\varphi_1(\theta),\ y=\psi_1(\theta)\ (\alpha_1\leqq\theta\leqq\beta_1)$$
という二つの曲線表示があったとき，$T(t)=\theta$ という $\alpha\leqq t\leqq\beta$ を $\alpha_1\leqq\theta\leqq\beta_1$ に一対一連続（逆関数も一価連続のこと）に移す変換があって
$$\varphi_1(T(t))=\varphi(t),\qquad \psi_1(T(t))=\psi(t)$$
とできるとき，上の二つの表示は同じ曲線を表わすとするのである．

　このように曲線を類別しさえすれば，曲線の長さはその表示の仕方には無関係であることが示される．なぜならば，二つの表示式に対してそれぞれ作られる内接折線の和 $L(\varDelta)$ と $L(\varDelta_1)$ とは全体として全く相等しいものになるからである．

問 1. 滑らかな曲線 C 上の二点 P, Q 間の長さ $\widehat{PQ}$ と二点を結ぶ線分の長さ $\overline{PQ}$ との間には
$$\lim_{P\to Q}\frac{\widehat{PQ}}{\overline{PQ}}=1$$
なる関係のあることを示せ．

問 2. 次の曲線の長さを求めよ：

(1)　$\sqrt{x}+\sqrt{y}=1$,
(2)　$y=a\cosh\dfrac{x}{a}$ $(a>0,\ 0\leqq x\leqq b)$,
(3)　$r=a\theta$ $(0\leqq\theta\leqq 2\pi)$,
(4)　$r=a\sin\theta$ $(0\leqq\theta\leqq\pi)$.

§19. 空間曲線の長さ

　空間曲線の長さの定義は，平面曲線の場合と全く同一であるからここに繰り返さない．空間曲線 C の方程式を
$$x=\varphi(t),\quad y=\psi(t),\quad z=\chi(t)\quad (\alpha\leqq t\leqq\beta)$$
とし，$\varphi(t),\psi(t),\chi(t)$ が $\alpha\leqq t\leqq\beta$ で連続，$\varphi'(t),\psi'(t),\chi'(t)$ が有限個の点を除いて連続で，

$$(19.1) \quad L=\int_\alpha^\beta \sqrt{\varphi'(t)^2+\psi'(t)^2+\chi'(t)^2}\,dt=\int_\alpha^\beta\sqrt{\left(\frac{dx}{dt}\right)^2+\left(\frac{dy}{dt}\right)^2+\left(\frac{dz}{dt}\right)^2}\,dt$$

が存在するならば，C は求長可能で，その長さは上式 L によって与えられる．
　証明は平面の場合と同じだから省略する．
　次に，C が

$$y=f(x), \quad z=g(x) \quad (a\leqq x\leqq b)$$

と与えられ，$f(x),\ g(x)$ が連続，$f'(x),\ g'(x)$ が有限個の点を除いて連続で，

$$(19.2)\quad L=\int_a^b\sqrt{1+f'(x)^2+g'(x)^2}\,dx=\int_a^b\sqrt{1+\left(\frac{dy}{dx}\right)^2+\left(\frac{dz}{dx}\right)^2}\,dx$$

が存在するならば C は求長可能で，その長さは上式 L によって与えられる．

さらに極座標 (r,θ,φ):
$$x=r\sin\theta\cos\varphi,\ y=r\sin\theta\sin\varphi,$$
$$z=r\cos\theta$$

において r,θ,φ を助変数 $t\ (\alpha\leqq t\leqq \beta)$ の函数と考えて C の表示が与えられている場合，C

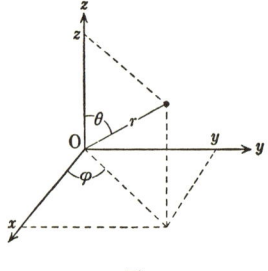

図 28

の長さを求める公式は

$$(19.3)\quad L=\int_\alpha^\beta\sqrt{\left(\frac{dr}{dt}\right)^2+r^2\left(\frac{d\theta}{dt}\right)^2+r^2\sin^2\theta\left(\frac{d\varphi}{dt}\right)^2}\,dt$$

となる．なぜならば

$$\frac{dx}{dt}=\frac{d}{dt}(r\sin\theta)\cos\varphi-r\sin\theta\sin\varphi\frac{d\varphi}{dt},$$
$$\frac{dy}{dt}=\frac{d}{dt}(r\sin\theta)\sin\varphi+r\sin\theta\cos\varphi\frac{d\varphi}{dt}.$$

したがって

$$\left(\frac{dx}{dt}\right)^2+\left(\frac{dy}{dt}\right)^2=\left\{\frac{d}{dt}(r\sin\theta)\right\}^2+r^2\sin^2\theta\left(\frac{d\varphi}{dt}\right)^2$$
$$=\left(\frac{dr}{dt}\sin\theta+r\cos\theta\frac{d\theta}{dt}\right)^2+r^2\sin^2\theta\frac{d\varphi}{dt}.$$

他方

§19. 空間曲線の長さ

$$\left(\frac{dz}{dt}\right)^2 = \left(\frac{dr}{dt}\cos\theta - r\sin\theta\frac{d\theta}{dt}\right)^2.$$

$$\therefore\ \left(\frac{dx}{dt}\right)^2 + \left(\frac{dy}{dt}\right)^2 + \left(\frac{dz}{dt}\right)^2 = \left(\frac{dr}{dt}\right)^2 + r^2\left(\frac{d\theta}{dt}\right)^2 + r^2\sin^2\theta\left(\frac{d\varphi}{dt}\right)^2.$$

よって (19.1) より (19.3) を得る.

円柱座標 (r, θ, z) の r, θ, z が $t\ (\alpha \leqq t \leqq \beta)$ の函数として与えられている場合の公式は

(19.4) $$L = \int_\alpha^\beta \sqrt{\left(\frac{dr}{dt}\right)^2 + r^2\left(\frac{d\theta}{dt}\right)^2 + \left(\frac{dz}{dt}\right)^2}\, dt$$

となる. なぜならば $x = r\cos\theta,\ y = r\sin\theta$ だから,

$$\frac{dx}{dt} = \frac{dr}{dt}\cos\theta - r\sin\theta\frac{d\theta}{dt},$$

$$\frac{dy}{dt} = \frac{dr}{dt}\sin\theta + r\cos\theta\frac{d\theta}{dt}.$$

$$\therefore\ \left(\frac{dx}{dt}\right)^2 + \left(\frac{dy}{dt}\right)^2 = \left(\frac{dr}{dt}\right)^2 + r^2\left(\frac{d\theta}{dt}\right)^2.$$

よって (19.1) より (19.4) を得る.

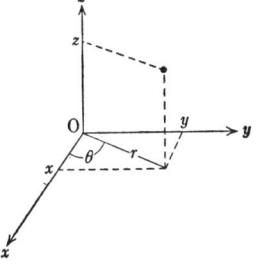

図 29

例 1. 螺線 (ヘリックス) $x = a\cos\theta,\ y = a\sin\theta,\ z = c\theta\ (a, c > 0)$ の一と巻きの長さを求めよ.

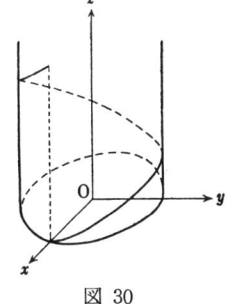

この螺線の一と巻きとは $0 \leqq \theta \leqq 2\pi$ 間の長さのことである.

$$\frac{dx}{d\theta} = -a\sin\theta,\quad \frac{dy}{d\theta} = a\cos\theta,\quad \frac{dz}{d\theta} = c$$

となるから, (19.1) により求める長さは

$$\int_0^{2\pi} \sqrt{a^2\sin^2\theta + a^2\cos^2\theta + c^2}\, d\theta = \sqrt{a^2 + c^2}\int_0^{2\pi} d\theta$$
$$= 2\pi\sqrt{a^2 + c^2}.$$

図 30

例 2. 空間曲線 $a^2(x^2 + y^2) = b^2 z^2,\ ax = z(b + z)\ (a, b > 0)$ の全長を求めよ.[1]

$y = 0$ なる平面上で考えれば $ax = \pm bz$. $ax = bz$ と $ax = z(b + z)$ とから $x = z = 0$, また

---

[1] $a^2(x^2 + y^2) = b^2 z^2$ は z 軸を軸とする円錐面, $ax = z(b + z)$ は y 軸に平行な放物柱面であって, 空間曲線はこの交線である.

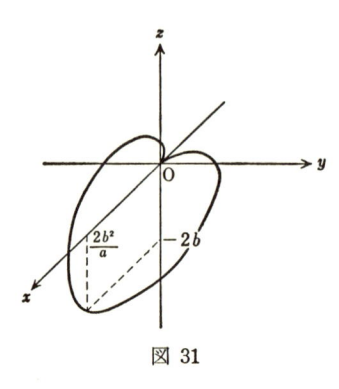

$ax=-bz$ と $ax=z(b+z)$ とから $x=z=0$ のほかに $x=\dfrac{2b^2}{a}$, $z=-2b$.

よって,いま $x=r\cos\theta, y=r\sin\theta$ とおけば,$a^2(x^2+y^2)=b^2z^2$ より $a^2r^2=b^2z^2$. 上に調べた事実から曲線は $z\leqq 0$ のところにあるから
$$ar=-bz.$$
また,$ax=z(b+z)$ より
$$ar\cos\theta=-bz\cos\theta=z(b+z).$$
$$\therefore\quad z=-b(1+\cos\theta)\quad (z\neq 0).$$
よって
$$r=\frac{b^2}{a}(1+\cos\theta).$$

図 31

したがって,求める全長は (19.4) により ($\theta=t$ と考えて)

$$\int_0^{2\pi}\sqrt{\left(\frac{dr}{d\theta}\right)^2+r^2+\left(\frac{dz}{d\theta}\right)^2}\,d\theta=\int_0^{2\pi}\sqrt{\frac{b^4}{a^2}\sin^2\theta+\frac{b^4}{a^2}(1+\cos\theta)^2+b^2\sin^2\theta}\,d\theta$$
$$=\frac{4b}{a}\int_0^{\pi}\sqrt{b^2+a^2\sin^2\frac{\theta}{2}}\cos\frac{\theta}{2}\,d\theta$$
$$=8b\int_0^1\sqrt{\left(\frac{b}{a}\right)^2+t^2}\,dt$$
$$=\frac{4b}{a}\left(\sqrt{a^2+b^2}+\frac{b^2}{a}\log\frac{a+\sqrt{a^2+b^2}}{b}\right).$$

問 1. 空間曲線 $x^2=2ay$, $x^3=6a^2z$ の原点よりの長さは,$|x+z|$ に等しいことを証明せよ.

問 2. 空間曲線 $x^2+y^2+z^2=x$, $x^2+y^2=z^2$ の全長を求めよ.

§20. 平 均 値

有限個の値 $y_1, y_2, \cdots, y_n$ の相加平均(単に平均または平均値という)は

(20.1) $$M=\frac{y_1+y_2+\cdots+y_n}{n}=\frac{\sum_{k=1}^{n}y_k}{n}$$

である.もし,y が x とともに連続的に変わる量である場合,y の平均値はどう考えたらよいか.x の変域を $a\leqq x\leqq b$ とし,これを等分した分点を $a=x_0, x_1, \cdots, x_n=b$ とする.各区間 $x_{i-1}\leqq x\leqq x_i$ における $f(x)$ の代表値として,たとえば中間の値 $f(\xi_i)$, $\xi_i=\dfrac{x_{i-1}+x_i}{2}$ をとると,これら n 個の $f(\xi_i)$ の平均値を M_n

§20. 平均値

とすれば,

$$M_n = \frac{1}{n}\sum_{i=1}^{n} f(\xi_i) = \frac{\sum_{i=1}^{n} f(\xi_i)\Delta x}{b-a}, \quad \Delta x = \frac{b-a}{n}$$

となる. y の平均値とは分割を細かくしていったときの M_n の極限値と考えられる. したがって, この意味において, $y=f(x)$ の $a \leq x \leq b$ における**平均値**は

(20.2) $$M = \frac{1}{b-a}\int_a^b f(x)\,dx$$

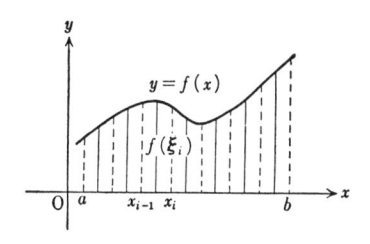

となる.

図 32

このほか有限個の $y_1, y_2, \cdots, y_n$ にそれぞれ重み $w_1, w_2, \cdots, w_n$ をつけたときの加重平均

(20.3) $$M_w = \frac{y_1 w_1 + y_2 w_2 + \cdots + y_n w_n}{w_1 + w_2 + \cdots + w_n} = \frac{\sum_{k=1}^{n} y_k w_k}{\sum_{k=1}^{n} w_k}$$

というのがある. これを連続的に変わる変量の場合に拡張してみれば, 重みの関数を $w(x)$ とするとき, $y=f(x)$ の $a \leq x \leq b$ における**加重平均値**は

(20.4) $$M_w = \frac{\int_a^b f(x)w(x)\,dx}{\int_a^b w(x)\,dx}$$

で表わされることになる.

さて, (20.2) の平均は y を x の関数とみて x についてとった平均であるから, これを M_x と書くことにしよう:

$$M_x = \frac{1}{b-a}\int_a^b f(x)\,dx.$$

いま, $x = \varphi(t)$ で $a \leq x \leq b$ を $\alpha \leq t \leq \beta$ に $a = \varphi(\alpha)$, $b = \varphi(\beta)$ なるように変換して考えてみるならば, $f(\varphi(t))\varphi'(t)$ が連続という仮定のもとに

$$M_x = \frac{\int_a^b f(x)\,dx}{b-a} = \frac{\int_\alpha^\beta f(\varphi(t))\varphi'(t)\,dt}{\int_\alpha^\beta \varphi'(t)\,dt}$$

となる．ゆえに，M_x は $y=f(\varphi(t))$ の t について重み $\varphi'(t)$ をつけたときの加重平均であることがわかる．y の t についての平均値は

$$M_t = \frac{\int_\alpha^\beta f(\varphi(t))\,dt}{\beta-\alpha}$$

であるから，一般には

$$M_x \neq M_t.$$

y の平均といっても何についての平均か．その変数のとり方に関係し（どの変数に一様性を認めるかの問題）一意的には定まらないものであるから，実際に平均値を求めるに際しては，この点に留意しておくべきである．変数の選び方で答も異なってくるのは当然である．

例 1. 半径 a の半円周上の一点からその直径に下した垂線の長さの平均値を求めよ．

半円の方程式を $y=\sqrt{a^2-x^2}$ とし，y の x についての平均をとってみれば，

$$M_x = \frac{1}{2a}\int_{-a}^a \sqrt{a^2-x^2}\,dx = \frac{a\pi}{4}.$$

しかし，y を極座標を用いて $y=a\sin\theta$ と表わし，y の θ についての平均をとってみれば，

$$M_\theta = \frac{1}{\pi}\int_0^\pi a\sin\theta\,d\theta = \frac{2a}{\pi}.$$

もし，最後の平均で重み $a\sin\theta$ をつけて加重平均をとれば

$$\frac{\int_0^\pi a^2\sin^2\theta\,d\theta}{\int_0^\pi a\sin\theta\,d\theta} = \frac{a\pi}{4}$$

となって前の結果と一致する．

第一の計算法においては，変数 x（垂線の足）のとり方に一様性を認めているのであり，第二の計算法においては円周上の点のとり方が一様であると考えて計算したものである．いずれが正しいとも誤りともいえることがらではない．

例 2. 楕円 $\dfrac{x^2}{a^2}+\dfrac{y^2}{b^2}=1$ の中心より引いた動径の平方の平均値を求めよ．

楕円を極座標を用いて表わせば

$$r^2\left(\frac{\cos^2\theta}{a^2}+\frac{\sin^2\theta}{b^2}\right)=1. \qquad \therefore \ r^2=\frac{a^2b^2}{a^2\sin^2\theta+b^2\cos^2\theta}.$$

動径の平方 r^2 を θ について平均すれば

$$M_\theta=\frac{1}{2\pi}\int_0^{2\pi}r^2d\theta=\frac{a^2b^2}{2\pi}\int_0^{2\pi}\frac{d\theta}{a^2\sin^2\theta+b^2\cos^2\theta}=\frac{2a^2b^2}{\pi}\int_0^{\pi/2}\frac{\sec^2\theta}{a^2\tan^2\theta+b^2}d\theta$$

$$=\frac{2a^2b^2}{\pi}\left[\frac{1}{ab}\tan^{-1}\left(\frac{a\tan\theta}{b}\right)\right]_0^{\pi/2}=ab.$$

しかし,楕円を

$$x=a\cos\varphi, \qquad y=b\sin\varphi \qquad (0\leqq\varphi\leqq 2\pi)$$

と表わし,動径の平方 $r^2=x^2+y^2=a^2\cos^2\varphi+b^2\sin^2\varphi$ を φ について平均すれば,

$$M_\varphi=\frac{1}{2\pi}\int_0^{2\pi}(a^2\cos^2\varphi+b^2\sin^2\varphi)d\varphi=\frac{a^2+b^2}{2}$$

となる.

また, $r^2=x^2+y^2$ を x について平均すれば

$$M_x=\frac{1}{2a}\int_{-a}^{a}(x^2+y^2)dx=\frac{1}{a}\int_0^a\left\{x^2+b^2\left(1-\frac{x^2}{a^2}\right)\right\}dx=\frac{a^2+2b^2}{3}.$$

同様に

$$M_y=\frac{2a^2+b^2}{3}.$$

問 1. 長さ a の線分上に任意に一点をとって二つの線分に分けるとき,この二線分を相隣れる二辺とする長方形の面積の平均値を求めよ.

問 2. 半径 a の円周上の一定点より引いた弦の長さの平均値を求めよ.

§21. 水圧と仕事

物理的諸問題への応用例として,水圧と仕事の計算法を簡単に述べておこう.

図の ABCD を水中の垂直壁の一部とし,この壁の受ける水圧を計算するにはどうすればよいか.ただし,OY を水面とする.

まず,AB を小区間に細分し,その一つを $[x, x+\varDelta x]$ とし,壁面中に幅 $\varDelta x$ の小長方形を図のように作ると,この長方形の面積は $y\varDelta x$ である.$\varDelta x$ が小さいときには,この部分の深さは x とみてよく,したがって,この長方形の部分の受ける水圧は $Wxy\varDelta x$ となる.ここに,W は液体の単位体積

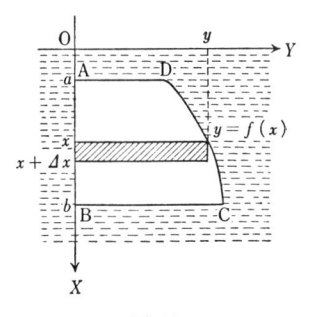

図 33

の重さである.

壁全体の受ける水圧は，これら小長方形の水圧の総和の極限（$\Delta x \to 0$ としたときの）とみてよい.

$$W \sum xy \Delta x \to W \int xy\, dx$$

だから，もし曲線 CD の方程式が $y=f(x)$, $a \leq x \leq b$，で表わされているならば，水圧は

(21.1) $$W \int_a^b x f(x)\, dx$$

によって求められることがわかる.

例 1. 半径 6cm の半円形の断面をもつ樋が満水しているとき，これを閉ざす垂直壁の受ける水圧を求めよ.

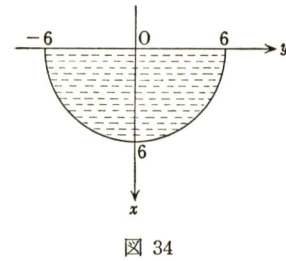

断面の半円の方程式を
$$x^2+y^2=36, \qquad x \geq 0$$
とすれば（座標の目盛りの単位は cm），
$$y=f(x)=\pm\sqrt{36-x^2}, \quad W=1_\mathrm{g}$$
であるから，(21.1) により求める水圧は
$$2\int_0^6 x\sqrt{36-x^2}\, dx = 2\left[-\frac{1}{3}(36-x^2)^{3/2}\right]_0^6$$
$$=144_\mathrm{g}.$$

図 34

次に，図の曲線 CD を x 軸のまわりに回転してできる回転面を側面とする容器に，図の A から B までの間に入れられた水を汲み出すに要する仕事はどのように計算されるかを考えてみよう.

前同様 AB を小区間に分け，その一つ幅 Δx の長方形を図のようにとると，これを x 軸のまわりに回転してできる部分の水の重さは $W\pi y^2 \Delta x$ である．これは上面から深さ x のところにあるから，

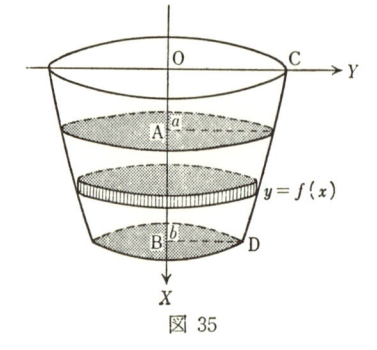

図 35

この部分の水量を汲み出すに要する仕事は $W\pi xy^2 \Delta x$ となる．全体の水を汲み出すに要する仕事は，これらの総和の極限（$\Delta x \to 0$ としたときの）と考えられ

る．

$$W\pi \sum xy^2 \Delta x \to W\pi \int xy^2 dx$$

であるから，曲線 CD の方程式が $y=f(x)$ であるとき，$x=a$ から $x=b$ までの間の水を汲み出すに要する仕事は

(21.2) $$W\pi \int_a^b x f(x)^2 dx$$

によって求められることがわかる．

例 2. 高さ 2m，底の直径 2m の直円錐形の容器を頂点を下に鉛直においてある．この容器に満水した水を全部汲み出すに要する仕事を求めよ．

容器が $y=1-\dfrac{x}{2}$ $(0 \leq x \leq 2)$ を x 軸のまわりに回転してできるものと考えると，$W=1_t$ であるから，(21.2) により求める仕事は

$$\pi \int_0^2 x\left(1-\frac{x}{2}\right)^2 dx = \pi\left[\frac{x^2}{2}-\frac{x^3}{3}+\frac{x^4}{16}\right]_0^2$$
$$=\frac{\pi}{3} \mathrm{t\cdot m}.$$

図 36

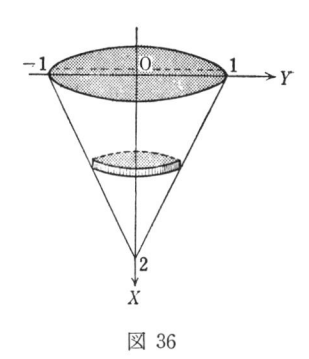

問 1. 断面が，上辺 16cm，下辺 12cm，高さ 10cm の等脚台形である樋に満水したとき，これを閉ざす垂直壁の受ける水圧を求めよ．

問 2. 半径 40cm の半球形の容器を水平にしてあるとき，これに満水した水を汲み出すに要する仕事を求めよ．

問　題　4

1. 一定直線に平行な直線が二つの閉曲線と交わり，これによって切りとられる二つの線分の長さが常に等しいときには，この二つの閉曲線の囲む部分の面積は等しいことを証明せよ．これを面積に関する**カバリエリの定理**という．

2. 楕円 $\left(\dfrac{x}{a}\right)^2+\left(\dfrac{y}{b}\right)^2 \leq 1$ の面積を求めよ．

3. 曲線 $\sqrt{x}+\sqrt{y}=\sqrt{a}$ と直線 $x+y=a$ によって囲まれる部分の面積を求めよ．

4. 二つの楕円 $\left(\dfrac{x}{a}\right)^2+\left(\dfrac{y}{b}\right)^2 \leq 1$, $\left(\dfrac{x}{b}\right)^2+\left(\dfrac{y}{a}\right)^2 \leq 1$ に共通な部分の面積を求めよ．ただし，$a>b>0$ とする．

5. 曲線 $a^2y^2=x^3(2a-x)$ $(a>0)$ によって囲まれる部分の面積を求めよ．

6. 曲線 $y^4-axy^2+x^4=0$ $(a>0)$ によって囲まれる部分のうち第一象限にあるものの

面積を求めよ．

7. 曲線 $y^2 = \dfrac{1-x}{x}$ と y 軸との間の部分の面積を求めよ．

8. 曲線 $y^2(a-x) = x^2(a+x)$ $(a>0)$ の輪線内の面積，および，この曲線とその漸近線との間の面積を求めよ．

9. 楕円 $ax^2 + 2hxy + by^2 + 2gx + 2fy + c = 0$ の囲む部分の面積を求めよ．

10. 曲線 $\left(\dfrac{x}{a}\right)^{2/3} + \left(\dfrac{y}{b}\right)^{2/3} = 1$ $(a,b>0)$ の囲む部分の面積を求めよ．

11. 二曲線 $r = a(1+\cos\theta)$, $r = 2a\cos\theta$ の囲む部分の面積を求めよ．

12. 曲線 $r = 2a(1+\cos\theta)$ の内側にあり，曲線 $r = \dfrac{2a}{1+\cos\theta}$ の外側にある部分の面積を求めよ．

13. 曲線 $r = a\cos\theta + b$ $(a>b>0)$ の二つの輪線によって囲まれる図形の面積を求めよ．

14. 曲線 $r^2\cos\theta = a^2\sin 3\theta$ $(a>0)$ の一つの輪線内の面積を求めよ．

15. カテナリー $y = \dfrac{a}{2}(e^{x/a} + e^{-x/a})$ $(a>0)$ と直線 $x = h$ (>0)，および，両軸とによって囲まれる部分の面積を A, この部分の曲線の長さを L とすれば，$A = aL$ なることを証明せよ．

16. 曲線 $\left(\dfrac{x}{a}\right)^{2/3} + \left(\dfrac{y}{b}\right)^{2/3} = 1$ $(a,b>0)$ の全長を求めよ．

17. 追跡線 $x + \sqrt{a^2 - y^2} = a\log\dfrac{a + \sqrt{a^2 - y^2}}{y}$ $(a>0)$ の二点 $(x_1, y_1), (x_2, y_2)$ 間の長さを求めよ．

18. 曲線 $9ay^2 = x(x-3a)^2$ $(a>0)$ の輪線部の長さを求めよ．

19. サイクロイド $x = a(t - \sin t)$, $y = a(1 - \cos t)$, $0 \le t \le 2\pi$ $(a>0)$ の長さを求めよ．

20. 曲線 $r = a^{a\theta}$ $(a>0)$ の極より測った長さを r で表わせ．

21. 曲線 $r = a\sin^3\dfrac{\theta}{3}$ $(a>0)$ の全長を求めよ．

22. 連珠形 $r^2 = a^2\cos 2\theta$ $(a>0)$ の全長を求めよ．

23. 空間曲線 $\dfrac{x^2}{a^2} - \dfrac{y^2}{b^2} = 1$, $x = \dfrac{a}{2}(e^{z/a} + e^{-z/a})$ の点 $(a,0,0)$ よりの長さを x の函数として表わせ．ただし，$a>0$ とする．

24. 空間曲線 $x^2 + y^2 + z^2 = a^2$, $\sqrt{x^2+y^2}(e^{\tan^{-1}y/x} + e^{-\tan^{-1}y/x}) = 2a$ $(a>0)$ の点 $(a,0,0)$ よりの長さを z の函数として表わせ．

25. 空間曲線 $y = 2\sqrt{ax} - x$, $z = x - \dfrac{2}{3}\sqrt{\dfrac{x^3}{a}}$ $(a>0)$ の原点よりの長さは，$x + y - z$ により与えられることを証明せよ．

26. 空間曲線 $x^2 + y^2 + z^2 = a^2$, $x^2 + y^2 = ax$ $(a>0)$ の全長を求めよ．

27. 細長い棒の密度が，その一端からの距離の平方に比例するとき，その平均密度を求めよ．

28. 円周上の一定点より任意に絃を引いて作った劣弓形の面積の平均値を求めよ．

29. 深さ20cm，頂上の幅20cmの，半楕円形の垂直断面をもつ樋に満水したとき，これを閉ざす垂直壁の受ける水圧を計算せよ．

30. 上面は半径3mの円，深さは5mの半楕円体形の水槽に満たされた水を全部汲み出すに要する仕事を計算せよ．

第5章 重 積 分

§22. 二重積分

この節では二変数の函数の定積分について考える．積分区域としてとるのは曲線で囲まれた求積可能な図形であるが，これを今後**閉領域**と呼ぶことにする．[1] $f(x, y)$ を閉領域 D で定義された連続函数とする．

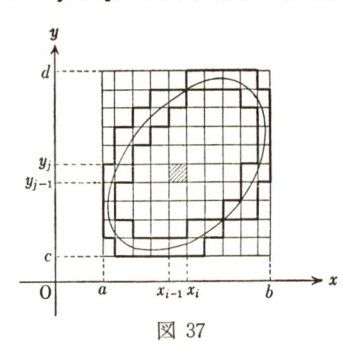

D を含むような，各辺が座標軸に平行な長方形の一つをとり，これを $I: a \leq x \leq b, c \leq y \leq d$ としよう．区間 $[a, b]$, $[c, d]$ をそれぞれ m, n 個の小区間に細分し，その分点を

$$a = x_0 < x_1 < x_2 < \cdots < x_m = b,$$
$$c = y_0 < y_1 < y_2 < \cdots < y_n = d$$

とする．各分点から x 軸，y 軸に平行線を引き，I を mn 個の小長方形に分割し（この分割を Δ で表わしておく），その一つ $x_{i-1} \leq x \leq x_i, y_{j-1} \leq y \leq y_j$ を $I_{i,j}$, その面積を $\omega_{i,j}$ で表わす．$I_{i,j}$ 上に任意の点 (ξ_i, η_j) をとり，和

$$S(\Delta) = \sum_{j=1}^{n} \sum_{i=1}^{m} f(\xi_i, \eta_j) \omega_{i,j}$$

を作る．ただし，D に属さない点 (ξ_i, η_j) に対しては $f(\xi_i, \eta_j) = 0$ とする．

$$|\Delta| = \max_{i,j}\{(x_i - x_{i-1}), (y_j - y_{j-1})\} \to 0$$

なるように $m, n \to \infty$ とし，分割を密にしていけば，$S(\Delta)$ は分割の仕方や (ξ_i, η_j) の選び方には無関係な一定値に収束することが証明せられる．この一定の極限値を，$f(x, y)$ の D における**二重積分**といい，記号で

---

[1] 微分学（本講座第5巻）§35で定義した領域にその境界を加えたものが一般に閉領域と呼ばれるものであるが，ここで考えるのはこのうちの特殊なものである．

(22.1) $$\iint_D f(x,y)\,dxdy \left(= \lim_{|\varDelta|\to 0} S(\varDelta)\right)$$

で表わす[1]. この二重積分に対し, いままで考えた積分を**単一積分**ということがある.

極限値の存在することは, 次のようにして証明せられる. $f(x,y)$ は D において一様連続であるから, 任意に正数 ε を与えたとき, ある正数 δ を定めて $|x-x'|<\delta$, $|y-y'|<\delta$ なる D の任意の点 (x,y), (x',y') に対して

$$|f(x,y)-f(x',y')|<\varepsilon$$

ならしめることができる.

$|\varDelta|<\delta, |\varDelta'|<\delta$ なる任意の分割 $\varDelta, \varDelta'$ について作った和 $S(\varDelta)$ と $S(\varDelta')$ との関係を調べるため, これらの分割に要した直線をすべて合わせて作ったさらに細かい分割 $\varDelta''$ を考え, これについて同様に和 $S(\varDelta'')$ を作ってみる.

いま
$$|f(x,y)|<M$$
かつ
$$\omega'(\varDelta)=\sum_{i,j}{}' \omega_{i,j}, \qquad \omega^*(\varDelta)=\sum_{i,j}{}^* \omega_{i,j}$$

とおく. ただし, $\sum'$ は D に含まれる $I_{i,j}$ についての和, $\sum^*$ は D と共通点をもつ $I_{i,j}$ についての和の意味である.

さて, $S(\varDelta'')-S(\varDelta)$ を小長方形の和の形に書きなおして考えてみると, D に含まれる $I_{i,j}$ についての和の部分に関しては, その絶対値は $\varepsilon\omega'(\varDelta)$ を越えないし, また, これ以外の小長方形についての和の部分に関しては, その絶対値は $M\{\omega^*(\varDelta)-\omega'(\varDelta)\}$ を越えない (ただし $\varepsilon<M$ とする). したがって

$$|S(\varDelta'')-S(\varDelta)|<\varepsilon\omega'(\varDelta)+M\{\omega^*(\varDelta)-\omega'(\varDelta)\}.$$

D は求積可能であるから
$$\omega^*(\varDelta)-\omega'(\varDelta)\to 0 \quad (|\varDelta|\to 0).$$

よって, $|\varDelta|<\delta$ ならば $\omega^*(\varDelta)-\omega'(\varDelta)<\varepsilon$ なるようにはじめから δ を選んでおいたとすると

---

[1] この場合 $dxdy$ の代わりに $dydx$ と書いても同じである.

$$|S(\Delta'')-S(\Delta)|<\varepsilon\{A(D)+M\}.$$

ここに，$A(D)$ は D の面積を表わす．同様の不等式が $|S(\Delta'')-S(\Delta')|$ についても成り立つから，けっきょく

(22.2) $$|S(\Delta)-S(\Delta')|<2\varepsilon\{A(D)+2M\}$$

を得る．

この不等式が，任意の ε に対し δ を適当に選んで $|\Delta|<\delta$, $|\Delta'|<\delta$ ならばいえるのだから，

$$\lim_{|\Delta|\to 0} S(\Delta)$$

の存在することがいえたことになる（この収束性については §2 の注意 2 参照）.[1]

$f(x,y)\geqq 0$ なる場合，二重積分 $\iint_D f(x,y)\,dxdy$ の幾何学的意味を考えてみると

$$\iint_D f(x,y)\,dxdy = \lim_{|\Delta|\to 0}\sum{}^* M_{i,j}\omega_{i,j}$$
$$= \lim_{|\Delta|\to 0}\sum{}' m_{i,j}\omega_{i,j};$$
$$M_{i,j}=\max_{I_{i,j}} f(x,y), \qquad m_{i,j}=\min_{I_{i,j}} f(x,y).$$

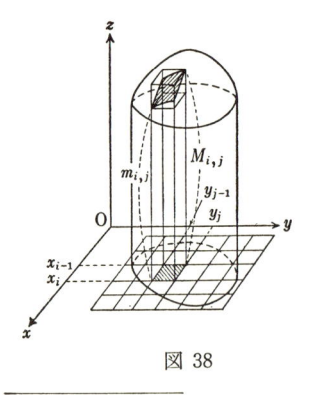

底面 D と曲面 $z=f(x,y)$ との間の立体を R とするとき，$\sum^* M_{i,j}\omega_{i,j}$ は R をおおう角柱群の体積の和，$\sum' m_{i,j}\omega_{i,j}$ は R に含まれる角柱群の体積の和であり，これらが極限において一致し，その値が $\iint_D f(x,y)\,dxdy$ となるというのであるから，この値はとりもなおさず R の体積を表わすことがわかる．また，特に $f(x,y)\equiv 1$ なる場合を考えれば，

図 38

---

[1] 形式的には，この極限値は最初の長方形の選び方に関係するようであるが，これに無関係であることは容易に示せる．さらに座標系の取り方にも無関係である(§24 参照).

§22. 二 重 積 分

$$\omega^*(\varDelta), \omega'(\varDelta) \to \iint_D dxdy \quad (|\varDelta| \to 0)$$

だから，$\iint_D dxdy$ は D の面積を表わす．

さて，この二重積分の値を実際に計算するにはどうすればよいであろうか．これに答えるため，まず最初に，D が長方形 $a \leqq x \leqq b, c \leqq y \leqq d$ である場合から始める．

$$g(y) = \int_a^b f(x, y) dx$$

とおくと，$g(y)$ は y について連続である（§16 参照）．したがって $\int_c^d g(y) dy$ は存在し，

$$\int_c^d g(y) dy = \lim_{n \to \infty} \sum_{j=1}^n g(\eta_j)(y_j - y_{j-1}) \quad (y_{j-1} \leqq \eta_j \leqq y_j)$$

と書ける．ところで，第一平均値定理 3.5 により

$$g(\eta_j) = \int_a^b f(x, \eta_j) dx = \sum_{i=1}^m \int_{x_{i-1}}^{x_i} f(x, \eta_j) dx$$

$$= \sum_{i=1}^m f(\xi_{i(j)}, \eta_j)(x_i - x_{i-1}) \quad (x_{i-1} \leqq \xi_{i(j)} \leqq x_i)$$

なる $\xi_{i(j)}$ が存在する．[1] よって，$\max_{i,j}\{(x_i - x_{i-1}), (y_j - y_{j-1})\} \to 0$ なるように $m, n \to \infty$ とすれば，

$$\int_c^d g(y) dy = \lim_{m,n \to \infty} \sum_{j=1}^n \sum_{i=1}^m f(\xi_{i(j)}, \eta_j)(x_i - x_{i-1})(y_j - y_{j-1})$$

$$= \iint_D f(x, y) dxdy.$$

ゆえに

(22.3) $$\iint_D f(x, y) dxdy = \int_c^d \left\{ \int_a^b f(x, y) dx \right\} dy.$$

右辺の積分は

---

[1] $\xi_{i(j)}$ は j と i とに関係するからこのように書く．

$$\int_c^d dy \int_a^b f(x,y)\,dx, \quad \int_c^d \int_a^b f(x,y)\,dxdy^{1)}$$

などと書かれる．同様に

(22.4) $$\iint_D f(x,y)\,dxdy = \int_a^b \left\{ \int_c^d f(x,y)\,dy \right\} dx.$$

これはまた

$$\int_a^b dx \int_c^d f(x,y)\,dy, \quad \int_a^b \int_c^d f(x,y)\,dydx$$

などと書かれる．

以上のように，単一積分の反復によって表わされる積分を**累次積分**と呼んでいる．

特に $f(x,y)=F(x)G(y)$ と変数分離される場合には

(22.5) $$\iint_D f(x,y)\,dxdy = \left(\int_a^b F(x)\,dx \right) \left(\int_c^d G(y)\,dy \right)$$

となる．

例 1. $D: 0 \leqq x \leqq a, \; 0 \leqq y \leqq b$ とするとき，

(1) $\iint_D xy\,dxdy = \left(\int_0^a x\,dx \right) \left(\int_0^b y\,dy \right) = \dfrac{a^2 b^2}{4},$

(2) $\iint_D \sin(x+y)\,dxdy = \int_0^b \left\{ \int_0^a \sin(x+y)\,dx \right\} dy$

$\qquad = \int_0^b \left[-\cos(x+y) \right]_{x=0}^{x=a} dy = \int_0^b \{\cos y - \cos(a+y)\} dy$

$\qquad = \left[\sin y - \sin(a+y) \right]_0^b = \sin b - \sin(a+b) + \sin a.$

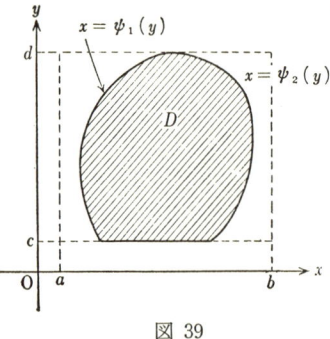

次に，D が $c \leqq y \leqq d$ において二曲線 $x = \psi_1(y), \; x = \psi_2(y), \; \psi_2(y) \geqq \psi_1(y),$ の間にある閉領域である場合を考えよう．

$$\max_{c \leqq y \leqq d} \psi_2(y) + 1 = b,$$

$$\min_{c \leqq y \leqq d} \psi_1(y) - 1 = a$$

とし，長方形 $I: a \leqq x \leqq b, \; c \leqq y \leqq d$ 上に

図 39

---

1) この場合 dx と dy との順序には意味があって，$dxdy$ とするのと $dydx$ とするのでは異なる．

§22. 二 重 積 分

まで $f(x,y)$ を連続的に次のように延長する.

$a \leq x \leq \psi_1(y) - \dfrac{1}{n}$, $\psi_2(y) + \dfrac{1}{n} \leq x \leq b$ ならば $f_n(x,y) = 0$,

$\psi_1(y) - \dfrac{1}{n} \leq x \leq \psi_1(y)$ ならば $f_n(x,y) = n\left\{x - \psi_1(y) + \dfrac{1}{n}\right\}f(\psi_1(y), y)$,

$\psi_2(y) \leq x \leq \psi_2(y) + \dfrac{1}{n}$ ならば $f_n(x,y) = n\left\{\psi_2(y) + \dfrac{1}{n} - x\right\}f(\psi_2(y), y)$,

$\psi_1(y) \leq x \leq \psi_2(y)$ ならば $f_n(x,y) = f(x,y)$.

しかるとき, (22.3) より

$$\iint_I f_n(x,y)\,dxdy = \int_c^d dy \int_a^b f_n(x,y)\,dx$$
$$= \int_c^d dy \int_{\psi_1 - 1/n}^{\psi_2 + 1/n} f_n(x,y)\,dx$$
$$= \int_c^d dy \left\{\int_{\psi_1}^{\psi_2} f(x,y)\,dx\right.$$
$$\left. + \dfrac{1}{2n}\Big(f(\psi_1(y)) + f(\psi_2(y))\Big)\right\}.$$

図 40

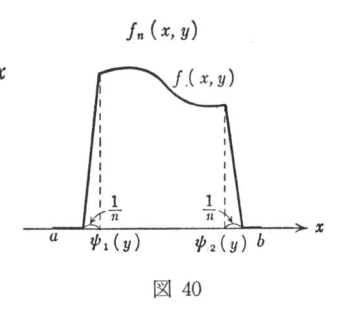

$\int_a^b f_n(x,y)\,dx$ は y について連続, $\dfrac{1}{2n}\{f(\psi_1(y)) + f(\psi_2(y))\}$ も同様, したがって, $\int_{\psi_1}^{\psi_2} f(x,y)\,dx$ もまた y について連続である. ゆえに

$$\iint_I f_n(x,y)\,dxdy = \int_c^d dy \int_{\psi_1}^{\psi_2} f(x,y)\,dx + \dfrac{1}{2n}\int_c^d \{f(\psi_1(y)) + f(\psi_2(y))\}\,dy.$$

I において $|f(x,y)| < M$ とすれば,

$$\left|\dfrac{1}{2n}\int_c^d \{f(\psi_1(y)) + f(\psi_2(y))\}\,dy\right| < \dfrac{M(d-c)}{n} \to 0 \quad (n \to \infty).$$

$$\therefore \lim_{n\to\infty} \iint_I f_n(x,y)\,dxdy = \int_c^d dy \int_{\psi_1}^{\psi_2} f(x,y)\,dx.$$

ところで, I の分割 $\varDelta$ について $f(x,y)$ および $f_n(x,y)$ について作った和

$$S(\varDelta, f) = \sum_{i,j} f(\xi_i, \eta_j)\omega_{i,j}, \quad S(\varDelta, f_n) = \sum_{i,j} f_n(\xi_i, \eta_j)\omega_{i,j}$$

を考えるに

$$|S(\varDelta, f) - S(\varDelta, f_n)| < M{\sum}'' \omega_{i,j}.$$

ここに，$\sum'''$ は $\varphi_1(y) - \dfrac{1}{n} \leq x \leq \varphi_2(y) + \dfrac{1}{n}$, $c \leq y \leq d$ と共通部分をもつ $I_{i,j}$ についての和を表わす．しかるに

$$\sum''' \omega_{i,j} \to \dfrac{2}{n}(d-c) \quad (|\varDelta| \to 0).$$

また

$$S(\varDelta, f) \to \iint_D f(x,y)\,dxdy, \quad S(\varDelta, f_n) \to \iint_I f_n(x,y)\,dxdy.$$

よって

$$\left| \iint_D f(x,y)\,dxdy - \iint_I f_n(x,y)\,dxdy \right| \leq \dfrac{2}{n} M(d-c).$$

$$\therefore \lim_{n\to\infty} \iint_I f_n(x,y)\,dxdy = \iint_D f(x,y)\,dxdy.$$

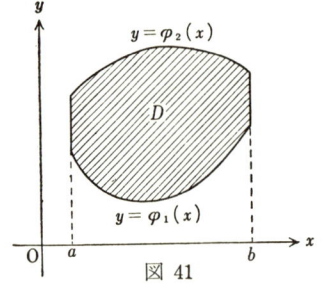

ゆえに

(22.6)
$$\iint_D f(x,y)\,dxdy = \int_c^d \left\{ \int_{\varphi_1}^{\varphi_2} f(x,y)\,dx \right\} dy.$$

同様に，D が $a \leq x \leq b$ において二曲線 $y = \varphi_1(x)$, $y = \varphi_2(x)$, $\varphi_2(x) \geq \varphi_1(x)$, の間にある閉領域である場合には

(22.7) $$\iint_D f(x,y)\,dxdy = \int_a^b \left\{ \int_{\varphi_1}^{\varphi_2} f(x,y)\,dy \right\} dx.$$

図 41

例 2. $(0,0)$, $(0,1)$, $(1,1)$ を頂点とする三角形を D とすれば，

$$\iint_D (x^2 + y^2)\,dxdy = \int_0^1 dy \int_0^y (x^2 + y^2)\,dx$$
$$= \int_0^1 \left[\dfrac{x^3}{3} + xy^2 \right]_{x=0}^{x=y} = \int_0^1 \dfrac{4}{3} y^3\,dy$$
$$= \left[\dfrac{y^4}{3} \right]_0^1 = \dfrac{1}{3}.$$

例 3. D を $x^2 + y^2 \leq a^2$, $x \geq 0$, $y \geq 0$ なる四分円とするとき，

$$\iint_D xy\,dxdy = \int_0^a \left(\int_0^{\sqrt{a^2-x^2}} y\,dy \right) x\,dx$$

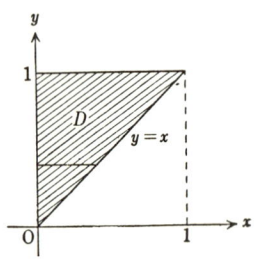

図 42

$$= \int_0^a \left[\frac{y^2}{2}\right]_0^{\sqrt{a^2-x^2}} x\,dx = \frac{1}{2}\int_0^a x(a^2-x^2)\,dx$$
$$= \left[-\frac{(a^2-x^2)^2}{8}\right]_0^a = \frac{a^4}{8}.$$

例 4. D を $y=\sqrt{2ax}$ $(a>0)$, $y=\sqrt{2ax-x^2}$, $x=2a$ で囲まれる閉領域とすると, D は $0\leqq x\leqq 2a$ で $y=\varphi_1(x)=\sqrt{2ax-x^2}$ と $y=\varphi_2(x)=\sqrt{2ax}$ との間の部分になるから,

$$\iint_D (x+y)dxdy = \int_0^{2a}\int_{\sqrt{2ax-x^2}}^{\sqrt{2ax}} (x+y)\,dy\,dx$$
$$= \int_0^{2a}\left[xy+\frac{y^2}{2}\right]_{y=\sqrt{2ax-x^2}}^{y=\sqrt{2ax}} dx$$
$$= \int_0^{2a}\left(\frac{x^2}{2}+\sqrt{2a}\,x^{3/2}-x\sqrt{2ax-x^2}\right)dx$$
$$= \left[\frac{x^3}{6}+\frac{2}{5}\sqrt{2ax^5}\right]_0^{2a} - \int_{-a}^{a} t\sqrt{a^2-t^2}\,dt$$
$$\qquad\qquad\qquad - a\int_{-a}^{a}\sqrt{a^2-t^2}\,dt$$
$$= a^3\left(\frac{68}{15}-\frac{\pi}{2}\right).$$

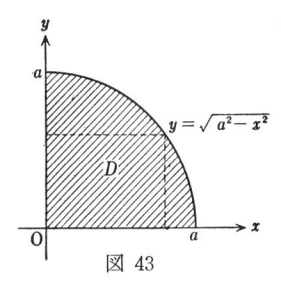

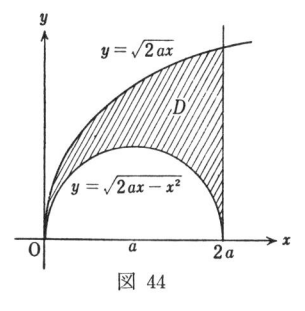

図 43

図 44

二重積分は単一積分と同様に次のような性質をもっている. 証明は単一積分のときと同じであるから省略しておく.

(22.8)
$$\iint_D \{\alpha f(x,y)+\beta g(x,y)\}dxdy$$
$$= \alpha\iint_D f(x,y)dxdy + \beta\iint_D g(x,y)dxdy \qquad (\alpha,\beta \text{ は定数}).$$

D_1, D_2 が周以外に共通点をもたぬ閉領域であるならば, D_1 と D_2 とを合併してできる閉領域を D とするとき,

(22.9) $$\iint_D f(x,y)dxdy = \iint_{D_1} f(x,y)dxdy + \iint_{D_2} f(x,y)dxdy.$$

D で $f(x,y)\leqq g(x,y)$ ならば,

(22.10) $$\iint_D f(x,y)dxdy \leqq \iint_D g(x,y)dxdy.$$

ここで, 等号は $f(x,y)\equiv g(x,y)$ なる場合に限る.

特に

(22.11) $$\iint_D f(x,y)\,dxdy \leq \iint_D |f(x,y)|\,dxdy.$$

また，D における $f(x,y)$ の最大値を M，最小値を m，D の面積を $A(D)$ とすれば，

(22.12) $$mA(D) \leq \iint_D f(x,y)\,dxdy \leq MA(D).$$

最後に，$g(x,y) \geq 0$ ならば，

(22.13) $$\iint_D f(x,y)g(x,y)\,dxdy = f(\xi,\eta)\iint_D g(x,y)\,dxdy$$

なる D の点 (ξ,η) が存在する．特に $g(x,y) \equiv 1$ とおいて

(22.14) $$\iint_D f(x,y)\,dxdy = f(\xi,\eta)A(D)$$

なる D の点 (ξ,η) が存在する．

問 1. 次に与えられた函数の，その右に与えられた閉領域 D における二重積分を求めよ：

(1) xy^2,　　　　$D: a \leq x \leq b,\ c \leq y \leq d$;
(2) $\cos(x+y)$,　　$D: a \leq x \leq b,\ c \leq y \leq d$;
(3) $\sqrt{4x^2-y^2}$,　$D: 0 \leq y \leq x \leq 1$;
(4) x^2y^2,　　　$D: x^2+y^2 \leq a^2\ (a>0)$;
(5) $x+y^2$,　　　$D: 0 \leq x \leq 2,\ 0 \leq y \leq \dfrac{1}{1+x}$.

問 2. 次の累次積分の積分の順序を交換せよ：

(1) $\displaystyle\int_0^1 dx \int_0^{x^2} f(x,y)\,dy$,　　(2) $\displaystyle\int_0^b dy \int_0^{a\sqrt{b^2-y^2}/b} f(x,y)\,dx$.

§23. 重積分

二重積分の考えは，そのまま三変数の場合に拡張される．すなわち，直交座標 x, y, z の入った三次元空間内のある閉曲面で囲まれた立体 R（曲面とその内部，二次元の場合と同様このようなものを閉領域と呼んでおく）と，この上に連続函数 $f(x,y,z)$ があるとする．

R をおおう一つの直方体 $a_1 \leq x \leq b_1$,　$a_2 \leq y \leq b_2$,　$a_3 \leq z \leq b_3$ を考えておいて，$[a_1,b_1]$, $[a_2,b_2]$, $[a_3,b_3]$ をそれぞれ m, n, l 個の区間に分割し，その分点

§23. 重積分

$$a_1 = x_0, x_1, x_2, \cdots, x_m = b_1,$$
$$a_2 = y_0, y_1, y_2, \cdots, y_n = b_2,$$
$$a_3 = z_0, z_1, z_2, \cdots, z_l = b_3$$

を通る座標面に平行な平面 $x = x_i$, $y = y_j$, $z = z_k$ によって, この直方体を mnl 個の小直方体に細分する. この分割を $\varDelta$ で表わす. 一つの小直方体 $I_{i,j,k}$: $x_{i-1} \leqq x \leqq x_i$, $y_{j-1} \leqq y \leqq y_j$, $z_{k-1} \leqq z \leqq z_k$ の体積を $\omega_{i,j,k} = (x_i - x_{i-1})(y_j - y_{j-1}) \cdot (z_k - z_{k-1})$, この上の任意の点を (ξ_i, η_j, ζ_k) とし, 和

$$S(\varDelta) = \sum_{k=1}^{l} \sum_{j=1}^{n} \sum_{i=1}^{m} f(\xi_i, \eta_j, \zeta_k) \omega_{i,j,k}$$

を作る. ただし, (ξ_i, η_j, ζ_k) が R 以外の点のときには $f(\xi_i, \eta_j, \zeta_k) = 0$ とする.

さて, $\sum'$ で R に含まれるような $I_{i,j,k}$ についての和, $\sum^*$ で R と共通点をもつような $I_{i,j,k}$ についての和を表わすものとし

$$\omega'(\varDelta) = {\sum}' \omega_{i,j,k}, \qquad \omega^*(\varDelta) = {\sum}^* \omega_{i,j,k}$$

とおく. $|\varDelta| = \max_{i,j,k}\{(x_i - x_{i-1}), (y_j - y_{j-1}), (z_k - z_{k-1})\} \to 0$ なるように m, n, $l \to \infty$ とするとき

$$\omega^*(\varDelta) - \omega'(\varDelta) \to 0$$

ならば, R の体積は確定し, これを $V(R)$ とすれば,

$$V(R) = \lim_{|\varDelta| \to 0} \omega'(\varDelta) = \lim_{|\varDelta| \to 0} \omega^*(\varDelta)$$

である.

R はこのように体積確定(**求積可能**という)の閉領域であると考えておく. この仮定のもとに $|\varDelta| \to 0$ とするとき, 上に作った和 $S(\varDelta)$ は一定値に収束することが証明される. その証明は二変数の場合と同様であるから, ここには繰り返さない. この一定の極限値のことを $f(x, y, z)$ の R における**三重積分**といい,

$$\iiint_R f(x, y, z) \, dx \, dy \, dz \left(= \lim_{|\varDelta| \to 0} S(\varDelta) \right)$$

で表わす.

特に $f(x, y, z) \equiv 1$ の場合を考えれば,

(23.1) $$\iiint_R dx\,dy\,dz = V(R)$$

である.

この三重積分を実際に計算するには，これを累次積分に直す． R を z 軸に垂直な平面で切った切口を D_z とし， D_z が $\varphi_1(z) \leq y \leq \varphi_2(z)$ において二つの曲線 $x = \psi_1(y)$, $x = \psi_2(y)$, $\psi_2(y) \geq \psi_1(y)$, で囲まれた閉領域（二次元の）である場合には[1]

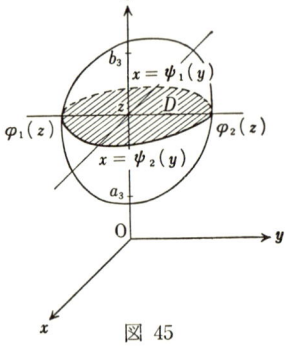

図 45

$$\iiint_R f(x, y, z)\,dx\,dy\,dz$$

(23.2)
$$= \int_{a_3}^{b_3}\left[\iint_{D_z} f(x, y, z)\,dx\,dy\right]dz$$
$$= \int_{a_3}^{b_3}\left[\int_{\varphi_1}^{\varphi_2}\left\{\int_{\psi_1}^{\psi_2} f(x, y, z)\,dx\right\}dy\right]dz$$

と累次積分で表わされる．右辺は

$$\int_{a_3}^{b_3}dz\int_{\varphi_1}^{\varphi_2}dy\int_{\psi_1}^{\psi_2} f(x, y, z)\,dx, \quad \int_{a_3}^{b_3}\int_{\varphi_1}^{\varphi_2}\int_{\psi_1}^{\psi_2} f(x, y, z)\,dx\,dy\,dz$$

などと書かれる．（証明は省略する）．

このほかに，積分の順序を変えたときの類似の公式がいろいろ得られるが，改めて書くほどのことはないであろう．特に R が $a_1 \leq x \leq b_1$, $a_2 \leq y \leq b_2$, $a_3 \leq z \leq b_3$ なる直方体であって，

$$f(x, y, z) = F(x)G(y)H(z)$$

と変数分離されるときには

(23.3) $$\iiint_R f(x, y, z)\,dx\,dy\,dz = \left(\int_{a_1}^{b_1} F(x)\,dx\right)\left(\int_{a_2}^{b_2} G(y)\,dy\right)\left(\int_{a_3}^{b_3} H(z)\,dz\right)$$

となり，簡単に積分は計算される．

例 1. $R: 2 \leq x \leq 3$, $1 \leq y \leq 2$, $2 \leq z \leq 5$ とするとき,

$$\iiint_R xy^2\,dx\,dy\,dz = \int_2^5\int_1^2\int_2^3 xy^2\,dx\,dy\,dz$$

---

[1] $\psi_1, \psi_2, \varphi_1, \varphi_2$ などはすべて各変数について連続とする．

$$= \left(\int_2^3 x\,dx\right)\left(\int_1^2 y^2\,dy\right)\left(\int_2^5 dz\right) = \frac{35}{2}.$$

例 2. R を各座標面と平面 $x+y+z=1$ とで囲む部分とするとき，

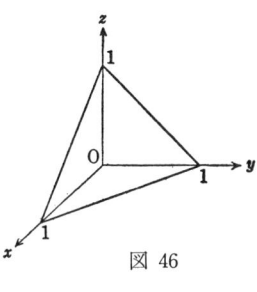

$$\begin{aligned}V(R) &= \iiint_R dx\,dy\,dz \\ &= \int_0^1 dz \iint_{x+y \leqq 1-z} dx\,dy \\ &= \int_0^1 dz \int_0^{1-z} dy \int_0^{1-z-y} dx \\ &= \int_0^1 dz \int_0^{1-z} (1-z-y)\,dy \\ &= \int_0^1 \left\{(1-z)^2 - \frac{(1-z)^2}{2}\right\} dz \\ &= \int_0^1 \frac{(1-z)^2}{2} dz = \left[-\frac{(1-z)^3}{6}\right]_0^1 = \frac{1}{6}.\end{aligned}$$

図 46

例 3.
$$\begin{aligned}\iiint_{x^2+y^2+z^2 \leqq 1} x^2\,dx\,dy\,dz &= \int_{-1}^1 \int_{-\sqrt{1-x^2}}^{\sqrt{1-x^2}} \int_{-\sqrt{1-x^2-y^2}}^{\sqrt{1-x^2-y^2}} x^2\,dz\,dy\,dx \\ &= 8\int_0^1 \int_0^{\sqrt{1-x^2}} \int_0^{\sqrt{1-x^2-y^2}} x^2\,dz\,dy\,dx = 8\int_0^1 \int_0^{\sqrt{1-x^2}} x^2\sqrt{1-x^2-y^2}\,dy\,dx \\ &= 4\int_0^1 x^2 \left[y\sqrt{1-x^2-y^2} + (1-x^2)\sin^{-1}\frac{y}{\sqrt{1-x^2}}\right]_{y=0}^{y=\sqrt{1-x^2}} dx = 2\pi \int_0^1 x^2(1-x^2)\,dx \\ &= 2\pi \left[\frac{x^3}{3} - \frac{x^5}{5}\right]_0^1 = \frac{4\pi}{15}.\end{aligned}$$

以上の考察は，変数の数をさらに増していった場合にも適用される．かくて一般に n 変数 $x_1, x_2, \cdots, x_n$ の連続函数 $f(x_1, x_2, \cdots, x_n)$ の n 次元空間内の閉領域（n 次元体積をもつ）R における **n 重積分**

$$\iint \cdots \int_R f(x_1, x_2, \cdots, x_n)\,dx_1\,dx_2 \cdots dx_n$$

が定義され，さらに，これを累次積分で表わす公式も同様にして得られる．特に $f(x_1, x_2, \cdots, x_n) \equiv 1$ ととった場合

(23.4) $$\iint \cdots \int_R dx_1\,dx_2 \cdots dx_n = R \text{ の } n \text{ 次元体積}$$

となる．

二重積分，三重積分，$\cdots$，n 重積分，$\cdots$，これらを総称して**重積分**（または**多重積分**）という．

例 4. n 次元球の体積の計算．

$x_1^2+x_2^2+\cdots+x_n^2\leqq a^2 \ (a>0)$ を満たす点 $(x_1, x_2, \cdots, x_n)$ の集合が半径 a の n 次元球であるから,その体積は

$$S_n(a)=\iint\cdots\int_{x_1^2+x_2^2+\cdots+x_n^2\leqq a^2}dx_1dx_2\cdots dx_n$$

によって与えられる.いま,半径 1 の n 次元球の体積 $S_n(1)$ を簡単に S_n と書くことにすれば,

$$S_n=\iint\cdots\int_{x_1^2+x_2^2+\cdots+x_n^2\leqq 1}dx_1dx_2\cdots dx_n=\frac{S_n(a)}{a^n}$$

となるから,[1] S_n を求めればよい.ところで

$$S_n=\int_{-1}^1 dx_n\int\cdots\int_{x_1^2+x_2^2+\cdots+x_{n-1}^2\leqq 1-x_n^2}dx_1dx_2\cdots dx_{n-1}=\int_{-1}^1 S_{n-1}(\sqrt{1-x_n^2})dx_n$$

$$=\int_{-1}^1 (1-x_n^2)^{(n-1)/2}S_{n-1}dx_n=S_{n-1}\int_{-1}^1 (1-t^2)^{(n-1)/2}dt$$

$$=2S_{n-1}\int_0^{\pi/2}\cos^n\theta\, d\theta.$$

§11,例 4 の結果により

$$S_{2m+1}=\frac{2^{2m+1}(m!)^2}{(2m+1)!}S_{2m}, \quad S_{2m}=\frac{(2m)!\pi}{2^{2m}(m!)^2}S_{2m-1}.$$

$$\therefore\quad S_{2m+1}=\frac{2\pi}{2m+1}S_{2m-1}, \quad S_{2m}=\frac{\pi}{m}S_{2m-2}.$$

しかるに,$S_1=2$($-1\leqq x\leqq 1$ なる区間の長さ),$S_2=\pi$(半径 1 の円の面積)であるから.

$n=2m+1$ のとき

$$S_n=S_{2m+1}=\frac{2\pi}{2m+1}\cdot\frac{2\pi}{2m-1}\cdots\frac{2\pi}{3}\cdot S_1$$

$$=\frac{\pi^{n/2}}{\frac{n}{2}\cdot\frac{n-2}{2}\cdots\frac{3}{2}\cdot\frac{1}{2}\sqrt{\pi}}=\frac{\pi^{n/2}}{\Gamma\left(\frac{n}{2}+1\right)}.$$

$n=2m$ のとき

$$S_n=S_{2m}=\frac{\pi}{m}\cdot\frac{\pi}{m-1}\cdots\frac{\pi}{2}S_2$$

$$=\frac{\pi^{n/2}}{\frac{n}{2}\cdot\frac{n-2}{2}\cdots\frac{2}{2}}=\frac{\pi^{n/2}}{\Gamma\left(\frac{n}{2}+1\right)}.$$

けっきょく,任意の n について

$$S_n=\frac{\pi^{n/2}}{\Gamma\left(\frac{n}{2}+1\right)}. \quad\therefore\quad S_n(a)=\frac{(a\sqrt{\pi})^n}{\Gamma\left(\frac{n}{2}+1\right)}.$$

---

[1] 定義にさかのぼって,S_n と $S_n(a)$ を計算するとき,積分の定義における分割網目の比を $1:a$ にとって考えれば,微小体積の比は $1:a^n$ となるから,この総和の極限における比も $1:a^n$ となる.

問 1. 次の累次積分を求めよ：

(1) $\int_b^a \int_0^b \int_a^{2a} x^2 y^2 z \, dz\, dy\, dx$,

(2) $\int_0^1 \int_{y^2}^1 \int_0^{1-x} x \, dz\, dy\, dx$.

問 2. 次に与えられた函数の，その右に与えられた閉領域 R における三重積分を求めよ：

(1) $x+y+z$, 　　　$R: 0 \leqq x \leqq a,\ 0 \leqq y \leqq b,\ 0 \leqq z \leqq c$;

(2) $x^3 y^2 z$, 　　　$R: a \geqq x \geqq y \geqq z \geqq 0$;

(3) $\dfrac{1}{(x+y+z+1)^3}$, $R: x, y, z \geqq 0,\ x+y+z \leqq 1$.

§24. 積分変数の変換

まず，二重積分について考えよう．いままでの積分の定義において，積分区域 D の分割は座標軸に平行な直線群によるものであったが，これをもっと一般な曲線群による分割に変え，それから同様な近似和を作り，その極限を考えていった場合どうなるかを考えてみる．

平面をある曲線群によって分割し（この分割を Λ で表わす），その一つの小区域 $J_{i,j}$ の面積を $\delta_{i,j}$（もちろん，この面積はすべて確定するものと仮定），$J_{i,j}$ 上に任意の点 (ξ_i, η_j) をとり，和

$$S(\Lambda) = \sum_{i,j} f(\xi_i, \eta_j) \delta_{i,j}$$

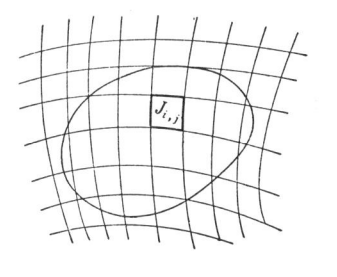

図 47

を作る．ここに，$f(x, y)$ は閉領域 D 上の連続函数とするが，もし (ξ_i, η_j) が D 以外の点ならば $f(\xi_i, \eta_j) = 0$ とする．したがって上の和においては，$J_{i,j}$ が D と共通点をもつような i, j についての和だけが考えられるに過ぎない．

いまもし，$J_{i,j}$ の直径（$J_{i,j}$ をおおう最小円の直径；この直径の最大値を $\|\Lambda\|$ で表わす）が 0 に収束するように，この分割を密にしていくならば（記号で $\|\Lambda\| \to 0$），$S(\Lambda)$ は常に一定値に収束し，しかもその極限値は

$$\iint_D f(x,y)\,dxdy$$

であることが証明せられる．この結果によれば，二重積分の定義における積分区域 D の分割方法は全く自由であることがわかる．

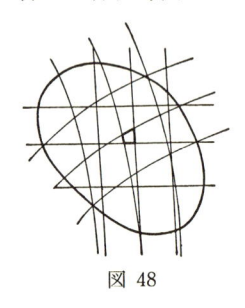

$S(\varLambda)$ の収束の証明は次のようにすればよい．座標軸に平行な直線群による分割 $\varDelta$ と，それから作った和 $S(\varDelta)$，さらに本節における分割 $\varLambda$ と，それから作った和 $S(\varLambda)$ の関係を調べるため，$\varDelta$ と $\varLambda$ との分割をあわせてさらに細かい分割 $\varLambda'$ を作り，それから同様な和 $S(\varLambda')$ を作る．§22 における $S(\varDelta)$ の収束の証明のところと同じような議論によれば，次のことを証明することができる：任意に与えた正数 ε に対し正数 δ を適当にとり，$\varLambda$ と $\varDelta$ の分割における小区域の最大直径が δ より小ならば，

$$|S(\varLambda')-S(\varDelta)|<\varepsilon\{A(D)+M\},$$
$$|S(\varLambda')-S(\varLambda)|<\varepsilon\{A(D)+M\}.$$

したがって

$$|S(\varDelta)-S(\varLambda)|<2\varepsilon\{A(D)+M\} \quad (\|\varDelta\|<\delta, \|\varLambda\|<\delta)$$

ならしめることができる．ここに $|f|<M$ であり，$A(D)$ は D の面積を表わす．

ε は任意であったから，この不等式より直ちに

(24.1) $\qquad S(\varLambda) \to \iint_D f(x,y)\,dxdy \quad (\|\varLambda\|\to 0)$

を得る．

この特別の場合として，分割に用いる曲線群を極座標を用いて $r=r_i$ ($i=0,1,2,\cdots,r_{i-1}<r_i,r_0=0$), $\theta=\theta_j$ ($j=0,1,2,\cdots,n,\theta_{j-1}<\theta_j,\theta_0=0,\theta_n=2\pi$) なる曲線群にとったとする．この分割によって得られる小区域 $J_{i,j}:r_{i-1}\leqq r\leqq r_i$, $\theta_{j-1}\leqq\theta\leqq\theta_j$ の面積は

$$\delta_{i,j}=\rho_{i(j)}\varDelta r_i \varDelta\theta_j.$$

ただし $\varDelta r_i=r_i-r_{i-1}$, $\varDelta\theta_j=\theta_j-\theta_{j-1}$ で，$\rho_{i(j)}$ は $r_{i-1}<\rho_{i(j)}<r_i$ なる適当な

§24. 積分変数の変換

値である．したがって

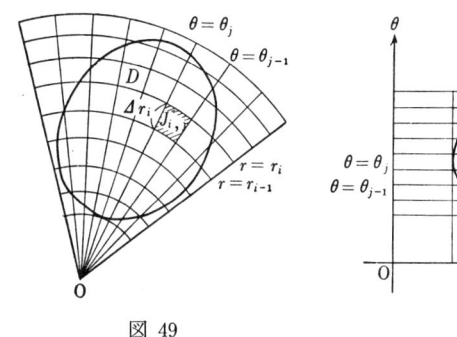

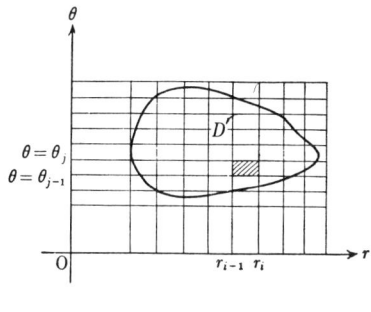

$$f(x, y) = f(r\cos\theta, \ r\sin\theta) = F(r, \theta)$$

図 49　　　　図 50

とおくとき，$J_{i,j}$ 上の点として $(\rho_{i(j)}, \theta_j)$ をとることにすれば $\max_i \Delta r_i \to 0$, $\max_j \Delta \theta_j \to 0$ なるように分割を密にしていった極限において

$$\sum_{i,j} F(\rho_{i(j)}, \theta_j)\rho_{i(j)} \Delta r_i \Delta \theta_j \to \iint_D f(x, y)\,dx\,dy.$$

左辺の極限は横座標に r，縦座標に θ をとった (r, θ) 平面上の一つの閉領域 D' における関数 $F(r, \theta)r$ の二重積分にほかならない．ゆえに

(24.2) $$\iint_D f(x, y)\,dx\,dy = \iint_{D'} F(r, \theta) r\,dr\,d\theta$$
$$= \iint_{D'} f(r\cos\theta, r\sin\theta) r\,dr\,d\theta$$

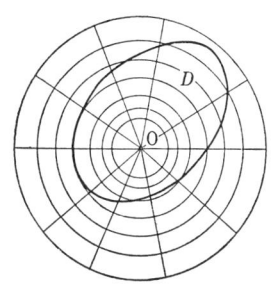

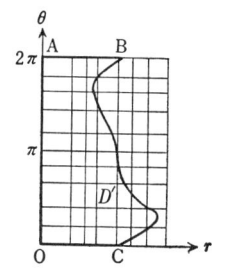

図 51

という関係式を得る．この式における D' をはっきりと規定すれば次のようになる：D' は変換 $x=r\cos\theta,\ y=r\sin\theta$ $(0\leqq\theta\leqq 2\pi)$ による D の像であって，D が正の実軸上の部分を含む図 51 のようなときには，この部分は D' では二つの部分 AB, OC が対応し，また D が原点 O を含んでいるときには，図 51 のように O には D' において線分 OA が対応するようになる．

上に示したように，二重積分の定義において細分された個々の小区域は，その直径がだんだんと小さくなるようなものであればよく，特にその形に制限はないのであるから，このような微小部分の面積を単に $d\omega$（面積要素という）で表わし，被積分函数も変数を略し単に f とし，二重積分を

$$\iint_D f d\omega$$

と略記することがある．$d\omega=dxdy$, $d\omega=rdrd\theta$ と考えて (24.2) の二つの積分形式を

$$\iint_D f dxdy, \qquad \iint_D fr\, drd\theta$$

と書いてもよい．前に極座標による二重積分の積分域を D' に変えたのは，積分を二変数 r,θ について定義にしたがって求めた二重積分と考えたからであるが，微小面積の計量法として $rdrd\theta$ の形のものをとったと考えれば，積分区域は D のままでもよいわけである．

さて，x,y に関する二重積分を r,θ に関する二重積分に変換した上の結果も，積分変数変換に関する次の一般的な定理の特殊な場合に過ぎない．

定理 24.1. (x,y) 平面上の閉領域 D と (u,v) 平面上の閉領域 D' とが，変換

$$x=x(u,v), \qquad y=y(u,v)$$

によって一対一連続に対応しているとき，

$$(24.3) \qquad \iint_D f(x,y)\,dxdy = \iint_{D'} f(x(u,v), y(u,v))|J(u,v)|\,dudv$$

が成り立つ．ここに

$$J(u,v) = \begin{vmatrix} \dfrac{\partial x}{\partial u} & \dfrac{\partial x}{\partial v} \\ \dfrac{\partial y}{\partial u} & \dfrac{\partial y}{\partial v} \end{vmatrix}$$

であって，$f(x,y)$ は D，$\dfrac{\partial x}{\partial u}, \dfrac{\partial x}{\partial v}, \dfrac{\partial y}{\partial u}, \dfrac{\partial y}{\partial v}$ は D' で連続なものとする。[1]

この定理の証明は少し長くなるので後まわしにして先へ進む。

前述の場合は $x=r\cos\theta$，$y=r\sin\theta$ だから $u=r$，$v=\theta$ で

$$J(r,\theta) = \begin{vmatrix} \cos\theta & -r\sin\theta \\ \sin\theta & r\cos\theta \end{vmatrix} = r$$

となっているから確かに (24.2) が成立している。しかし，図49のような場合には定理の条件が完全に満たされているから問題はないが，図51のような場合には D, D' が一対一に対応していないから（境界が一対一になっていない）(24.2) が成り立つとはいえないのであるが，その変換式が結果として正しいことは前述の考察がそれを示している。

例 1. D を $x^2+y^2 \leq a^2\ (a>0)$，$x \geq 0$，$y \geq 0$ なる四分円とするとき，

$$\iint_D x\,dx\,dy = \iint_{D'} r^2\cos\theta\, dr\,d\theta = \int_0^a r^2 dr \int_0^{\pi/2} \cos\theta\, d\theta = \frac{a^3}{3}.$$

図 52

図 53

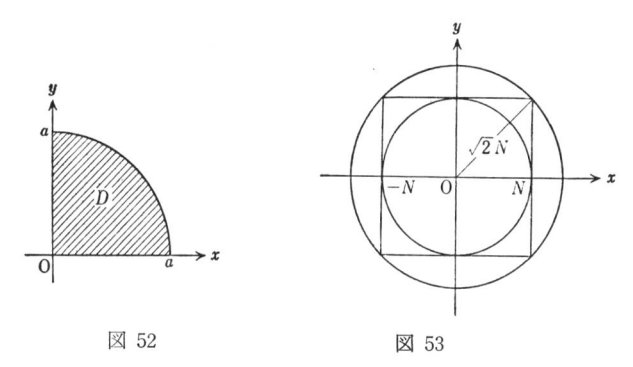

例 2. $\displaystyle\int_0^\infty e^{-x^2}dx = \dfrac{\sqrt{\pi}}{2}$ はすでに計算ずみであるが，二重積分計算の一例として，ここでふたたびとりあげてみる。

$$\left(\int_0^N e^{-x^2}dx\right)^2 = \int_0^N e^{-x^2}dx \int_0^N e^{-y^2}dy$$

---

[1] D, D' が一対一連続に対応するための条件は J の符号が一定であること。このとき境界は境界に，内部は内部に対応する。この J はヤコビアン，函数行列式などとして知られている。微分学（本講座第5巻）§45 参照。

$$= \iint_{0 \leq x, y \leq N} e^{-(x^2+y^2)} dxdy = \frac{1}{4} \iint_{|x|,|y| \leq N} e^{-(x^2+y^2)} dxdy.$$

この値を $I(N)$ とおけば,

$$\frac{1}{4} \iint_{x^2+y^2 \leq N^2} e^{-(x^2+y^2)} dxdy < I(N) < \frac{1}{4} \iint_{x^2+y^2 \leq 2N^2} e^{-(x^2+y^2)} dxdy.$$

しかるに

$$\iint_{x^2+y^2 \leq M^2} e^{-(x^2+y^2)} dxdy = \iint_{r \leq M} e^{-r^2} r dr d\theta = \int_0^{2\pi} d\theta \int_0^M r e^{-r^2} dr$$

$$= 2\pi \left[-\frac{e^{-r^2}}{2} \right]_0^M = \pi(1-e^{-M^2}).$$

$$\therefore \quad \frac{\pi}{4}(1-e^{-N^2}) < I(N) < \frac{\pi}{4}(1-e^{-2N^2}).$$

$$I(N) = \left(\int_0^N e^{-x^2} dx \right)^2 \to \frac{\pi}{4} \quad (N \to \infty).$$

$$\therefore \quad \int_0^\infty e^{-x^2} dx = \frac{\sqrt{\pi}}{2}.$$

例 3. D を $(1,0), (0,1), (-1,0), (0,-1)$ を頂点とする正方形とするとき,

$$\iint_D (x+y)^2 e^{x-y} dxdy$$

を求めるため

$$x+y=u, \quad x-y=v$$

とおけば, $x=(u+v)/2$, $y=(u-v)/2$ で D は D': $-1 \leq u \leq 1$, $-1 \leq v \leq 1$ に一対一連続に移る.
しかも

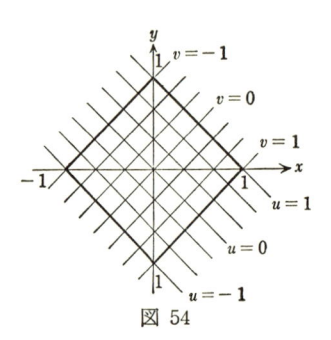

$$J(u,v) = \begin{vmatrix} \frac{1}{2} & \frac{1}{2} \\ \frac{1}{2} & -\frac{1}{2} \end{vmatrix} = -\frac{1}{2}.$$

図 54

$$\therefore \quad \iint_D (x+y)^2 e^{x-y} dxdy = \frac{1}{2} \iint_{D'} u^2 e^v dudv$$

$$= \frac{1}{2} \int_{-1}^1 u^2 du \int_{-1}^1 e^v dv = \frac{e-e^{-1}}{3}.$$

以上の考察は, もちろん三重積分にも適用される. (x, y, z) を極座標 (r, θ, φ) に変換したとき, $f(x, y, z) = F(r, \theta, \varphi)$ とすれば,

(24.4) $$\iiint_R f(x, y, z) dxdydz = \iiint_{R'} F(r, \theta, \varphi) r^2 \sin\theta \, dr d\theta d\varphi.$$

R' は R に対応する (r, θ, φ) 空間内の閉領域である．

この結果は定理 24.1 に対応する次の定理の特別の場合である．

定理 24.2. 閉領域 R, R' が変換
$$x=x(u,v,w), y=y(u,v,w), z=z(u,v,w)$$
によって互に一対一連続に対応しているとき，

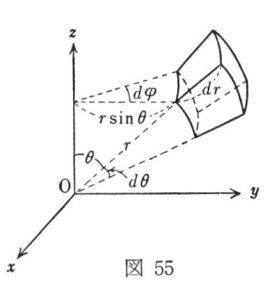

(24.5) $\iiint_R f(x,y,z)\,dxdydz = \iiint_{R'} F(u,v,w)|J(u,v,w)|\,dudvdw$

が成り立つ．ここに
$$F(u,v,w) = f(x(u,v,w), y(u,v,w), z(u,v,w)),$$

$$J(u,v,w) = \begin{vmatrix} \dfrac{\partial x}{\partial u} & \dfrac{\partial x}{\partial v} & \dfrac{\partial x}{\partial w} \\ \dfrac{\partial y}{\partial u} & \dfrac{\partial y}{\partial v} & \dfrac{\partial y}{\partial w} \\ \dfrac{\partial z}{\partial u} & \dfrac{\partial z}{\partial v} & \dfrac{\partial z}{\partial w} \end{vmatrix}$$

であって，$f(x,y,z)$ は R において連続，x, y, z の u, v, w に関する偏導函数はすべて R' において連続であると仮定する．

特に $x=r\sin\theta\cos\varphi,\ y=r\sin\theta\sin\varphi,\ z=r\cos\theta$ ととれば

$$J(r,\theta,\varphi) = \begin{vmatrix} \sin\theta\cos\varphi & r\cos\theta\cos\varphi & -r\sin\theta\sin\varphi \\ \sin\theta\sin\varphi & r\cos\theta\sin\varphi & r\sin\theta\cos\varphi \\ \cos\theta & -r\sin\theta & 0 \end{vmatrix} = r^2\sin\theta$$

となるから，$u=r, v=\theta, w=\varphi$ と考えて (24.5) は (24.4) となる．

例 4. R を $x^2+y^2+z^2 \leq a^2\ (a>0)$ なる球とするとき，

(1) $\iiint_R dxdydz = \iiint_{r \leq a} r^2\sin\theta\,drd\theta d\varphi = \int_0^a r^2 dr \int_0^\pi \sin\theta\,d\theta \int_0^{2\pi} d\varphi$
$$= \frac{4}{3}a^3\pi.$$

これは半径 a の球の体積を表わす．

(2) $\iiint_R x^2 dxdydz = \iiint_{r \leq a} r^4\sin^3\theta\cos^2\varphi\,drd\theta d\varphi$

図 55

$$= \int_0^a r^4\,dr \int_0^\pi \sin^3\theta\,d\theta \int_0^{2\pi} \cos^2\varphi\,d\varphi = \frac{4}{15}a^5\pi.$$

同様な例は §23, 例3 で計算したが，ここで述べた計算の方が簡単である．

例 5. 一様な球 R の重力ポテンシャルの球外部における値を計算してみよう．球の中心は原点，半径を a, 密度を μ(定数), 引力定数を 1 としておけばポテンシャルは

$$U(x,y,z) = \mu \iiint_R \frac{d\xi\,d\eta\,d\zeta}{\sqrt{(x-\xi)^2+(y-\eta)^2+(z-\zeta)^2}}$$

であるが，ここで $\rho = \sqrt{x^2+y^2+z^2}$ とおけば

$$U(x,y,z) = U(0,0,\rho)$$

となるから，この値を計算すればよい．

(ξ,η,ζ) を極座標で表わし (r,θ,φ) とすれば，

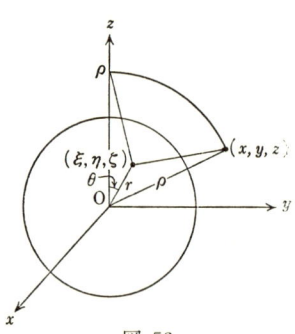

図 56

$$U(0,0,\rho) = \mu \int_0^{2\pi}\!\!\int_0^\pi\!\!\int_0^a \frac{r^2\sin\theta\,dr\,d\theta\,d\varphi}{\sqrt{r^2+\rho^2-2r\rho\cos\theta}}$$

$$= 2\mu\pi \int_0^a \frac{r}{\rho}\left[\sqrt{r^2+\rho^2-2r\rho\cos\theta}\right]_0^\pi dr = 2\mu\pi \int_0^a \frac{r}{\rho}\{(\rho+r)-(\rho-r)\}dr$$

$$= \frac{4\mu\pi}{\rho}\int_0^a r^2\,dr = \frac{4\mu\pi a^3}{3\rho} = \frac{M}{\rho} \quad (\rho>a).$$

$$\therefore\quad U(x,y,z) = \frac{M}{\sqrt{x^2+y^2+z^2}} \quad (\sqrt{x^2+y^2+z^2}>a).$$

ただし，M は球の全質量である．これはちょうど全質量が球の中心に集中したと考えたときのポテンシャルの値に等しい．

最後に，定理 24.1 の証明を与えておく．D' を座標軸に平行な直線で一辺 $2h$ の小正方形網に分割し，その一つを $\omega' = \square\alpha'\beta'\gamma'\delta'$ とする．この正方形が与えられた変換で移る D 内の曲線弧四角形 ω の頂点を順に $\alpha,\beta,\gamma,\delta$ とする．

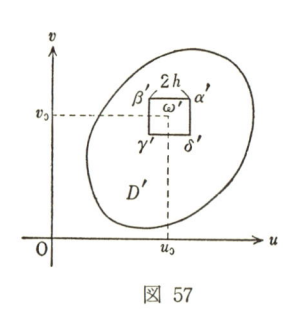

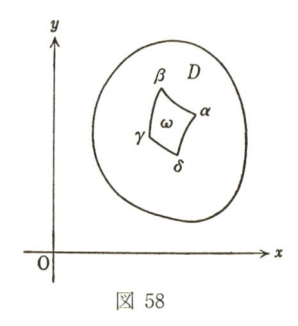

図 57　　図 58

§24. 積分変数の変換

ω' の中心を (u_0, v_0) とすれば，(u, v) が ω' の周を動くとき，すなわち，
$$(u, v) = (u_0 \pm h, v_0 + t)$$
または
$$(u, v) = (u_0 + t, v_0 \pm h)$$
であるとき（ただし $-h \leqq t \leqq h$），
$$x = x(u_0 \pm h, v_0 + t)$$
$$= x(u_0, v_0) + \{x(u_0 \pm h, v_0 + t) - x(u_0, v_0 + t)\} + \{x(u_0, v_0 + t) - x(u_0, v_0)\}$$
$$= x(u_0, v_0) \pm h x_u(u_0 \pm \theta_1 h, v_0 + t) + t x_v(u_0, v_0 + \theta_2 t)$$
$$(0 < \theta_1 < 1, \ 0 < \theta_2 < 1).$$

$x_u = \dfrac{\partial x}{\partial u}$, $x_v = \dfrac{\partial x}{\partial v}$ は D' で連続，したがって一様連続となるから，任意に与えた正数 ε に対し適当に正数 λ をとれば，$|u - u'| < \lambda$, $|v - v'| < \lambda$ なる限り
$$\left| x_u(u, v) - x_u(u', v') \right| < \frac{\varepsilon}{2}, \quad \left| x_v(u, v) - x_v(u', v') \right| < \frac{\varepsilon}{2}$$
ならしめることができる．あらかじめ $h < \lambda$ なるように h を選んでおけば，
$$x = x(u_0, v_0) \pm h x_u(u_0, v_0) + t x_v(u_0, v_0) + \varepsilon_1,$$
ここに
$$|\varepsilon_1| < \varepsilon h.$$

同様に
$$x(u_0 + t, v_0 \pm h) = x(u_0, v_0) + t x_u(u_0, v_0) \pm h x_v(u_0, v_0) + \varepsilon_2,$$
$$y(u_0 \pm h, v_0 + t) = y(u_0, v_0) \pm h y_u(u_0, v_0) + t y_v(u_0, v_0) + \eta_1,$$
$$y(u_0 + t, v_0 \pm h) = y(u_0, v_0) + t y_u(u_0, v_0) \pm h y_v(u_0, v_0) + \eta_2,$$
$$|\varepsilon_2| < \varepsilon h, \quad |\eta_1| < \varepsilon h, \quad |\eta_2| < \varepsilon h$$
とできる．

$x(u_0, v_0), y(u_0, v_0), x_u(u_0, v_0), \cdots$ などを簡単に $x, y, x_u, \cdots$ と書くことにして
$$\alpha^* = (x + h x_u + h x_v, \ y + h y_u + h y_v),$$
$$\beta^* = (x - h x_u + h x_v, \ y - h y_u + h y_v),$$
$$\gamma^* = (x - h x_u - h x_v, \ y - h y_u - h y_v),$$
$$\delta^* = (x + h x_u - h x_v, \ y + h y_u - h y_v)$$
を頂点とする平行四辺形 $\alpha^* \beta^* \gamma^* \delta^*$（これを ω^* で表わす）の面積は

$$4h^2\begin{vmatrix} x_u & x_v \\ y_u & y_v \end{vmatrix} = 4h^2 J(u_0, v_0)$$

の絶対値である. ところで, ω^* の周に中心をもたして半径 εh の円を描いていけば, ω^* の周の長さが

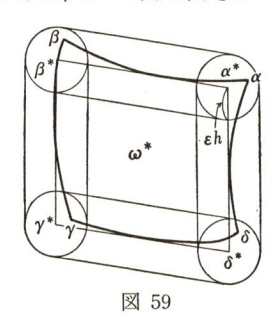

$$4h(\sqrt{x_u^2+y_u^2}+\sqrt{x_v^2+y_v^2})$$

であるから, この円のおおう部分の面積は

$$8\varepsilon h^2(\sqrt{x_u^2+y_u^2}+\sqrt{x_v^2+y_v^2})$$

を越えない.

$\sqrt{x_u^2+y_u^2}+\sqrt{x_v^2+y_v^2}$ は (u_0, v_0) を変数と考えて D' で連続だから, ここで有界である. よって, この値が一定数 M を越えないとすれば, 上

図 59

の面積は $8\varepsilon h^2 M$ を越えない. この円の描く部分内に ω の周が完全に含まれているから, ω の面積を同じ記号で表わすことにすれば,

$$|\omega - 4h^2|J|| < 8\varepsilon h^2 M.$$

さて, D' を上述のような正方形 $\omega_{i,j}'$ に分割し, その中心を (u_i, v_j) とすれば,

$$\sum_{i,j} f(x(u_i, v_j), y(u_i, v_j))|J(u_i, v_j)| \cdot 4h^2$$
$$\to \iint_{D'} f(x(u,v), y(u,v))|J(u,v)|dudv \quad (h\to 0).$$

ここで, $\displaystyle\sum_{i,j}$ は D' に含まれるような $\omega_{i,j}'$ についての和とする.

他方, $\omega_{i,j}'$ に対して D 内に作られる曲線弧四辺形の面積を $\omega_{i,j}$ とすれば,

$$\sum_{i,j} f(x_i, y_j)\omega_{i,j} \to \iint_D f(x,y)dxdy \quad (h\to 0).$$

ただし $x_i = x(u_i, v_j), y_j = y(u_i, v_j)$ とする.

しかるに

$$|\omega_{i,j} - 4h^2|J(u_i, v_j)|| < 8\varepsilon h^2 M$$

だから, $K = \max_D |f(x,y)|$ とすれば,

$$\left|\sum_{i,j} f(x_i, y_j)|J(u_i, v_j)|4h^2 - \sum_{i,j} f(x_i, y_j)\omega_{i,j}\right| < 8\varepsilon MK \sum_{i,j} h^2.$$

$\sum_{i,j} h^2$ は D' の面積 $A(D')$ を越えないから，$h\to 0$ とした極限において

$$\left|\iint_{D'} f(x(u,v), y(u,v))|J(u,v)|dudv - \iint_D f(x,y)dxdy\right| \leqq 8\varepsilon MKA(D').$$

ε はいくらでも小さく選べるのであるから，

$$\iint_D f(x,y)dxdy = \iint_{D'} f(x(u,v), y(u,v))|J(u,v)|dudv$$

を得，これで定理は証明されたことになる．

問 1.
$$\iint_{x^2/a^2+y^2/b^2 \leqq 1} f(x,y)dxdy = ab\iint_{x^2+y^2 \leqq 1} f(ax, by)dxdy$$
を証明し，この結果を利用して
$$\iint_{x^2/a^2+y^2/b^2 \leqq 1}(x^2+y^2)dxdy$$
の値を求めよ（ただし $a, b > 0$ とする）．

問 2. 次に与えられた函数の，その右に与えられた閉領域における重積分を求めよ：
(1) $x^2 y^2$; $x^2 + y^2 \leqq 1$,
(2) $\dfrac{1}{(x^2+y^2)^{n/2}}$; $0 < r_1 \leqq \sqrt{x^2+y^2} \leqq r_2$,
(3) $(x+y)\sin(x-y)$; $0 \leqq x+y \leqq \pi,\ 0 \leqq x-y \leqq \pi$,
(4) x^2; $\dfrac{x^2}{a^2} + \dfrac{y^2}{b^2} + \dfrac{z^2}{c^2} \leqq 1\ (a, b, c > 0)$.

§25. 重積分の定義の拡張

前節まで，二重積分は閉領域 D（面積確定）において連続な函数 $f(x,y)$ に対してのみ考えてきた．しかし，単一積分の場合と同じように，その定義を必ずしもいたるところ連続でない函数にまで拡張する必要がおこってくる．この問題をこの節で考えるのであるが，その前に今までに考えてきた二重積分が，次のような性質をもっていることを証明しておこう．

$f(x,y)$ を D において連続な函数とする．D の境界を C，D の内部にある面積 0 の曲線を Γ（単一な閉じていない曲線とし，特に一点となる場合も含めて考える）とし，D 上にあって C に近づく閉曲線 C_n，Γ を囲みながら Γ に近づ

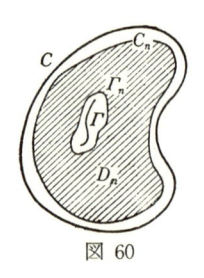

く閉曲線 Γ_n を作り，C_n と Γ_n とで囲む閉領域を D_n とすれば，[1]

(25.1) $$\iint_D f(x,y)\,dxdy = \lim_{n\to\infty} \iint_{D_n} f(x,y)\,dxdy.$$

図 60

これを証明しよう．C と C_n で囲む閉領域を $D_n{}'$，Γ_n が囲む閉領域を $D_n{}''$ とすれば，これらはともに求積可能であるから，(22.9) により

$$\iint_D f(x,y)\,dxdy = \iint_{D_n} f(x,y)\,dxdy$$
$$+ \iint_{D_n{}'} f(x,y)\,dxdy + \iint_{D_n{}''} f(x,y)\,dxdy.$$

しかるに，D において $|f(x,y)| \leq K$ とすれば C, Γ の面積が 0 であることから

$$\left|\iint_{D_n{}'} f(x,y)\,dxdy\right| \leq KA(D_n{}') \to 0 \quad (n\to\infty),$$

$$\left|\iint_{D_n{}''} f(x,y)\,dxdy\right| \leq KA(D_n{}'') \to 0 \quad (n\to\infty).$$

ただし $A(D_n{}'), A(D_n{}'')$ は $D_n{}', D_n{}''$ の面積を表わす.

$$\therefore \quad \iint_{D_n{}'} f(x,y)\,dxdy + \iint_{D_n{}''} f(x,y)\,dxdy \to 0.$$

よって

$$\iint_{D_n} f(x,y)\,dxdy \to \iint_D f(x,y)\,dxdy \quad (n\to\infty)$$

となり，(25.1) が成り立つ.

この性質が二重積分の定義の拡張の基本をなす．すなわち，$f(x,y)$ は閉領域 D において，その境界 C (または，その一部)，あるいは，その内部における上述のような曲線 Γ を除いて連続な函数とする (C や Γ では定義されていてもいなくてもどちらでもよい)．D_n を，$f(x,y)$ がそこで連続であるように選ぶとき

---

[1] C_n が C に近づくとは，C を基本図形のある集合でおおったとき，十分大きいすべての n について，C_n がこれに含まれることを意味する．C_n, Γ_n はもちろん面積 0 のものとするから，D_n は求積可能であり，かつ，D_n の面積→D の面積となる．

$$\lim_{n\to\infty} \iint_{D_n} f(x,y)\,dxdy$$

が $\{D_n\}$ の選び方に無関係な一定値として常に存在するならば，この値をもって D における $f(x,y)$ の二重積分と定義し

$$\iint_D f(x,y)\,dxdy$$

で表わし，$f(x,y)$ は D において**積分可能**であるという．また，このとき積分 $\iint_D f(x,y)\,dxdy$ は**存在する**，または，**収束する**という．[1] これが二重積分の定義の拡張であって，(25.1) が成立する以上，極めて自然な拡張といえるであろう．単一積分の場合同様，これを**広義の二重積分**ということがある．

注意． $f(x,y)$ が閉領域 D から，その境界 C および Γ を除いた領域 (D) において定義され，かつ，そこで連続であるとき，$\iint_D f(x,y)\,dxdy$ は，f の D における二重積分というよりむしろ領域 (D) における f の二重積分

$$\iint_{(D)} f(x,y)\,dxdy$$

とした方が適切であり，また，このようにとっている書物もあるが，本書では便宜上重積分の積分区域は閉領域で表わすことに統一した．

任意の $f(x,y)$ に対し，上のように拡張定義した二重積分は常に存在するとは限らないが，どのような条件があれば，これが存在するか．まず，第一にいえることは，

定理 25.1. $f(x,y)$ が D から C(または，その一部)あるいは Γ を除いたところで有界連続ならば，$\iint_D f(x,y)\,dxdy$ は存在する．

証明． $|f(x,y)| \leq K$ とし，前述のように $\{D_n\}$ をとり

$$a_n = \iint_{D_n} f(x,y)\,dxdy$$

とおく．

いま，C に近く D の内部に閉曲線 C'，Γ を囲んで Γ に近く閉曲線 Γ' をとり，C と C' の囲む閉領域を $D(C,C')$，Γ' が囲む閉領域を $D(\Gamma')$ とすると

---

1) 反対の場合存在しない，または，発散するという．

き，任意に与えた正数 ε に対し，これらの面積をこの ε より小さくできる．そうすると，十分大きいすべての m, n に対し C_m, C_n は $D(C, C')$ 上に，Γ_m, Γ_n は $D(\Gamma')$ 内にあるようになる．このとき，C' と Γ' が囲む閉領域を D' とすると，

$$\left| a_m - \iint_{D'} f(x, y) dx dy \right| \leq K\{A(D(C, C')) + A(D(\Gamma'))\} \leq 2K\varepsilon.$$

同様に
$$\left| a_n - \iint_{D'} f(x, y) dx dy \right| \leq 2K\varepsilon.$$

$$\therefore \ |a_m - a_n| \leq 4K\varepsilon.$$

したがって $\{a_n\}$ は収束する．

次に，他の近似閉領域の系列 $\{R_n\}$ をとるとき，$E_{2n-1} = D_n, E_{2n} = R_n$ とし $\{E_n\}$ を考え，これに前の議論を適用すれば，

$$\iint_{E_n} f(x, y) dx dy$$

は収束する．したがって，部分列の極限 $\lim_{n \to \infty} \iint_{R_n} f(x, y) dx dy$ は存在し，それは $\lim_{n \to \infty} \iint_{D_n} f(x, y) dx dy$ に等しい．このことは $\lim_{n \to \infty} \iint_{D_n} f(x, y) dx dy$ が $\{D_n\}$ の選び方には無関係であることを示している．ゆえに $\iint_D f(x, y) dx dy$ は存在する．

例 1． $\sin \dfrac{1}{xy}$ なる函数を $D(0 \leq x \leq 1, 0 \leq y \leq 1)$ で考えると $x=0$ や $y=0$ なる周の一部では定義されていないが，他の点で有界連続である．したがって $\iint_D \sin \dfrac{1}{xy} dx dy$ は存在する．

次に，函数が有界でない場合を考えるのであるが，まず次の定理を証明する．

定理 25.2． D から C（または，その一部）あるいは，Γ を除いたところで $f(x, y)$ が連続で，かつ $f(x, y) \geq 0$ であるとき，一つの近似閉領域の系列 $\{D_n\}$ に対し $\left\{ \iint_{D_n} f(x, y) dx dy \right\}$ が有界ならば，$\iint_D f(x, y) dx dy$ は存在する．

証明． $\left\{ \iint_{D_n} f(x, y) dx dy \right\}$ が有界であるから，これから部分列を選び出せば

§25. 重積分の定義の拡張

それを収束させることができる.[1] したがって,その一つの系列をあらためて $\iint_{D_n} f(x,y)\,dxdy$ と考えることにしよう. 他に任意に近似閉領域の系列 $\{R_n\}$ をとったとする. R_n の周の一部が C 上にあるような場合は,この部分を少しく修正し,周はすべて D の内部にあるようにし,その上の二重積分は R_n 上の二重積分と $1/n$ 以上の差はないようにできる. こうして作った閉領域を R_n' とする. D_n に対しても同様の操作を行い, 得たものを D_n' とすると, 任意の D_n' に対し D_n' を含む R_m' があり,さらに,この R_m' を含む D_k' がある. $f(x,y) \geqq 0$ だから,

$$\iint_{D_n'} f(x,y)\,dxdy \leqq \iint_{R_m'} f(x,y)\,dxdy \leqq \iint_{D_k'} f(x,y)\,dxdy.$$

$n \to \infty$ に対し,$m, k \to \infty$ となるから

$$\lim_{n \to \infty} \iint_{D_n'} f(x,y)\,dxdy = \lim_{m \to \infty} \iint_{R_m'} f(x,y)\,dxdy.$$

$$\therefore \quad \lim_{n \to \infty} \iint_{D_n} f(x,y)\,dxdy = \lim_{m \to \infty} \iint_{R_m} f(x,y)\,dxdy.$$

したがって,左辺の値は $\{D_n\}$ の選び方には関係せず一定であることがわかった. ゆえに $\iint_D f(x,y)\,dxdy$ は存在する.

この定理によって $f(x,y) \geqq 0$ (または $\leqq 0$)のとき,一つの系列 $\{D_n\}$ に対し $\lim_{n \to \infty} \iint_{D_n} f(x,y)\,dxdy$ が存在すれば,それをもって直ちに $\iint_D f(x,y)\,dxdy$ とすることができるわけである.

例 2. $\log(x^2+y^2)$ を D $(x^2+y^2 \leqq 1)$ で考えるならば,$(0,0)$ が $-\infty$ の不連続点となる. $(0,0)$ を中心とする半径 $1/n$ の開円を D から切り抜いたものを D_n とすれば,

$$\iint_{D_n} \log(x^2+y^2)\,dxdy = 2\int_0^{2\pi}\!\!\int_{1/n}^1 r\log r\,drd\theta$$

$$= 4\pi \int_{1/n}^1 r\log r\,dr = 4\pi\left[\frac{r^2}{4}(2\log r - 1)\right]_{1/n}^1 \to -\pi.$$

定理 25.2(これは $f \leqq 0$ についても成立)により

---

1) 微分学(本講座第 5 巻)定理 37.2 参照

$$\iint_D \log(x^2+y^2)\,dxdy = -\pi.$$

次に，D を $x\geqq 0$，$y\geqq 0$，$x+y\leqq 1$ なる三角形とし，積分

$$\iint_D x^{p-1}y^{q-1}(1-x-y)^{r-1}dxdy \quad (p,q,r>0)$$

を考えてみる．被積分函数は $p<1, q<1, r<1$ のとき，D の境界で ∞ となるから，この広義積分が存在するかどうかはわからないのであるが，かりに (22.7) の公式を利用して形式的に計算してみると

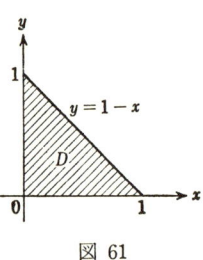

$$\iint_D x^{p-1}y^{q-1}(1-x-y)^{r-1}dxdy$$

図 61

$$= \int_0^1 x^{p-1}dx \int_0^{1-x} y^{q-1}(1-x-y)^{r-1}dy$$

$$= \int_0^1 x^{p-1}dx \int_0^{1-x} y^{q-1}(1-x)^{r-1}\left(1-\frac{y}{1-x}\right)^{r-1}dy$$

$$= \int_0^1 x^{p-1}(1-x)^{q+r-1}dx \int_0^1 t^{q-1}(1-t)^{r-1}dt \quad \left(\frac{y}{1-x}=t\right)$$

$$= B(p, q+r)B(q, r)$$

となる．

しかし，このような二重積分を累次積分に直す公式 (22.7) を広義積分の場合にも無断で利用してよいかどうかはわからない．実際，このような計算は常にできるとは限らないのである．次の例を見てみよう．

例 3. $f(x,y) = \dfrac{x^2-y^2}{(x^2+y^2)^2}$ を $D\,(0\leqq x\leqq 1, 0\leqq y\leqq 1)$ で考えると，これは $(0,0)$ だけが不連続点となっている．そこで $0\leqq x < \dfrac{1}{m}$，$0\leqq y < \dfrac{1}{n}$ なる長方形を D から取り去った残りを $D_{m,n}$ とするとき，

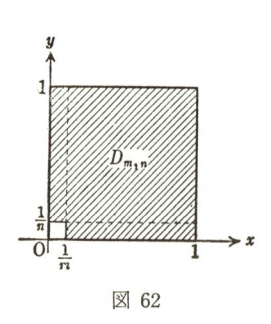

図 62

$$I_{m,n} = \iint_{D_{m,n}} f(x,y)\,dxdy$$

$$= \int_{1/m}^1 dx \int_0^1 f(x,y)\,dy + \int_0^{1/m} dx \int_{1/n}^1 f(x,y)\,dy$$

$$= \int_{1/m}^1 \left[\frac{y}{x^2+y^2}\right]_{y=0}^{y=1} dx + \int_0^{1/m} \left[\frac{y}{x^2+y^2}\right]_{y=1/n}^{y=1} dx$$

$$= \int_0^1 \frac{dx}{x^2+1} - \int_0^{n/m} \frac{dx}{x^2+1} = \frac{\pi}{4} - \tan^{-1}\frac{n}{m}.$$

$m\to\infty$, $n\to\infty$ に対し，これは一定値に収束しない．たとえば

$\qquad m=n$ ととれば $\quad I_{m,n}\to 0$,

$\qquad m^2=n$ ととれば $\quad I_{m,n}\to -\dfrac{\pi}{4}$,

$\qquad m=n^2$ ととれば $\quad I_{m,n}\to \dfrac{\pi}{4}$.

したがって，$\iint_D f(x,y)dxdy$ は存在しない．

この場合

$$\int_0^1 dx \int_0^1 f(x,y)dy = \int_0^1 \left[\frac{y}{x^2+y^2}\right]_{y=0}^{y=1} dx = \int_0^1 \frac{dx}{x^2+1} = \frac{\pi}{4},$$

$$\int_0^1 dy \int_0^1 f(x,y)dx = \int_0^1 \left[-\frac{x}{x^2+y^2}\right]_{x=0}^{x=1} dy = -\int_0^1 \frac{dy}{1+y^2} = -\frac{\pi}{4}$$

となって，積分順序の交換は同一の結果を与えない．広義の二重積分にあっては，それを累次積分で表わす公式は常に成立するとは限らないし，また，累次積分における積分順序の交換も常に可能とは限らないのである．

二重積分が累次積分で表わせるための条件として次の定理を挙げよう．

定理 25.3. D が図63のような閉領域であるとし，$f(x,y)$ は D の内部で連続，かつ $f(x,y)\geqq 0$ とする．$\int_{\varphi_1}^{\varphi_2} f(x,y)dy$ が有限個の x の値を除いて連続で，かつ，累次積分 $\int_a^b dx \int_{\varphi_1}^{\varphi_2} f(x,y)dy$ が存在するならば，$\iint_D f(x,y)dxdy$ も存在し，

(25.2) $\qquad \iint_D f(x,y)dxdy = \int_a^b dx \int_{\varphi_1}^{\varphi_2} f(x,y)dy$

が成り立つ．

証明. 仮定より $\int_{\varphi_1}^{\varphi_2} f(x,y)dy$ は x の関数として有限個の点を除いて連続になるのだから，その不連続点を $x=c_i$ $(i=1,2,\cdots,k-1)$ とすれば，

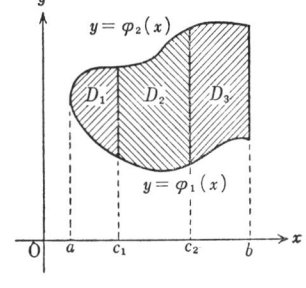

図 63

$$\int_a^b dx \int_{\varphi_1}^{\varphi_2} f(x,y)\,dy = \sum_{i=1}^k \int_{c_{i-1}}^{c_i} dx \int_{\varphi_1}^{\varphi_2} f(x,y)\,dy.$$

ただし $c_0=a$, $c_k=b$ とする.

$y=\varphi_1(x), y=\varphi_2(x)$ と $x=c_{i-1}, x=c_i$ の囲む閉領域を D_i としたとき

(25.3) $\qquad \iint_{D_i} f(x,y)\,dxdy = \int_{c_{i-1}}^{c_i} dx \int_{\varphi_1}^{\varphi_2} f(x,y)\,dy \quad (i=1,2,\cdots,k)$

がいえたとすれば, $\iint_D f(x,y)\,dxdy$ は存在し,

$$\iint_D f(x,y)\,dxdy = \int_a^b dx \int_{\varphi_1}^{\varphi_2} f(x,y)\,dy$$

となることは簡単に示せるから, 定理を証明するには (25.3) をいえばよい.

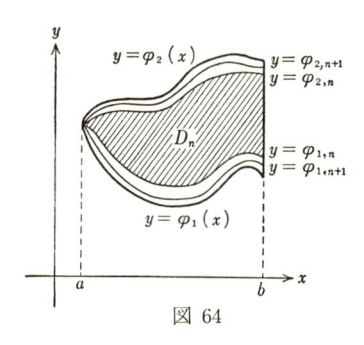

よって, はじめから $\int_{\varphi_1}^{\varphi_2} f(x,y)\,dy$ は $a<x<b$ において連続であると仮定して (25.2) を証明することにしよう.

$y=\varphi_{1,n}(x), y=\varphi_{2,n}(x), \varphi_{1,n}(x) \leq \varphi_{2,n}(x)$ なる滑らかな曲線群を, $\varphi_{1,n}(x)$ は n について単調減少, $\varphi_{2,n}(x)$ は n について単調増加, かつ $\varphi_{1,n}(x)\to\varphi_1(x), \varphi_{2,n}(x)\to\varphi_2(x)$ なるようにとり, $a\leq x\leq b$ で $y=\varphi_{1,n}(x)$ と $y=\varphi_{2,n}(x)$ との間の閉領域を D_n とする.

図 64

$f(x,y)\geqq 0$ だから,

$$\int_{\varphi_{1,n}}^{\varphi_{2,n}} f(x,y)\,dy \uparrow \int_{\varphi_1}^{\varphi_2} f(x,y)\,dy \quad (a<x<b).$$

↑は単調に増加しながら収束することを意味するものとする. ところで, 上式の函数はともに $a+\varepsilon \leq x \leq b-\varepsilon$ $(\varepsilon>0)$ で連続であることより, この収束はここで一様であることがいえる (微分学問題 6 の 6 ── この事実はこの節の最後で証明する).

したがって, 定理 15.4′ により

$$\lim_{n\to\infty} \int_a^b dx \int_{\varphi_{1,n}}^{\varphi_{2,n}} f(x,y)\,dy = \int_a^b dx \int_{\varphi_1}^{\varphi_2} f(x,y)\,dy.$$

§25. 重積分の定義の拡張

しかるに，定理 25.2 により

$$\lim_{n\to\infty}\int_a^b dx \int_{\varphi_{1,n}}^{\varphi_{2,n}} f(x,y)\,dy = \lim_{n\to\infty}\iint_{D_n} f(x,y)\,dxdy$$

$$= \iint_D f(x,y)\,dxdy.$$

$$\therefore \quad \iint_D f(x,y)\,dxdy = \int_a^b dx \int_{\varphi_1}^{\varphi_2} f(x,y)\,dy.$$

これで定理は証明された．

この定理により $f(x,y) \geqq 0$（または $f(x,y) \leqq 0$ でもよい）なるとき，累次積分を計算し，それが存在するならば，これが二重積分の値を与えることがわかる．

この定理により，前に述べた計算は次のように正当化することができる．

例 4. $x^{p-1}y^{q-1}(1-x-y)^{r-1}$ $(p,q,r>0)$ は D の内部: $0<y<1-x$, $0<x$ で連続，かつ >0 である．さらに

$$\int_0^{1-x} x^{p-1}y^{q-1}(1-x-y)^{r-1}dy = x^{p-1}(1-x)^{q+r-1}\int_0^1 t^{q-1}(1-t)^{r-1}dt$$

は存在し，$0<x<1$ で連続で，かつ

$$\int_0^1 dx \int_0^{1-x} x^{p-1}y^{q-1}(1-x-y)^{r-1}dy = \int_0^1 x^{p-1}(1-x)^{q+r-1}dx \int_0^1 t^{q-1}(1-t)^{r-1}dt$$

$$= B(p, q+r)B(q, r)$$

は存在するから，定理 25.3 より

$$\iint_D x^{p-1}y^{q-1}(1-x-y)^{r-1}dxdy = B(p, q+r)B(q, r).\text{[1]}$$

以上の考察は，二変数以上の重積分にもそのまま拡張適用できるが，ここに繰り返す必要はないであろう．ただ，特に三重積分の場合をとりあげて，一点で不連続な関数の重積分存在の判定条件を与える次の定理を証明する．

(x, y, z) 空間内の閉領域（体積確定）を R とし，簡単のため R 上の点を A, P, $\cdots$，点 A, P, $\cdots$ における関数 f の値を $f(\mathrm{A})$, $f(\mathrm{P})$, $\cdots$，三重積分を $\iiint_R f\,dv$ で表わすことにする．

---

[1] §33，例 1 の結果によれば，この値は $\dfrac{\Gamma(p)\Gamma(q)\Gamma(r)}{\Gamma(p+q+r)}$ に等しい．

定理 25.4. 函数 f は R 上の一点 A を除いて連続な函数とする. もし, A のある近傍において

(25.4) $$|f(\mathrm{P})| \leq \frac{K}{\mathrm{AP}^\alpha} \quad (\mathrm{P} \neq \mathrm{A})$$

が成り立つような定数 K, α $(\alpha<3)$[1] が存在するならば, $\iiint_R f dv$ は存在する. また, R 内部の点 A のある近傍において

(25.5) $$|f(\mathrm{P})| \geq \frac{K}{\mathrm{AP}^3} \quad (\mathrm{P} \neq \mathrm{A})$$

が成り立つような正数 K が存在するならば, $\iiint_R f dv$ は存在しない.

証明. (25.4) が成り立つとする. A を中心とする半径 $1/n$ の球面 S_n の内部を R から取り除いた残りを R_n とし, n を十分大きくとって

$$I_n = \iiint_{R_n} f dv$$

とおき, S_n の内部で (25.4) が成立するものとする.

$m>n$ (m, n は自然数) ならば, $\frac{1}{m} \leq \overline{\mathrm{AP}} \leq \frac{1}{n}$ なる球環を $R_{m,n}$ とするとき,

$$|I_n - I_m| = \left|\iiint_{R_{m,n}} f dv\right| \leq K\int_0^{2\pi}\int_0^{\pi}\int_{1/m}^{1/n} \frac{\sin\theta}{r^{\alpha-2}} dr d\theta d\varphi$$

$$\leq 4\pi K \int_0^{1/n} \frac{dr}{r^{\alpha-2}} = \frac{4\pi K}{3-\alpha}[r^{3-\alpha}]_0^{1/n}.$$

$3>\alpha$ だから, この右辺は $n\to\infty$ に対し 0 に収束する. ゆえに $\{I_n\}$ は収束する.

I_n の極限値が, 他の近似閉領域の系列についても同じであることをいうため, A をその内部に含み A に近づく閉曲面の列 $\{C_n\}$ をとり, C_n の内部を R から取り除いた残りを R_n' とする. $S_1, S_2, \cdots$ のなかで C_n をその内部に含む最小の球面を S_m とすれば,

$$\left|I_m - \iiint_{R_n'} f dv\right| \leq \frac{4\pi K}{3-\alpha}[r^{3-\alpha}]_0^{1/m}.$$

---

[1] この α の大きさの範囲は次元に関係するのであって, n 重積分のとき $\alpha<n$ となる.

$n\to\infty$ とすれば m もまた $\to\infty$ となるから,上式の右辺は 0 に収束する.

$$\therefore \lim_{m\to\infty} I_m = \lim_{n\to\infty} \iiint_{R_n'} f\,dv.$$

極限値は近似閉領域列の選び方に関係しないから,$\iiint_R f\,dv$ の存在が証明された.

次に,(25.5) が成立するとする.f は A 以外では連続だから,A の十分小さい近傍では f の符号は一定である.したがって,n を十分大きくとり,$R_{n2,n}$ を $R_{(n)}$ とおくとき,

$$\left|\iiint_{R_{(n)}} f\,dv\right| \geqq K\int_0^{2\pi}\int_0^{\pi}\int_{1/n^2}^{1/n} \frac{\sin\theta}{r}\,dr\,d\theta\,d\varphi$$
$$> 4\pi K \log n \to \infty \quad (n\to\infty).$$

したがって,$\left\{\iiint_{R_{(n)}} f\,dv\right\}$ は発散するから,$\iiint_R f\,dv$ は存在しない.

例 5. 連続な密度をもつ球 $R\,(\overline{\mathrm{OP}}\leqq a)$ の重力ポテンシャルを考えてみよう.連続密度を $\mu(\mathrm{P})$ とするとき,ポテンシャル $U(\mathrm{P})$ は,引力定数を 1 にとって

$$U(\mathrm{P}) = \iiint_R \frac{\mu(\mathrm{Q})}{\mathrm{PQ}}\,dv$$

で表わされる.P が R 外にあるとき,この積分が存在することは明らかであるが,たとえ P が R 上にあっても,定理 25.4 により,この積分の存在することがわかる.

特に $\mu\equiv$ 定数ととって,このポテンシャルの値を計算してみよう.P が R の外部の点ならば §24,例 5 で計算したように

$$U(\mathrm{P}) = \frac{M}{\overline{\mathrm{OP}}} \quad (M\text{ は球の全質量})$$

となるが,問題は P が R 上の点であるときである.極座標に変換して計算することは前同様であるが,被積分函数が ∞ の不連続点をもつから少しく工夫を要する.

n を十分大きくとって,$|\overline{\mathrm{PQ}}|<\varepsilon$ なる開球を R から取り除いたものを R_ε とし,$\overline{\mathrm{OP}}=\rho$ とおけば,

$$U(\mathrm{P}) = \mu\iiint_R \frac{dv}{\overline{\mathrm{PQ}}} = \lim_{\varepsilon\to 0} \mu\iiint_{R_\varepsilon} \frac{r^2\sin\theta\,dr\,d\theta\,d\varphi}{\sqrt{r^2+\rho^2-2r\rho\cos\theta}}$$
$$= \iiint_{r\leqq R} \frac{r^2\sin\theta\,dr\,d\theta\,d\varphi}{\sqrt{r^2+\rho^2-2r\rho\cos\theta}}.$$

極座標の変換は,それが原点を含むとき,一対一にはならないから定理 24.2 の公式をそのまま用いるわけにはいかないが,上のように極限をとって考えれば,この場合にも変

換式 (24.5), したがって, (24.4) の成り立つことがわかるのである. ところで,

$$\int_0^\pi \frac{\sin\theta\,d\theta}{\sqrt{r^2+\rho^2-2r\rho\cos\theta}} = \frac{1}{r\rho}\left[\sqrt{r^2+\rho^2-2r\rho\cos\theta}\,\right]_0^\pi$$

$$= \frac{1}{r\rho}(r+\rho-|r-\rho|) = \begin{cases} \dfrac{2}{\rho} & (\rho \geqq r > 0), \\ \dfrac{2}{r} & (\rho < r). \end{cases}$$

$$\therefore\quad U(\mathrm{P}) = 2\mu\pi\int_0^a r^2 dr \int_0^\pi \frac{\sin\theta\,d\theta}{\sqrt{r^2+\rho^2-2r\rho\cos\theta}}$$

$$= 2\mu\pi\left(\frac{2}{\rho}\int_0^\rho r^2 dr + \int_\rho^a 2r\,dr\right)$$

$$= 2\mu\pi\left(a^2 - \frac{\rho^2}{3}\right) = \frac{3M}{2a}\left(1 - \frac{\rho^2}{3a^2}\right).$$

よって

$$U(\mathrm{P}) = \frac{3M}{2a}\left(1 - \frac{\overline{\mathrm{OP}}^2}{3a^2}\right) \quad (\overline{\mathrm{OP}} \leqq a)$$

という結果を得る.

最後に, 定理 25.3 の証明の途中で約束した証明をここでやっておく. 次の定理を証明すれば十分である.

定理 25.5. $a<x<b$ で $\{f_n(x)\}$ は連続函数の単調増加列で, かつ, 極限函数 $\lim\limits_{n\to\infty} f_n(x) = f(x)$ がここで連続ならば, この収束は任意の閉区間で一様である.[1]

証明. 任意の閉区間 $a+\delta \leqq x \leqq b-\delta$ をとって考える. もし, ここで収束が一様でないとすれば, ある正数 ε と自然数の増加列 $\{n_i\}$ および点列 $\{a_i\}$ ($a+\delta \leqq a_i \leqq b-\delta, i=1, 2, \cdots$) があって

$$f_{n_i}(a_i) \leqq f(a_i) - \varepsilon$$

となっている.

$\{a_i\}$ の中から部分列を取り出せば $a+\delta \leqq c \leqq b-\delta$ なるある値 c に収束させることができるが, この部分列をはじめから $\{a_i\}$ 自身としておく. 任意の n について, i を十分大きく $n_i > n$ なるようにとれば,

$$f_n(a_i) \leqq f_{n_i}(a_i) \leqq f(a_i) - \varepsilon.$$

---

1) この定理は**ディニの定理**といわれる.

$i \to \infty$ として $a_i \to c$, かつ $f_n(x), f(x)$ はともに $x=c$ で連続だから,
$$f_n(c) \leq f(c) - \varepsilon.$$
この最後の不等式がどんな n についても成立することになるが, このことは仮定 $\lim_{n \to \infty} f_n(c) = f(c)$ に矛盾する. ゆえに収束は一様である.

問 1. $\int_0^1 dx \int_0^1 \dfrac{x-y}{(x+y)^3} dy$ の積分の順序は交換できないことを証明せよ.

問 2. $f(x,y)$ は正方形 D ($0 \leq x \leq 1, 0 \leq y \leq 1$) において対角線 $y=x$ ($0 \leq x \leq 1$) を除いて連続であり, かつ
$$|f(x,y)| < \frac{M}{|x-y|^\alpha} \quad (M \text{は定数}, \ 0 < \alpha < 1)$$
ならば, $\iint_D f(x,y) dx dy$ は存在することを証明せよ.

問 3. $\iint_{0 \leq x \leq y \leq 1} \dfrac{dxdy}{\sqrt{x^2+y^2}}$ を求めよ.

問 4. D を $x \geq 0, y \geq 0, \left(\dfrac{x}{a}\right)^\alpha + \left(\dfrac{y}{b}\right)^\beta \leq 1$ なる閉領域とするとき, $\iint_D x^{p-1} y^{q-1} dx dy$ を求めよ. ただし $p, q, \alpha, \beta, a, b$ はすべて正数とする.

問 5. $\iiint_{x^2+y^2+z^2 \leq 1} \dfrac{dxdydz}{\sqrt{1-x^2-y^2-z^2}}$ を求めよ.

問　題　5

1. $0 \leq x \leq a, 0 \leq y \leq b$ なる長方形における次の函数の二重積分を求めよ:

（1） $xy(x-y),$　（2） $xye^{x+y},$　（3） $\dfrac{1}{1+x+y}.$

2. 次の二重積分を計算せよ:

（1） $\iint_D xy\,dxdy,\ D: 0 \leq y \leq a, y-a \leq x \leq 2y;$

（2） $\iint_D (x^2+y^2)\,dxdy,\ D: 0 \leq x \leq 1, \sqrt{x} \leq y \leq 2\sqrt{x};$

（3） $\iint_D \sqrt{4ay-x^2}\,dxdy,\ D: x^2+y^2 \leq 2ay\ (a>0);$

（4） $\iint_D y\,dxdy,\ D: \sqrt{\dfrac{x}{a}} + \sqrt{\dfrac{y}{b}} \leq 1\ (a,b>0).$

3. 次の累次積分の積分の順序を交換せよ:

（1） $\int_0^1 dx \int_{x^3}^{x} f(x,y) dy,$　（2） $\int_{-\sqrt{b^2-a^2}}^{\sqrt{b^2-a^2}} dx \int_{a-\sqrt{b^2-x^2}}^{-a+\sqrt{b^2-x^2}} f(x,y) dy.$

4. $\dfrac{\partial^2 F(x,y)}{\partial x \partial y} = f(x,y)$ が連続であるとき,

$$\int_a^b\!\int_c^d f(x,y)\,dydx = F(b,d)-F(b,c)-F(a,d)+F(a,c)$$

なることを証明せよ.

5. 次の累次積分を求めよ:

(1) $\displaystyle\int_1^2 dz\int_0^z dx\int_0^{\sqrt{3}\,x} \frac{x}{x^2+y^2}\,dy,$

(2) $\displaystyle\int_0^{2a}\!\int_0^{\sqrt{2ax-x^2}}\!\int_0^{(x^2+y^2)/a^2} dzdydx \quad (a>0).$

6. 次の三重積分を計算せよ:

(1) $\displaystyle\iiint_R (x^2+y^2+z^2)\,dxdydz, \quad R: 0\leq x\leq a, 0\leq y\leq b, 0\leq z\leq c;$

(2) $\displaystyle\iiint_R e^{x+y+z}\,dxdydz, \quad R: 0\leq y\leq x\leq 1, 0\leq z\leq x+y.$

7. 次の累次積分の積分の順序を変更せよ:

(1) $\displaystyle\int_0^a dx\int_0^x dy\int_0^y f(x,y,z)\,dz,$

(2) $\displaystyle\int_0^a\!\int_0^{\sqrt{a^2-x^2}}\!\int_0^{\sqrt{a^2-x^2-y^2}} f(x,y,z)\,dzdydx.$

8. $\displaystyle\iint\cdots\int_{x_i\geq 0,\,\sum x_i\leq a} dx_1 dx_2\cdots dx_n$ を求めよ.

9. $x=a_1u+b_1v+c_1,\ y=a_2u+b_2v+c_2\ (a_1b_2\neq a_2b_1)$ によって (x,y) 平面上の閉領域 D が (u,v) 平面上の閉領域 D' に移されるとき,

$$\iint_D f\,dxdy = |a_1b_2-a_2b_1|\iint_{D'} f\,dudv$$

となることを証明せよ.

10. 次の二重積分を計算せよ:

(1) $\displaystyle\iint_D \sqrt{\frac{1-x^2-y^2}{1+x^2+y^2}}\,dxdy, \quad D: x^2+y^2\leq 1, x\geq 0, y\geq 0;$

(2) $\displaystyle\iint_D \frac{dxdy}{(a^2+x^2+y^2)^{3/2}}, \quad D: 0\leq x\leq a, 0\leq y\leq a;$

(3) $\displaystyle\iint_D \frac{dxdy}{(1+x^2+y^2)^2}, \quad D: (x^2+y^2)^2\leq (x^2-y^2),\ x\geq 0.$

11. $x=\dfrac{v}{1+u},\ y=ux$ とするとき,

$$\int_0^a\!\int_0^x f(x,y)\,dydx \quad (a>0)$$

を u,v に関する累次積分に変換せよ.

12. $x+y=u, y=uv$ とするとき,

$$\iint_{x\geq 0, y\geq 0, x+y\leq a} f(x,y)\,dxdy$$

を u, v に関する二重積分に変換せよ．

13. 次の三重積分を計算せよ：

(1) $\iiint_R z^2 dxdydz$, $R: x^2+y^2+z^2 \leq a^2$, $x^2+y^2 \leq ax$ ($a>0$);

(2) $\iiint_R x^2 y^2 dxdydz$, $R: \left(\dfrac{x}{a}\right)^2+\left(\dfrac{y}{b}\right)^2+\left(\dfrac{z}{c}\right)^2 \leq 1$.

14. $f(x,y)=\dfrac{x-y}{(x+y)(x^2+y^2)}$ とするとき，$\int_0^1 dx \int_0^1 f(x,y)\,dy$ および $\int_0^1 dy \int_0^1 f(x,y)\,dx$ を計算せよ．

15. 次の二重積分の値を求めよ：

(1) $\iint_{x\geq 0, y\geq 0, x+y\leq 1} e^{(y-x)/(y+x)}\,dxdy$,

(2) $\iint_{x^2+y^2\leq 1} \dfrac{x^3+y^3-3xy(x^2+y^2)}{(x^2+y^2)^{3/2}}\,dxdy$.

16. $0 \leq x \leq a$ において $f(x)$ は連続かつ定符号とするとき，
$$\iint_{0\leq y\leq x\leq a} \dfrac{f(y)}{\sqrt{(a-x)(x-y)}}\,dxdy = \pi \int_0^a f(x)\,dx$$
であることを証明せよ．

17. 次の三重積分を求めよ：

(1) $\iiint_{x^2+y^2+z^2\leq 1} \dfrac{dxdydz}{x^2+y^2+\left(z-\dfrac{1}{2}\right)^2}$,

(2) $\iiint_R x^{p-1}y^{q-1}z^{r-1}dxdydz$, $R: x\geq 0, y\geq 0, z\geq 0, x+y+z\leq 1$ ($p, q, r>0$).

第6章 重積分の応用

§26. 体 積

 (x, y, z) 空間における連続曲面(単に曲面という)とは，(u, v) 平面上の閉領域を動く助変数 (u, v) を用いて
$$x = f(u, v), \quad y = g(u, v), \quad z = h(u, v)$$
によって表わされる点 (x, y, z) の描く像のことである．ただし $f(u, v), g(u, v), h(u, v)$ はともに連続函数とする．われわれがこれから考察の対象とする立体とは，このような曲面のいくつかで囲まれた部分で，表面とその内部をさすものとする．

 立体 R の体積の定義はすでに §1 で述べたところであり，その定義にしたがえば，R の体積が存在する(**求積可能**という)ための条件を次のように述べることができる．体積をいくらでも小さくできる基本立体でその表面をおおうことができること．いま，体積を任意に小さくできる基本立体でおおわれるようなものを体積 0 の集合ということにすれば，R が求積可能なための条件は R の表面の体積が 0 であることである．

 この事実をもとにして，面積について証明した二つの基本定理 17.2, 17.3 に相当するものが体積についてもいえるのであるが，全く同様な議論の繰り返しであるから，ここでは省略する．これから求積可能ないくつかの立体の型と，その体積の計算法を学ぶことにしよう．

 $z = f(x, y)$ を (x, y) 平面上の一つの閉曲線で囲まれた求積可能な閉領域 D 上で定義された連続函数とするとき，曲面 $z = f(x, y)$, (x, y) 平面，および，D の境界上の各点における z 軸に平行な直線群の作る柱面によって囲まれる立体(これを曲面 $z = f(x, y)$ と (x, y) 平面との間の立体または部分と簡単に呼ぶ)の体積は確定し，それは

(26.1) $$V = \iint_D f(x, y) \, dx \, dy$$

によって与えられることは，すでに §22 において説明したところである．この型が求積可能な立体の基本をなすもので，このような型の立体に分割できるようなものはまた求積可能であり，われわれがこれから問題とする立体はすべてこのようなものばかりである．

特に R が D 上の二つの曲面 $z=f(x,y), z=g(x,y), f(x,y) \geqq g(x,y)$ によって囲まれているとき，R の体積 V は

(26.2) $$V = \iint_D \{f(x,y) - g(x,y)\} dx dy$$

と与えられることが，平面の場合の公式 (17.4) と同様に証明せられる．ここでは，$f(x,y)$ と $g(x,y)$ の大小関係だけが重要であって，その符号は問題でない．

次に，z 軸に垂直な平面による R の切口を D_z，その面積を $D(z)$ とし，R が $a \leqq z \leqq b$ の範囲にあるものとすれば，R の体積は (23.2) により

$$V = \iiint_R dx dy dz = \int_a^b \left\{ \iint_{D_z} dx dy \right\} dz.$$

しかるに

$$D(z) = \iint_{D_z} dx dy$$

だから，

(26.3) $$V = \int_a^b D(z) dz.$$

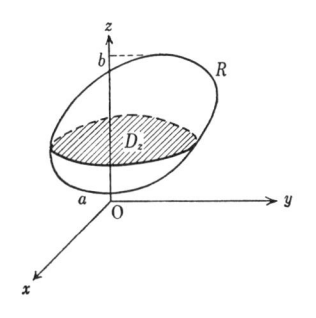

図 65 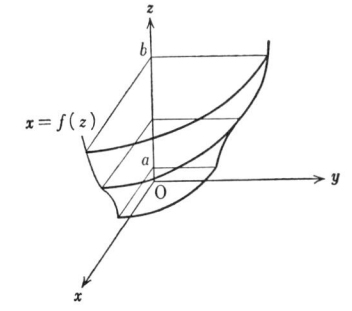　　　　図 66

特に, R が (x, z) 平面上の曲線 $x=f(z)$ $(a \leqq z \leqq b)$ と z 軸との間の部分を z 軸のまわりに回転してできる回転体の場合には
$$D(z)=\pi x^2=\pi f(z)^2$$
であるから,

(26.4) $$V=\pi \int_a^b f(z)^2 dz.$$

さらに, D 上の曲面の方程式が円柱座標を用いて $z=F(r, \theta)$ と表わされているとき, この曲面と D との間の立体の体積は

(26.5) $$V=\iint_{D'} F(r, \theta) r\, dr d\theta$$

で与えられる. ここに, D' は D に対応する (r, θ) 平面上の閉領域である.

また, R の体積計算の公式 $V=\iiint_R dxdydz$ を極座標に変換すれば, R に対応する (r, θ, φ) 空間上の閉領域を R' とするとき, 定理24.2により

(26.6) $$V=\iiint_{R'} r^2 \sin\theta\, dr d\theta d\varphi$$

なる公式を得る.

例 1. サイクロイド $x=a(t-\sin t),\ y=a(1-\cos t),\ 0 \leqq t \leqq 2\pi$ $(a>0)$ と x 軸との間の部分が x 軸のまわりに回転してできる回転体の体積を求めよ.

求める体積は, 公式 (26.4) より
$$\pi \int_0^{2\pi a} y^2 dx = \pi a^3 \int_0^{2\pi}(1-\cos t)^3 dt = 8\pi a^3 \int_0^{2\pi} \sin^6 \frac{t}{2} dt$$
$$= 32\pi a^3 \int_0^{\pi/2} \sin^6 \theta\, d\theta = 32\pi a^3 \frac{5\cdot 3\cdot 1}{6\cdot 4\cdot 2} \frac{\pi}{2} = 5\pi^2 a^3.$$

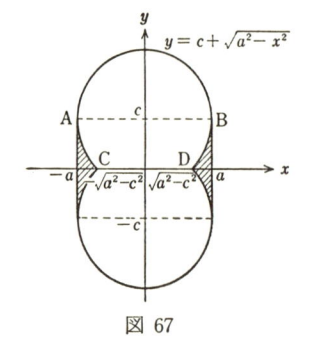

例 2. 円弧 $x^2+(y-c)^2=a^2,\ y \geqq 0$ $(a \geqq c>0)$ と x 軸との間の部分が x 軸のまわりに回転してできる回転体の体積を求めよ.

上半円と x 軸との間の部分が x 軸のまわりに回転してできる立体の体積は

$$\pi \int_{-a}^{a} (c+\sqrt{a^2-x^2})^2 dx$$
$$= 2\pi \int_0^a (c+\sqrt{a^2-x^2})^2 dx.$$

図 67

円と x 軸との交点の x 座標は $\pm\sqrt{a^2-c^2}$ である．したがって，図の $\overparen{AC}, \overparen{BD}$ と x 軸との間の部分が x 軸のまわりに回転してできる立体の体積はそれぞれ

$$\pi\int_{\sqrt{a^2-c^2}}^{a}(c-\sqrt{a^2-x^2})^2 dx.$$

ゆえに，求める体積は

$$2\pi\left\{\int_0^a (c+\sqrt{a^2-x^2})^2 dx - \int_{\sqrt{a^2-c^2}}^{a}(c-\sqrt{a^2-x^2})^2 dx\right\}$$

$$=2\pi\left\{\int_0^{\sqrt{a^2-c^2}}(c^2+a^2-x^2+2c\sqrt{a^2-x^2})dx + 4c\int_{\sqrt{a^2-c^2}}^{a}\sqrt{a^2-x^2}\,dx\right\}$$

$$=2\pi\left\{\left[(c^2+a^2)x-\frac{x^3}{3}+cx\sqrt{a^2-x^2}+ca^2\sin^{-1}\frac{x}{a}\right]_0^{\sqrt{a^2-c^2}}\right.$$
$$\left.+2c\left[x\sqrt{a^2-x^2}+a^2\sin^{-1}\frac{x}{a}\right]_{\sqrt{a^2-c^2}}^{a}\right\}$$

$$=2\pi\left\{\frac{2a^2+c^2}{3}\sqrt{a^2-c^2}-ca^2\sin^{-1}\sqrt{1-\left(\frac{c}{a}\right)^2}+ca^2\pi\right\}.$$

例 3. 楕円体 $\left(\dfrac{x}{a}\right)^2+\left(\dfrac{y}{b}\right)^2+\left(\dfrac{z}{c}\right)^2\leqq 1$ の体積を求めよ．

z 軸に垂直な平面による切口は

$$\frac{x^2}{a^2\left(1-\frac{z^2}{c^2}\right)}+\frac{y^2}{b^2\left(1-\frac{z^2}{c^2}\right)}\leqq 1$$

なる楕円で，この面積は $ab\left(1-\dfrac{z^2}{c^2}\right)\pi$ であるから（第 4 章問題 2），公式 (26.3) により求める体積は

$$V=\int_{-c}^{c}ab\left(1-\frac{z^2}{c^2}\right)\pi dz=\frac{4}{3}abc\pi.$$

しかし，次のようにすることもできる．

$$V=\iiint_{x^2/a^2+y^2/b^2+z^2/c^2\leqq 1}dxdydz$$

$$=abc\iiint_{u^2+v^2+w^2\leqq 1}dudvdw$$

$$=\frac{4}{3}abc\pi \quad (\S 24, 例 4 参照).$$

例 4. 回転放物面 $x^2+y^2=az$，円柱面 $x^2+y^2=2ay$ $(a>0)$，および，$z=0$ なる座標面で囲まれる部分の体積を求めよ．

この部分は，(x,y) 平面上の円 $x^2+y^2\leqq 2ay$ 上の曲面

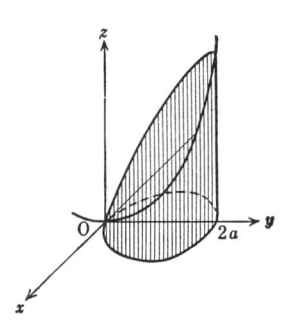

図 68

$z=\dfrac{x^2+y^2}{a}$ と (x,y) 平面との間の立体であるから,その体積は

$$V=\dfrac{1}{a}\iint_{x^2+y^2\leqq 2ay}(x^2+y^2)\,dxdy$$
$$=\dfrac{1}{a}\iint_{r\leqq 2a\sin\theta}r^3drd\theta\quad(x=r\cos\theta,\ y=r\sin\theta)$$
$$=\dfrac{1}{a}\int_0^\pi d\theta\int_0^{2a\sin\theta}r^3dr=4a^3\int_0^\pi\sin^4\theta d\theta=\dfrac{3}{2}a^3\pi.$$

例 5. 曲面 $x^2+y^2+z^2=a\sqrt{x^2+y^2+z^2}+bz$ ($a\geqq b>0$) が囲む立体の体積を求めよ.

与えられた曲面の方程式を極座標で表わせば,
$$r=\sqrt{x^2+y^2+z^2},\quad z=r\cos\theta$$
だから, $r=a+b\cos\theta$.

したがって,求める体積は公式 (26.6) より
$$V=\int_0^{2\pi}\int_0^\pi\int_0^{a+b\cos\theta}r^2\sin\theta drd\theta d\varphi$$
$$=\dfrac{2\pi}{3}\int_0^\pi(a+b\cos\theta)^3\sin\theta d\theta$$
$$=\dfrac{2\pi}{3}\int_{-1}^1(a+bt)^3dt=\dfrac{4}{3}a\pi(a^2+b^2).$$

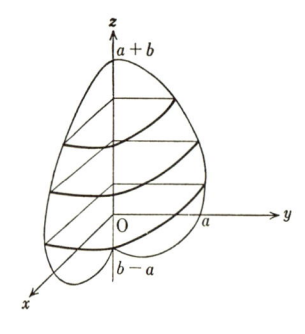

図 69

この立体は平面図形 $r\leqq a+b\cos\theta$ を,その軸のまわりに回転したものに等しい.

問 1. $y=\sin x$ ($0\leqq x\leqq\pi$) と x 軸との間の部分を x 軸のまわりに回転してできる回転体の体積を求めよ.

問 2. (x,y) 平面上の閉曲線 $x^{2/3}+y^{2/3}=a^{2/3}$ ($a>0$) の囲む部分を x 軸のまわりに回転してできる回転体の体積を求めよ.

問 3. 底面の半径 a の直円柱から,その底面の直径を通り底面と α $\left(0<\alpha<\dfrac{\pi}{2}\right)$ の角をなす平面で切りとった部分の体積を求めよ.

問 4. 曲面 $\sqrt{\dfrac{x}{a}}+\sqrt{\dfrac{y}{b}}+\sqrt{\dfrac{z}{c}}=1$ ($a,b,c>0$) と三つの座標面との間の体積を求めよ.

問 5. 二つの円柱面 $x^2+y^2=a^2$, $x^2+z^2=a^2$ が囲む部分の体積を求めよ.

問 6. 曲面 $z=x^2+y^2$ と平面 $z=x+y$ との間の体積を求めよ.

問 7. (x,y) 平面上の八分円 $x^2+y^2=a^2$ ($x\geqq y\geqq 0$) と曲面 $z=\tan^{-1}\dfrac{y}{x}$ との間の部分の体積を求めよ.

問 8. 球面上に頂点をもち,軸が直径である円錐面と球面との間(円錐面の内側)の体積を,球面の半径 a と円錐の半頂角 α とで表わせ.

§27. 曲 面 積

　曲面の面積の定義は，曲線の長さの定義と同じようにしてよいように思われる．すなわち，曲面に内接する多面体の表面積の極限と定義してよさそうであるが，実はそう簡単にはいかないのである．シュワルツの挙げた有名な次の例をみてみよう．

　半径 a の円を底面とする高さ h の円柱面を考えると，この側面積が $2a\pi h$ となることは初等幾何学で学んだところである．ところが，これを間隔 h/m の軸に垂直な平行平面で分け，切口の円周を n 等分し，図のように分点を交互に結んで三角形を作る．ただし，相隣れる上の円と下の円とでは分点は交互にあり，しかも，上の円の分点から下の円へ下した垂線の足は二分点の中点にくるようにしておく．このようにして作った一つの三角形 ABC の面積は

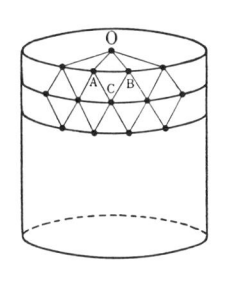

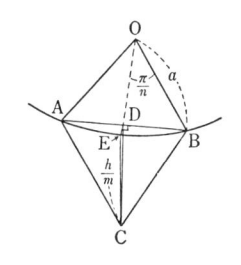

図 70

$$\overline{\mathrm{BD}}\cdot\overline{\mathrm{CD}} = \overline{\mathrm{BD}}\sqrt{\overline{\mathrm{CE}}^2+\overline{\mathrm{DE}}^2}$$
$$= a\sin\frac{\pi}{n}\sqrt{\left(\frac{h}{m}\right)^2+a^2\left(1-\cos\frac{\pi}{n}\right)^2} = a\sin\frac{\pi}{n}\sqrt{\left(\frac{h}{m}\right)^2+4a^2\sin^4\frac{\pi}{2n}}.$$

これらの三角形の面積の総和を $S_{m,n}$ とすれば，

$$S_{m,n} = 2mna\sin\frac{\pi}{n}\sqrt{\left(\frac{h}{m}\right)^2+4a^2\sin^4\frac{\pi}{2n}}$$
$$= 2na\sin\frac{\pi}{n}\sqrt{h^2+4a^2m^2\sin^4\frac{\pi}{2n}}.$$

$2na\sin\dfrac{\pi}{n} \to 2a\pi$ $(n\to\infty)$，また根号内は

$$h^2+4a^2m^2\sin^4\frac{\pi}{2n} = h^2+\frac{a^2\pi^4}{4}\left(\frac{m}{n^2}\right)^2\left(\frac{\sin\dfrac{\pi}{2n}}{\dfrac{\pi}{2n}}\right)^4$$

となり, $\left(\sin\dfrac{\pi}{2n}\Big/\dfrac{\pi}{2n}\right)\to 1$ $(n\to\infty)$ となるが, m/n^2 は m, n の選び方によりどんな正の値にでも収束させることができる. したがって, $S_{m,n}$ は $m, n\to\infty$ に対し一定値には収束しない.

このような場合, 三角形と円柱面との傾きが問題であって, もし, この勾配が 0 になるようにとっていくものとすれば,

$$\dfrac{\overline{\mathrm{DE}}}{\overline{\mathrm{CE}}}=\dfrac{2a}{h}m\sin^2\dfrac{\pi}{2n}=\dfrac{a\pi^2}{2h}\left(\dfrac{m}{n^2}\right)\left(\dfrac{\sin\dfrac{\pi}{2n}}{\dfrac{\pi}{2n}}\right)^2\to 0.$$

すなわち, $m/n^2\to 0$ なるように $m, n\to\infty$ とすれば,

$$S_{m,n}\to 2a\pi h$$

となり, 確かに側面積に収束する.

一般曲面の面積の定義は非常に難しいのであるが, 本節ではいたるところ接平面をもつような滑らかな曲面だけをとりあげ, その面積の定義と計算法を学ぶことにする.

(x, y) 平面上の閉領域 D (求積可能) において定義された函数 $z=f(x, y)$ によって表わされる曲面について考えよう.[1]

D を含む一つの長方形 $a\leqq x\leqq b, c\leqq y\leqq d$ を作り, これを §22 と同じように小長方形 $I_{i,j}$ に分割する. $I_{i,j}$ が D に含まれるような $I_{i,j}$ についてのみ考え, $I_{i,j}$ 上の任意の点を (ξ_i, η_j) とし $\zeta_{i,j}=f(\xi_i, \eta_j)$ とおく. $(\xi_i, \eta_j, \zeta_{i,j})$ においてこの曲面の接平面を作り, $I_{i,j}$ 上にあるこの接平面上の平行四辺形状の部分の面積を $\sigma_{i,j}$ とする. §22 と同様な方法でこの分割を細かくしていくとき, これらの面積の総和 $\sum\sigma_{i,j}$ が分割の仕方や点列 $\{(\xi_i, \eta_j, \zeta_{i,j})\}$ の選び方には無関係

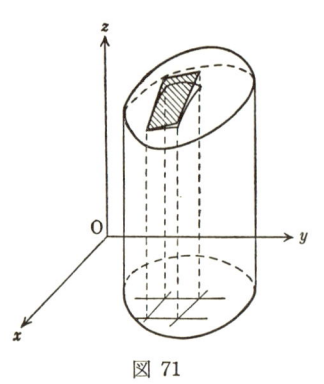

図 71

---

[1] D の境界における f_x, f_y の値は, 境界で定義されているときはそのままとし, 定義されていないときには内部の点における値の極限値をもってする.

§27. 曲面積

な一定値に収束するならば，この極限値をもって D 上の曲面 $z=f(x,y)$ の**面積**と定義するのである．

f_x, f_y が D において連続であるとき，この曲面の面積は確定する．実際，和 $\sum \sigma_{i,j}$ が一定値に収束することは，次のようにして証明せられる．曲面上の点 $(\xi_i, \eta_j, \zeta_{i,j})$ における接平面の方程式は

$$z - \zeta_{i,j} = f_x(\xi_i, \eta_j)(x - \xi_i) + f_y(\xi_i, \eta_j)(y - \eta_j)$$

である．この接平面が (x,y) 平面となす角の鋭角を $\gamma_{i,j}$ とすれば，

$$\sec \gamma_{i,j} = \sqrt{1 + f_x(\xi_i, \eta_j)^2 + f_y(\xi_i, \eta_j)^2}.$$

よって

$$\sum \sigma_{i,j} = \sum \sec \gamma_{i,j} \cdot \omega_{i,j} = \sum \sqrt{1 + f_x(\xi_i, \eta_j)^2 + f_y(\xi_i, \eta_j)^2}\, \Delta x_i \Delta y_j.$$

$\max\{\Delta x_i, \Delta y_j\} \to 0$ なるように分割を密にしていけば，$\sum \sigma_{i,j}$ は二重積分

$$\iint_D \sqrt{1 + f_x^2 + f_y^2}\, dxdy = \iint_D \sqrt{1 + \left(\frac{\partial z}{\partial x}\right)^2 + \left(\frac{\partial z}{\partial y}\right)^2}\, dxdy$$

に収束する．したがって，曲面の面積 S は

$$(27.1) \qquad S = \iint_D \sqrt{1 + \left(\frac{\partial z}{\partial x}\right)^2 + \left(\frac{\partial z}{\partial y}\right)^2}\, dxdy$$

によって与えられることが証明できた．

曲面積の定義は次のようにすることもできる．曲面を小区域に分割し，この小区域内の一点における接平面へのこの小区域の正射影の面積の和を作る．分割を細かくしていったときのこの和の極限値をもって面積とするのである．これでも同じ結果になる．こうすると (27.1) の導き方は少しく面倒になるが，その代わりに曲面積が曲面の表示の仕方に無関係な量であるということは自明となる．

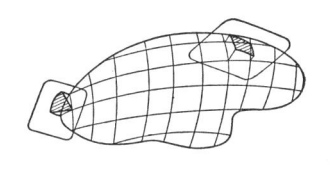

図 72

なお，閉曲面とか D 上に二重に曲面があるときなどは，適当に上の型の曲面に分割し，各部分の面積の総和を求めればよい．[1]

---

[1] 曲面積の場合にも，面積の場合の定理 17.2, 曲線の長さの場合の定理 18.1, 18.2 に相当する加法性の定理や連続性の定理が成立するのである．

また，(27.1) を導くときには f_x, f_y が D において連続と仮定したが，f_x, f_y が D の境界で不連続になる場合でも（ただし接平面は存在するものとする），広義積分 (27.1) が存在するときには，この値をもって曲面の面積とすることができるのである．

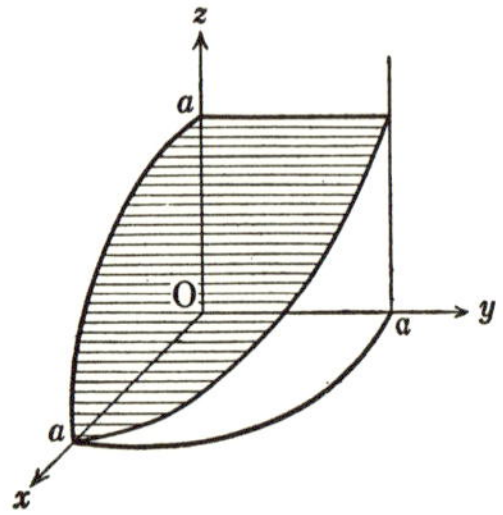

例 1. 円柱面 $x^2+y^2=a^2$ の内側にある他の円柱面 $x^2+z^2=a^2$ の部分の面積を求めよ．

曲面の対称性から，図のような (x,y) 平面上の四分円 $x^2+y^2 \leq a^2$, $x \geq 0$, $y \geq 0$ を D とし，D 上にある曲面の面積を S とすれば，求めるものは $8S$ となる．D 上の曲面の方程式は

$$z=\sqrt{a^2-x^2}. \quad \therefore \quad \frac{\partial z}{\partial x}=-\frac{x}{\sqrt{a^2-x^2}}, \quad \frac{\partial z}{\partial y}=0.$$

図 73

よって
$$S=\iint_D \sqrt{1+\frac{x^2}{a^2-x^2}}\,dxdy = a\iint_D \frac{dxdy}{\sqrt{a^2-x^2}}$$
$$= a\int_0^a dx \int_0^{\sqrt{a^2-x^2}} \frac{dy}{\sqrt{a^2-x^2}} = a\int_0^a dx = a^2.$$

ゆえに求める全面積は $8a^2$ である．

曲面の方程式が，円柱座標を用いて
$$z=f(x,y)=F(r,\theta), \quad x=r\cos\theta, \quad y=r\sin\theta$$
と表わされるときには
$$\frac{\partial z}{\partial r} = \frac{\partial z}{\partial x}\cos\theta + \frac{\partial z}{\partial y}\sin\theta, \quad \frac{1}{r}\frac{\partial z}{\partial \theta} = -\frac{\partial z}{\partial x}\sin\theta + \frac{\partial z}{\partial y}\cos\theta.$$
両辺を平方して加えれば，
$$\left(\frac{\partial z}{\partial r}\right)^2 + \frac{1}{r^2}\left(\frac{\partial z}{\partial \theta}\right)^2 = \left(\frac{\partial z}{\partial x}\right)^2 + \left(\frac{\partial z}{\partial y}\right)^2.$$
$$\therefore \sqrt{1+\left(\frac{\partial z}{\partial x}\right)^2+\left(\frac{\partial z}{\partial y}\right)^2} = \frac{1}{r}\sqrt{r^2+r^2\left(\frac{\partial z}{\partial r}\right)^2+\left(\frac{\partial z}{\partial \theta}\right)^2}.$$
よって次の公式が得られる．

(27.2) $$S=\iint_{D'} \sqrt{r^2+r^2\left(\frac{\partial z}{\partial r}\right)^2+\left(\frac{\partial z}{\partial \theta}\right)^2}\,drd\theta.$$

ただし，D' は D に対応する (r,θ) 平面上の閉領域である．

例 2. 球面 $x^2+y^2+z^2=a^2$ の円柱面 $x^2+y^2=ax$ の内側にある部分の面積を求めよ．

§27. 曲面積

円柱座標を用いれば球面，円柱面の方程式はそれぞれ
$$r^2+z^2=a^2, \quad r=a\cos\theta$$
となる．

(x,y) 平面上で円 $r=a\cos\theta$ で囲まれる部分を D とし，この上にある球面の部分の面積を S とすれば，求める面積は $2S$ となる．D 上の球面の方程式は

$$z=\sqrt{a^2-r^2}. \quad \therefore \quad \frac{\partial z}{\partial r}=-\frac{r}{\sqrt{a^2-r^2}}, \quad \frac{\partial z}{\partial \theta}=0.$$

$$\therefore \quad r^2+r^2\left(\frac{\partial z}{\partial r}\right)^2+\left(\frac{\partial z}{\partial \theta}\right)^2=\frac{a^2r^2}{a^2-r^2}.$$

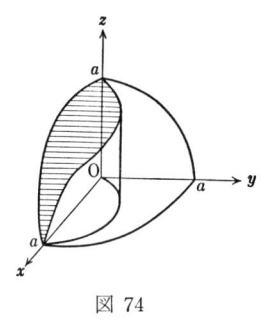

図 74

よって，求める全面積は

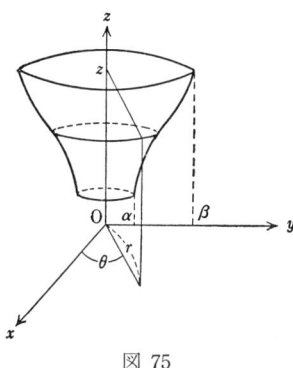

$$2S=2\iint_{D'}\frac{ar}{\sqrt{a^2-r^2}}drd\theta=2\int_{-\pi/2}^{\pi/2}d\theta\int_0^{a\cos\theta}\frac{ar}{\sqrt{a^2-r^2}}dr$$
$$=4a^2\int_0^{\pi/2}(1-\sin\theta)d\theta=2a^2(\pi-2).$$

特に，曲面が z 軸のまわりの回転面の場合には，z は r だけの函数になる．これを $z=f(r)$ とすれば，(27.2) は

$$S=\iint_{D'}r\sqrt{1+f'(r)^2}\,drd\theta$$

となるが，曲面が $r=\alpha$ から $r=\beta$ ($\alpha<\beta$) の間にあるならば，

$$(27.3) \quad S=2\pi\int_\alpha^\beta r\sqrt{1+f'(r)^2}dr$$

図 75

$$=2\pi\int_\alpha^\beta r\sqrt{1+\left(\frac{dz}{dr}\right)^2}dr$$

なる公式を得る．

例 3. 回転楕円面 $\dfrac{x^2+y^2}{a^2}+\dfrac{z^2}{c^2}=1$ の面積を求めよ．

この曲面は楕円 $\dfrac{x^2}{a^2}+\dfrac{z^2}{c^2}=1$ が z 軸のまわりに回転してできたものである．$x=r\cos\theta$, $y=r\sin\theta$ とおけば方程式は

$$z=\pm\frac{c}{a}\sqrt{a^2-r^2}. \quad \therefore \quad \frac{dz}{dr}=\mp\frac{cr}{a\sqrt{a^2-r^2}}.$$

(27.3) より，求める面積は

$$S=4\pi\int_0^a r\sqrt{1+\frac{c^2r^2}{a^2(a^2-r^2)}}dr=\frac{4\pi a}{c^2}\int_0^c\sqrt{c^4+(a^2-c^2)t^2}dt$$

$$\left(t=\frac{c}{a}\sqrt{a^2-r^2}\right).$$

$a>c$ のとき

$$\begin{aligned}S&=\frac{2\pi a}{c^2}\sqrt{a^2-c^2}\left[t\sqrt{\frac{c^4}{a^2-c^2}+t^2}+\frac{c^4}{a^2-c^2}\log\left(t+\sqrt{\frac{c^4}{a^2-c^2}+t^2}\right)\right]_0^c\\&=\frac{2\pi a}{c^2}\sqrt{a^2-c^2}\left(\frac{ac^2}{\sqrt{a^2-c^2}}+\frac{c^4}{a^2-c^2}\log\frac{a+\sqrt{a^2-c^2}}{c}\right)\\&=\pi\left(2a^2+\frac{c^2}{k}\log\frac{1+k}{1-k}\right)\qquad\left(k=\sqrt{1-\frac{c^2}{a^2}}:\ \text{離心率}\right).\end{aligned}$$

$a<c$ のとき

$$\begin{aligned}S&=\frac{2\pi a}{c^2}\sqrt{c^2-a^2}\left[t\sqrt{\frac{c^4}{c^2-a^2}-t^2}+\frac{c^4}{c^2-a^2}\sin^{-1}\frac{\sqrt{c^2-a^2}}{c^2}t\right]_0^c\\&=\frac{2\pi a}{c^2}\sqrt{c^2-a^2}\left(\frac{ac^2}{\sqrt{c^2-a^2}}+\frac{c^4}{c^2-a^2}\sin^{-1}\frac{\sqrt{c^2-a^2}}{c}\right)\\&=2\pi a\left(a+\frac{c}{k}\sin^{-1}k\right)\qquad\left(k=\sqrt{1-\frac{a^2}{c^2}}:\ \text{離心率}\right).\end{aligned}$$

(27.3) は回転面の面積を与える公式ではあるが，その回転面は軸に平行な直線と一点でしか交わらないものに限られていた．そこで，もっと一般な回転面の面積を与える公式を導いてみよう．

(x, y) 平面における曲線

$$y=f(x)\geqq 0,\qquad a\leqq x\leqq b$$

を x 軸のまわりに回転してできる回転面を考えることにする．

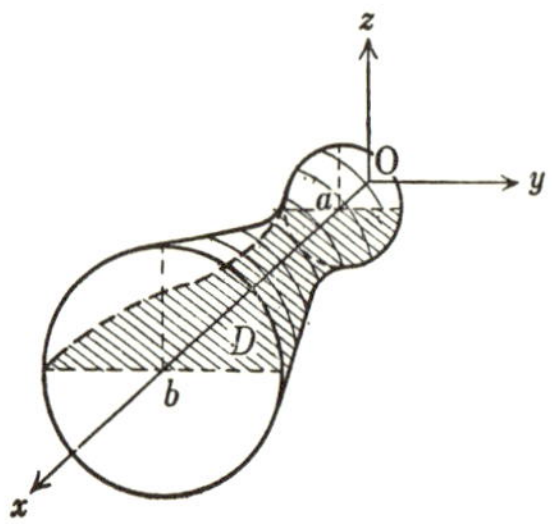

図 76

この曲面の方程式は $f(x)=\sqrt{y^2+z^2}$ となるが，これを z について解けば

$$z=\pm\sqrt{f(x)^2-y^2}.$$

$z\geqq 0$ なる部分だけ考えることにして

$$\frac{\partial z}{\partial x}=\frac{f(x)f'(x)}{\sqrt{f(x)^2-y^2}},\quad \frac{\partial z}{\partial y}=-\frac{y}{\sqrt{f(x)^2-y^2}}.$$

$$\therefore\quad \sqrt{1+\left(\frac{\partial z}{\partial x}\right)^2+\left(\frac{\partial z}{\partial y}\right)^2}=\frac{f(x)\sqrt{1+f'(x)^2}}{\sqrt{f(x)^2-y^2}}.$$

したがって，この回転面の (x, y) 平面への正射影を D とするとき，回転面の面積は

$$S = 2\iint_D \frac{f(x)\sqrt{1+f'(x)^2}}{\sqrt{f(x)^2-y^2}}dxdy$$

$$= 4\int_a^b f(x)\sqrt{1+f'(x)^2}dx \int_0^{f(x)} \frac{dy}{\sqrt{f(x)^2-y^2}}$$

$$= 4\int_a^b f(x)\sqrt{1+f'(x)^2}\left[\sin^{-1}\frac{y}{f(x)}\right]_0^{f(x)} dx.$$

よって

(27.4) $$S = 2\pi \int_a^b f(x)\sqrt{1+f'(x)^2}dx$$

なる結果を得る．

例 4. (x, y) 平面上の円 $x^2+(y-c)^2=a^2$ ($c \geq a > 0$) が x 軸のまわりに回転してできる円環体の表面積を求めよ．

円の上半部 $y=c+\sqrt{a^2-x^2}$ と下半部 $y=c-\sqrt{a^2-x^2}$ がそれぞれ x 軸のまわりに回転してできる回転面の面積の和が求めるものである．

$$y' = \mp\frac{x}{\sqrt{a^2-x^2}}. \quad \therefore \quad \sqrt{1+(y')^2} = \frac{a}{\sqrt{a^2-x^2}}.$$

図 77

ゆえに，求める表面積は

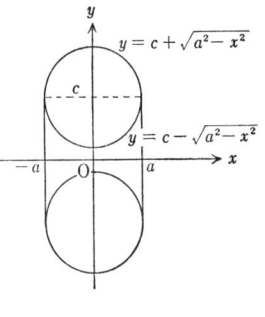

$$2\pi\int_{-a}^a \left\{(c+\sqrt{a^2-x^2})\frac{a}{\sqrt{a^2-x^2}} + (c-\sqrt{a^2-x^2})\frac{a}{\sqrt{a^2-x^2}}\right\}dx$$

$$= 8ac\pi\int_0^a \frac{dx}{\sqrt{a^2-x^2}} = 8ac\pi\left[\sin^{-1}\frac{x}{a}\right]_0^a = 4ac\pi^2.$$

$4ac\pi^2 = 2a\pi \times 2c\pi$ であるから，この表面積は，与えられた円周の長さと円の中心が回転して生ずる円周の長さの積になっている．

最後に，曲面の方程式が助変数 u, v を用いて

$$x = x(u, v), \quad y = y(u, v), \quad z = z(u, v)$$

と表わされている一般の場合を考えよう．ただし，(u, v) は閉領域 D' 上を動くものとし，$x_u, x_v, y_u, y_v, z_u, z_v$ はすべて D' で連続，かつ

とする.
$$z_u = z_x x_u + z_y y_u, \quad z_v = z_x x_v + z_y y_v.$$
これを z_x, z_y について解けば,
$$z_x = -\frac{\partial(y,z)}{\partial(u,v)} \Big/ \frac{\partial(x,y)}{\partial(u,v)}, \quad z_y = -\frac{\partial(z,x)}{\partial(u,v)} \Big/ \frac{\partial(x,y)}{\partial(u,v)}.$$
したがって
$$1 + z_x^2 + z_y^2 = \left\{ \left(\frac{\partial(y,z)}{\partial(u,v)}\right)^2 + \left(\frac{\partial(z,x)}{\partial(u,v)}\right)^2 + \left(\frac{\partial(x,y)}{\partial(u,v)}\right)^2 \right\} \Big/ \left(\frac{\partial(x,y)}{\partial(u,v)}\right)^2.$$
この右辺を計算すれば,
$$E = x_u^2 + y_u^2 + z_u^2, \quad G = x_v^2 + y_v^2 + z_v^2, \quad F = x_u x_v + y_u y_v + z_u z_v$$
とおいて
$$(EG - F^2) \Big/ \left(\frac{\partial(x,y)}{\partial(u,v)}\right)^2$$
となる.

ゆえに曲面の面積は, 定理24.1と公式 (27.1) とから

(27.5) $$S = \iint_{D'} \sqrt{EG - F^2}\, du\, dv$$

となる.

この結果を利用して極座標による曲面積の公式を導いてみよう. 極座標を用いての曲面の方程式を $r = f(\theta, \varphi)$ とすれば,
$$x = r\sin\theta\cos\varphi, \quad y = r\sin\theta\sin\varphi, \quad z = r\cos\theta$$
であるから, $u = \theta, v = \varphi$ とおいて E, G, F を計算すれば,
$$E = \left(\frac{\partial r}{\partial \theta}\right)^2 + r^2, \quad G = \left(\frac{\partial r}{\partial \varphi}\right)^2 + r^2 \sin^2\theta, \quad F = \frac{\partial r}{\partial \theta} \cdot \frac{\partial r}{\partial \varphi}.$$
$du\,dv = d\theta\,d\varphi$ であるから, (27.5) は

(27.6) $$S = \iint_{D'} \sqrt{\left(\frac{\partial r}{\partial \theta}\right)^2 \sin^2\theta + \left(\frac{\partial r}{\partial \varphi}\right)^2 + r^2 \sin^2\theta}\; r\, d\theta\, d\varphi.$$

この式より, 半径 a の球面上の部分を θ, φ で表わして E とするとき, この

面積は，$r\equiv a$ とおいて

(27.7) $$S = a^2 \iint_E \sin\theta\, d\theta\, d\varphi$$

なることが導かれる．特に，E を $0\leq\theta\leq\pi$, $0\leq\varphi\leq 2\pi$ ととれば，

$$a^2 \int_0^{2\pi}\int_0^{\pi} \sin\theta\, d\theta d\varphi = 4a^2\pi$$

となるが，これは半径 a の球面の面積を表わす．

例 5. 球面 $x^2+y^2+z^2=1$ が柱面 $x=1-z^2$ によって切りとられる部分のうち，点 $\left(\dfrac{1}{\sqrt{2}}, 0, \dfrac{1}{\sqrt{2}}\right)$ を含む部分の面積を求めよ．

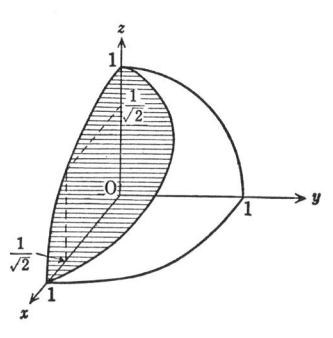

図 78

与えられた球面と柱面との交線を極座標で表わせば，

$$r=1, \quad \sin\theta = \cos\varphi$$

である．したがって題意の面積は，(27.7) より

$$2\int_0^{\pi/2} d\varphi \int_0^{\pi/2-\varphi} \sin\theta\, d\theta = 2\int_0^{\pi/2}(1-\sin\varphi)\,d\varphi$$
$$= 2[\varphi + \cos\varphi]_0^{\pi/2} = \pi - 2.$$

問 1. 平面 $\dfrac{x}{a}+\dfrac{y}{b}+\dfrac{z}{c}=1\,(a,b,c>0)$ が座標面によって切りとられる部分の面積を求めよ．

問 2. (x,y) 平面上の三角形 $x\geq 0, y\geq 0, x+y\leq 1$ 上にある曲面 $z=1-x^2$ の部分の面積を求めよ．

問 3. 二つの柱面 $y^2=ax-x^2, z^2=4ax\,(a>0)$ によって囲まれる立体の表面積を求めよ．

問 4. (x,y) 平面上の四分円 $x\geq 0,\; y\geq 0,\; x^2+y^2\leq a^2$ の上にある曲面 $z=b\tan^{-1}\dfrac{y}{x}$ $(b>0)$ の部分の面積を求めよ．

問 5. 半径 a の球面の，その一つの直径に垂直な間隔 h の二平面の間にある部分の面積は $2a\pi h$ であることを証明せよ．

問 6. (x,y) 平面上の曲線 $y=\sin x\,(0\leq x\leq\pi)$ を x 軸のまわりに回転してできる回転面の面積を求めよ．

問 7. 星ぼう形 $x^{2/3}+y^{2/3}=a^{2/3}\,(a>0)$ を x 軸のまわりに回転してできる回転面の面積を求めよ．

§28. 平均値と重心

一変数の連続函数 $f(x)$ の区間 $[a,b]$ における平均値は，すでに §20 で述べたように

$$\frac{1}{b-a}\int_a^b f(x)\,dx$$

である．この平均値の概念を二変数あるいは三変数の場合に拡張すれば次のようになる．

$w=f(x,y)$ を閉領域 D における連続函数とするとき，

(28.1)
$$\frac{\iint_D f(x,y)\,dxdy}{\iint_D dxdy}$$

を D における w の**平均値**という．また，$w=f(x,y,z)$ を空間内の閉領域 R における連続函数とするとき，

(28.2)
$$\frac{\iiint_R f(x,y,z)\,dxdydz}{\iiint_R dxdydz}$$

を R における w の**平均値**という．

この場合においても，w の平均値は独立変数の選び方によって相異なる値となることはもちろんである．

例1. 円板の密度が中心からの距離の平方に比例するとき，その平均密度は縁の密度の半分であることを証明せよ．

円板を $x^2+y^2 \leq a^2$ とし，密度を $\rho=k(x^2+y^2)$ としよう（k は比例定数）．しかるとき，平均密度は

$$\frac{k}{\pi a^2}\iint_{x^2+y^2\leq a^2}(x^2+y^2)\,dxdy = \frac{k}{\pi a^2}\iint_{r\leq a}r^3\,drd\theta = \frac{ka^2}{2}.$$

縁の密度は ka^2 であるから，これで証明されたことになる．

この平均値を求める演算の一応用として，重心について考えてみよう．

空間内に質量 $m_1, m_2, \cdots, m_n$ の n 個の質点があり，その座標を (x_1,y_1,z_1)，$(x_2,y_2,z_2),\cdots,(x_n,y_n,z_n)$ とするとき，この質点系の重心の座標は

§28. 平均値と重心

$$(28.3) \quad X=\frac{\sum_{i=1}^{n}m_ix_i}{\sum_{i=1}^{n}m_i},\quad Y=\frac{\sum_{i=1}^{n}m_iy_i}{\sum_{i=1}^{n}m_i},\quad Z=\frac{\sum_{i=1}^{n}m_iz_i}{\sum_{i=1}^{n}m_i}$$

である.

連続的物体 R の重心については次のように考える. 各座標に平行な平面で小さい直方体に分け,このうち R に含まれるものを $\{R_i\}$ とする. R_i の各辺(稜)の長さを $\Delta x_i,\Delta y_i,\Delta z_i$ とし,R の連続密度を $\rho(x,y,z)$,R_i 上の適当な点を (ξ_i,η_i,ζ_i) とすれば,R_i の質量は

$$\rho(\xi_i,\eta_i,\zeta_i)\Delta x_i\Delta y_i\Delta z_i=m_i$$

である. 各直方体 R_i の中心に質量 m_i の質点があると考えたとき,この質点系の重心の座標は,R_i の中心の座標を (x_i,y_i,z_i) とするとき,

$$\left(\frac{\sum m_ix_i}{\sum m_i},\ \frac{\sum m_iy_i}{\sum m_i},\ \frac{\sum m_iz_i}{\sum m_i}\right)$$

となる. ここで $\Delta x_i \to 0,\ \Delta y_i \to 0,\ \Delta z_i \to 0$ となるように分割を密にしていったとき,この各座標は

$$(28.4)\quad \begin{cases} X=\iiint_R \rho(x,y,z)\,x\,dxdydz/M, \\ Y=\iiint_R \rho(x,y,z)\,y\,dxdydz/M, \\ Z=\iiint_R \rho(x,y,z)\,z\,dxdydz/M \end{cases}$$

に収束する. ただし

$$(28.5)\quad M=\iiint_R \rho(x,y,z)\,dxdydz$$

で,これは R の全質量を表わす. この点 (X,Y,Z) を**物体 R の重心**という.

例 2. 密度が底面からの距離に比例する半球体 $x^2+y^2+z^2\leqq a^2,\ z\geqq 0$ の重心を求めよ.

$X=0,\ Y=0$ なることは明らかである. 次に,密度を ρ,比例定数を k とすれば $\rho=kz$ であるから,この半球 R の全質量は

$$\iiint_R kz\,dxdydz=k\pi\int_0^a z(a^2-z^2)\,dz=\frac{k\pi a^4}{4}.$$

ゆえに,重心の z 座標は

$$Z = \frac{4}{k\pi a^4} \iiint_R kz^2 dxdydz = \frac{4}{a^4} \int_0^a z^2(a^2-z^2)dz = \frac{8}{15}a.$$

次に曲面の重心について考える．曲面が (x, y) 平面上の閉領域 D における連続関数 $z = f(x, y)$ によって与えられ，その上の点 (x, y, z) における連続密度が $\rho(x, y)$ で与えられているとき，この**曲面の重心**の各座標は

(28.6)
$$\begin{cases} X = \iint_D \rho(x,y) x \sqrt{1+\left(\frac{\partial f}{\partial x}\right)^2 + \left(\frac{\partial f}{\partial y}\right)^2} dxdy / M, \\ Y = \iint_D \rho(x,y) y \sqrt{1+\left(\frac{\partial f}{\partial x}\right)^2 + \left(\frac{\partial f}{\partial y}\right)^2} dxdy / M, \\ Z = \iint_D \rho(x,y) z \sqrt{1+\left(\frac{\partial f}{\partial x}\right)^2 + \left(\frac{\partial f}{\partial y}\right)^2} dxdy / M \end{cases}$$

と与えられる．ここに

(28.7)
$$M = \iint_D \rho(x,y) \sqrt{1+\left(\frac{\partial f}{\partial x}\right)^2 + \left(\frac{\partial f}{\partial y}\right)^2} dxdy$$

であって，これは曲面の全質量を表わす．

一様な物体の重心を求めるには ρ (密度)$\equiv 1$ とおいて計算すればよいことはその重心の定義から明らかであろう．

例 3. 一様な密度の半球面 $x^2+y^2+z^2=a^2$，$z \geqq 0$ の重心を求めよ．

$X=0$，$Y=0$ なることは明らかである．半球面を円柱座標 (r, θ, z) で表わせば

$$z = \sqrt{a^2-r^2}. \qquad \therefore \quad \frac{\partial z}{\partial r} = -\frac{r}{\sqrt{a^2-r^2}}, \quad \frac{\partial z}{\partial \theta} = 0.$$

よって，重心の z 座標を円柱座標に変換して求めれば，

$$Z = \frac{1}{2\pi a^2} \iint_{r \leqq a} z\sqrt{r^2 + r^2\left(\frac{\partial z}{\partial r}\right)^2 + \left(\frac{\partial z}{\partial \theta}\right)^2} drd\theta = \frac{1}{2\pi a} \iint_{r \leqq a} r\, drd\theta = \frac{a}{2}.$$

(x, y) 平面上にある連続密度 $\rho(x, y)$ の図形 D の重心は前述の場合において $f \equiv 0$ の場合と考えられるから，その重心の座標は

(28.8) $$X = \iint_D \rho(x,y) x\, dxdy/M, \qquad Y = \iint_D \rho(x,y) y\, dxdy/M.$$

ただし，ここに

(28.9) $$M = \iint_D \rho(x,y)\, dxdy$$

であって，これは D の全質量を表わす．

例 4. 一様な密度の半円形 $x^2+y^2\leq a^2$, $y\geq 0$ の重心を求めよ.

$X=0$ なることは明らかだから,Y を求めてみると

$$Y=\frac{2}{\pi a^2}\iint_{x^2+y^2\leq a^2, y\geq 0} y\,dx\,dy = \frac{2}{\pi a^2}\int_{-a}^{a}dx\int_{0}^{\sqrt{a^2-x^2}} y\,dy$$

$$=\frac{4}{\pi a^2}\int_{0}^{a}\frac{a^2-x^2}{2}dx=\frac{4a}{3\pi}.$$

また,$a\leq x\leq b$ で定義された**曲線 $y=f(x)$ の重心の座標**は,点 (x,y) における連続密度を $\rho(x)$ とするとき,

(28.10) $\quad X=\int_{a}^{b}\rho(x)x\sqrt{1+f'(x)^2}dx/M,\quad Y=\int_{a}^{b}\rho(x)y\sqrt{1+f'(x)^2}dx/M$

によって与えられる.ここに

(28.11) $\quad M=\int_{a}^{b}\rho(x)\sqrt{1+f'(x)^2}dx$

であって,これは曲線の全質量を表わす.

$y=f(x)\geq 0$ とし,この曲線が x 軸のまわりに回転してできる回転面の面積は (27.4) により

$$S=2\pi\int_{a}^{b}f(x)\sqrt{1+f'(x)^2}dx$$

となるが,これを

$$S=\left(2\pi\frac{\int_{a}^{b}f(x)\sqrt{1+f'(x)^2}dx}{\int_{a}^{b}\sqrt{1+f'(x)^2}dx}\right)\left(\int_{a}^{b}\sqrt{1+f'(x)^2}dx\right)$$

と書きなおせば,

(28.12) $\quad S=$(曲線の重心が x 軸のまわりに回転して描く円の長さ)
$\qquad\qquad\times$(曲線の長さ)

という結果を得る(もちろん,ここでは曲線は一様なものとみている).

同様な結果は回転体の体積についてもいえる.すなわち,上の曲線と x 軸との間の図形 D を x 軸のまわりに回転してできる回転体の体積を V とすれば,(26.4) により

$$V=\pi\int_{a}^{b}f(x)^2dx$$

となるが,これを

$$V = 2\pi \int_a^b \frac{y^2}{2} dx = 2\pi \iint_D y\,dx\,dy$$
$$= \left(2\pi \frac{\iint_D y\,dx\,dy}{\iint_D dx\,dy}\right)\left(\iint_D dx\,dy\right)$$

と書きなおせば,

(28.13) $V =$ (図形 D の重心が x 軸のまわりに回転して描く円の長さ)
$\times$ (図形 D の面積)

という結果を得る(ここでも D の密度は一様であると考えている). (28.12), (28.13)のような結果を普通**グルディンの法則**あるいは**パップスの定理**と呼んでいる.

問 1. 楕円 $\frac{x^2}{a^2} + \frac{y^2}{b^2} = 1$ によって囲まれた部分において, その中心からの距離の平方の平均値を求めよ.

問 2. 一様な密度の半球体 $x^2+y^2+z^2 \leq a^2$, $z \geq 0$ の重心を求めよ.

問 3. 一様な密度の半楕円形 $\frac{x^2}{a^2} + \frac{y^2}{b^2} \leq 1$, $y \geq 0$ の重心を求めよ.

問 4. 一様な密度の半円周 $x^2+y^2=a^2$, $y \geq 0$ の重心を求めよ.

§29. 慣性能率

空間内に n 個の質点があり, その質量を $m_1, m_2, \cdots, m_n$ とする. これらの質点の一定直線 l からの距離を $r_1, r_2, \cdots, r_n$ とするとき

(29.1) $$I = \sum_{i=1}^n m_i r_i^2$$

を, この質点系の定直線 l に関する慣性能率という.

連続的物体の慣性能率の定義は次のように与える. 物体 R の一点 (x, y, z) における連続な密度を $\rho(x, y, z)$ とするとき, **一定直線 l に関する R の慣性能率**は

(29.2) $$I = \iiint_R \rho(x,y,z) r(x,y,z)^2 dx\,dy\,dz$$

とする. ただし, $r(x, y, z)$ は点 (x, y, z) と l との距離を表わすものとする.

したがって，特に l が z 軸であるような場合には，この慣性能率は

(29.3) $$I = \iiint_R \rho(x,y,z)(x^2+y^2)dxdydz$$

によって与えられる．

同様に，(x,y) 平面上の密度 $\rho(x,y)$ の平面図形 D の空間内の定直線 l に関する慣性能率は，D の点 (x,y) と l との距離を $r(x,y)$ とするとき

(29.4) $$I = \iint_D \rho(x,y)r(x,y)^2 dxdy$$

によって与えられる．

したがって，D の z 軸に関する慣性能率は

(29.5) $$I = \iint_D \rho(x,y)(x^2+y^2)dxdy$$

となり，y 軸に関する慣性能率は

(29.6) $$I = \iint_D \rho(x,y)x^2 dxdy$$

となる．

慣性能率に関しては次の定理がある．

定理 29.1. 物体 R の直線 l' に関する慣性能率を I'，物体の重心を通って l' に平行な直線 l に関する慣性能率を I とすれば

(29.7) $$I' = I + a^2 M$$

である．ここに，a は l, l' 間の距離，M は物体 R の全質量とする．

証明． 重心を座標の原点にとり，l を z 軸，原点から l' への垂線を x 軸にとるならば

$$I' = \iiint_R \rho\{(x-a)^2 + y^2\}dxdydz$$
$$= \iiint_R \rho(x^2+y^2)dxdydz - 2a\iiint_R \rho x\, dxdydz + a^2 \iiint_R \rho\, dxdydz.$$

ただし，ρ は物体の密度関数とする．上式右辺の第一項は I，第二項は重心が原点であることから 0，第三項は $a^2 M$ である．ゆえに

$$I' = I + a^2 M.$$

定理 29.2. (x,y) 平面上の図形 D の x 軸，y 軸，z 軸に関する慣性能率を

それぞれ I_x, I_y, I_z とすれば,

(29.8) $$I_z = I_x + I_y.$$

証明. 密度を $\rho(x, y)$ とするとき

$$I_z = \iint_D \rho(x^2 + y^2)\,dxdy = \iint_D \rho x^2\,dxdy + \iint_D \rho y^2\,dxdy = I_y + I_x.$$

なお, 物体の質量を M, 定直線 l に関する慣性能率を I とするとき

(29.9) $$\Re = \sqrt{\frac{I}{M}}$$

を, この物体の定直線 l に関する**回転半径**という.

例 1. 一様な密度の半径 a の円板がある. その中心から c なる距離にある点を通って円板に垂直な直線に関するこの円板の回転半径を求めよ.

円板を (x, y) 平面上の原点を中心とする円にとる. この円板の重心は明らかに原点となる(円板の密度が一様だから). z 軸に関する慣性能率は, 密度を ρ (定数) とするとき

$$I = \rho \iint_{x^2+y^2 \leq a^2} (x^2+y^2)\,dxdy = \rho \iint_{r \leq a} r^3 dr d\theta = \frac{\rho \pi a^4}{2}.$$

円板の質量を M とすると $M = \rho \pi a^2$. 定理 29.1 により, 原点から c なる距離にあって円板に垂直な直線に関する慣性能率は $\left(\dfrac{a^2}{2} + c^2\right) M$ となる. ゆえに, 求める回転半径は

$$\sqrt{\frac{a^2}{2} + c^2}.$$

例 2. (x, y) 平面上の密度一様な円環 $r_1 \leq \sqrt{x^2+y^2} \leq r_2$ の, その一つの直径に関する回転半径を求めよ.

x, y, z 軸に関する慣性能率をそれぞれ I_x, I_y, I_z とすれば定理 29.2 により $I_z = I_x + I_y$. しかるに $I_x = I_y$ であることはその対称性から明らかであるから $I_z = 2I_x$. 密度を ρ (定数) とすれば,

$$I_z = \rho \iint_{r_1 \leq \sqrt{x^2+y^2} \leq r_2} (x^2+y^2)\,dxdy$$

$$= \rho \iint_{r_1 \leq r \leq r_2} r^3 dr d\theta$$

$$= \frac{\rho \pi}{2}(r_2^4 - r_1^4). \qquad \therefore\ I_x = \frac{\rho \pi}{4}(r_2^4 - r_1^4).$$

図 79

しかるに, 円環の質量は $M = \rho \pi (r_2^2 - r_1^2)$ であるから, 求める回転半径は

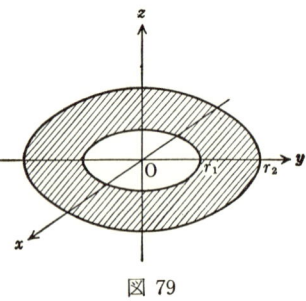

$$\sqrt{\frac{I_x}{M}} = \frac{1}{2}\sqrt{r_2{}^2 + r_1{}^2}.$$

例 3. 一様な密度の半径 a の球がある.この球の,その一つの直径に関する慣性能率と回転半径を求めよ.

円柱座標を用いて球面の方程式を $r^2+z^2=a^2$ とし,密度を ρ(定数)とする.しかるとき,一つの直径たとえば z 軸に関する慣性能率は

$$\rho\iiint_{x^2+y^2+z^2\leqq a^2}(x^2+y^2)dxdydz = \rho\iiint_{r^2+z^2\leqq a^2}r^3 dr d\theta dz$$
$$= 2\rho\pi\int_{-a}^{a}\int_{0}^{\sqrt{a^2-z^2}}r^3 dr dz = \frac{\rho\pi}{2}\int_{-a}^{a}(a^2-z^2)^2 dz = \frac{8}{15}\rho\pi a^5.$$

球の質量 M は $\frac{4}{3}\rho\pi a^3$ であるから,慣性能率は $\frac{2}{5}a^2 M$ と表わされる.また,回転半径は $\sqrt{\frac{2}{5}}a$ となる.

以上はすべて一定直線 l に関する慣性能率について述べて来たが**一定点または一定平面に関する慣性能率**は次のように与えられる.

(29.2)において $r(x,y,z)$ を点 (x,y,z) の一定点からの距離と解すれば,この式はこの定点に関する慣性能率を表わし,また,$r(x,y,z)$ を点 (x,y,z) の一定平面からの距離と解すれば,この式がこの定平面に関する慣性能率を表わすことになるのである.

(29.4)を基として平面図形の定点または定平面に関する慣性能率は同様に定義される.

例 4. 一様な半径 a の円板の,その縁上の一点に関する慣性能率を求めよ.

縁の一点を原点とし円の方程式を極座標を用いて $r=2a\cos\theta$ と表わせば,求める慣性能率は,ρ を一定の密度とするとき

$$\rho\int_{-\pi/2}^{\pi/2}\int_{0}^{2a\cos\theta}r^3 dr d\theta = 4\rho a^4\int_{-\pi/2}^{\pi/2}\cos^4\theta d\theta = \frac{3}{2}\rho\pi a^4 = \frac{3}{2}a^2 M.$$

ただし,M は円板の質量である.

例 5. 半径 a の一様な球の一接平面に関する慣性能率を求めよ.

球の方程式を $x^2+y^2+z^2\leqq a^2$ とし,接平面を x 軸に垂直な平面にとるならば,ρ を密度(定数)とするとき,慣性能率は

$$\rho\iiint_{x^2+y^2+z^2\leqq a^2}(a-x)^2 dxdydz = \frac{4}{3}\rho\pi a^5 + \rho\iiint_{x^2+y^2+z^2\leqq a^2}x^2 dxdydz$$
$$= \frac{4}{3}\rho\pi a^5 + \frac{4}{15}\rho\pi a^5 = \frac{6}{5}a^2 M.$$

ただし，M は球の質量とする．

問 1. 一様な密度の楕円板の，その短軸に関する慣性能率と回転半径を求めよ．

問 2. 一様な密度の直円柱体の，その軸に関する慣性能率と回転半径を求めよ．

問 3. 一様な密度の直方体の，その重心を通って一対の対面に垂直な直線に関する回転半径を求めよ．また，その一つの辺に関する回転半径を求めよ．

問 4. 密度が中心からの距離に比例するような球体の一接平面に関する慣性能率を求めよ．

問 題 6

1. 二つの立体を一定方向の任意の平面で切ったとき，その切口の面積が常に等しいならば，この二つの立体の体積は相等しいことを証明せよ（体積に関する**カバリエリの定理**）．

2. 円 $x^2+(y-c)^2 \leqq a^2$ $(c \geqq a > 0)$ を x 軸のまわりに回転してできる回転体の体積を求めよ．

3. 曲線 $(x^2+y^2)^2 = a^2x^2+b^2y^2$ $(a>b>0)$ を x 軸のまわりに回転して生ずる回転体の体積を求めよ．

4. 回転放物面 $y^2+z^2 = 2ax$ $(a>0)$ の外側にあって，この曲面と球面 $(x-c)^2+y^2+z^2 = r^2$ $(c>r>0)$ とが囲む立体の体積を求めよ．

5. 曲面 $\left(\dfrac{x}{a}\right)^2 + \left(\dfrac{y}{b}\right)^2 + \left(\dfrac{z}{c}\right)^4 = 1$ $(a, b, c > 0)$ によって囲まれる立体の体積を求めよ．

6. 曲面 $z+1 = x^2+y^2$ と (x, y) 平面との間の立体の体積を求めよ．

7. 二曲面 $\left(\dfrac{x}{a}\right)^2 + \left(\dfrac{y}{b}\right)^2 + \left(\dfrac{z}{c}\right)^2 = 1$, $\left(\dfrac{y}{b}\right)^2 + \left(\dfrac{z}{c}\right)^2 = \dfrac{x}{a}$ $(a, b, c > 0)$ が囲む立体の体積を求めよ．

8. 円柱面 $x^2+y^2=a^2$ と二平面 $z=0$, $z=bx$ $(a, b>0)$ が囲む部分の体積を求めよ．

9. 二つの放物柱面 $z=1-x^2$, $x=1-y^2$ によって囲まれる立体を (x, y) 平面で切った部分の体積を求めよ．

10. 曲面 $4z=x^2+y^2$，円柱面 $2x=x^2+y^2$ および (x, y) 平面によって囲まれる立体の体積を求めよ．

11. 円柱面 $x^2+y^2-ax=0$ と二つの平面 $px+my+nz=0$, $qx+my+nz=0$ $(n \neq 0)$ との間の部分の体積を求めよ．

12. 半径 a の円柱面と，その上に中心をもつ半径 $2a$ の球面とによって囲まれる立体のうち，円柱面の内側にある部分の体積を求めよ．

13. 二曲面 $y^2+z^2=4ax$, $x^2+y^2=2ax$ $(a>0)$ によって囲まれる部分の体積を求めよ．

14. 曲面 $z=a-\sqrt{x^2+y^2}$ $(a>0)$ と二平面 $x=0$, $z=x$ との間の部分の体積を求めよ．

15. 閉曲面 $(x^2+y^2+z^2)^3 = 27a^3xyz$ $(a>0)$ の囲む立体の体積を求めよ．

問 題 6

16. 円弧 $x^2+(y-c)^2=a^2$ $(y\geqq 0,\ a\geqq c>0)$ を x 軸のまわりに回転してできる回転面の面積を求めよ．

17. サイクロイド $x=a(t-\sin t),\ y=a(1-\cos t),\ 0\leqq t\leqq 2\pi\ (a>0)$ を x 軸のまわりに回転してできる回転面の面積を求めよ．

18. 閉曲線 $\left(\dfrac{x}{a}\right)^{2/3}+\left(\dfrac{y}{b}\right)^{2/3}=1\ (a>b>0)$ を x 軸のまわりに回転してできる回転面の面積を求めよ．

19. 半径 a の二つの直円柱の軸が直交しているとき，その共通部分の表面積を求めよ．

20. 半径 a の球面の中心が直径 a の円柱面上にあるとき，この球面内にある円柱の側面積を求めよ．

21. 閉曲面 $4x^2+3y^2+z^2=2z$ の内側にある球面 $x^2+y^2+z^2=z$ の部分の面積を求めよ．

22. 閉曲面 $(x^2+y^2+z^2)^2=a^2(x^2-y^2)\ (a>0)$ の面積を求めよ．

23. $\alpha\leqq\theta\leqq\beta$ において $0\leqq f(\theta)\leqq a$ とし，(x,y) 平面上の曲線 $r=f(\theta)$ および二半直線 $\theta=\alpha,\theta=\beta$ によって囲まれる二次元閉領域上にある球面 $x^2+y^2+z^2=a^2$ の部分の面積は
$$a\int_\alpha^\beta\left\{a-\sqrt{a^2-f(\theta)^2}\right\}d\theta$$
によって与えられることを証明し，この結果を用いて $r=a\cos n\theta$（n は正の整数）の一つの輪線図形上にある球面 $x^2+y^2+z^2=a^2$ の部分の面積を求めよ．

24. 一辺の長さ a の正方形において，その中心からの距離の平均値を求めよ．

25. 球の密度が中心からの距離に反比例するとき，その平均密度は表面における密度の $3/2$ であることを証明せよ．

26. 半径 a の球面上の点と，球面の中心から c なる距離にある定点からの距離の平均値を求めよ．

27. 密度一様な扇形の重心を求めよ．

28. サイクロイド $x=a(t-\sin t),\ y=a(1-\cos t),\ 0\leqq t\leqq 2\pi\ (a>0)$ と x 軸との間の密度一様な図形の重心を求めよ．

29. $r=a(1+\cos\theta)$ によって囲まれる密度一様な図形の重心を求めよ．

30. 高さ h の密度一様な直円錐体の重心，および，その側面の重心を求めよ．

31. 密度一様な半楕円体 $\dfrac{x^2}{a^2}+\dfrac{y^2}{b^2}+\dfrac{z^2}{c^2}\leqq 1,\ z\geqq 0$ の重心を求めよ．

32. 密度一様な半楕円面 $\dfrac{x^2+y^2}{a^2}+\dfrac{z^2}{c^2}=1,\ z\geqq 0$ の重心を求めよ．

33. 密度一様な曲線弧 $x^{2/3}+y^{2/3}=a^{2/3},\ x\geqq 0,y\geqq 0\ (a>0)$ の重心，ならびに，この弧が x 軸のまわりに回転してできる回転面の重心を求めよ．

34. 密度が中心からの距離に反比例するような円環の，その一つの直径に関する回転半径を求めよ．

35. 密度一様な半円板の，その底辺に平行な接線に関する慣性能率と回転半径を求めよ．

36. 密度一様な直円錐体の，その軸に関する慣性能率と回転半径を求めよ．

37. 半径 a の円が，その中心より $b(>a)$ なる距離にある一定直線を軸として回転して一様な密度の円環体を作るとき，この円環体のその軸に関する回転半径は $\sqrt{\dfrac{3}{4}a^2+b^2}$ なることを証明せよ．

38. 密度一様な楕円体 $\dfrac{x^2}{a^2}+\dfrac{y^2}{b^2}+\dfrac{z^2}{c^2}\leqq 1$ の z 軸に関する慣性能率と回転半径を求めよ．

39. 角 A を直角とする密度一様な直角三角形 ABC の頂点 A に関する慣性能率，および，辺 AB に関する慣性能率を求めよ．

40. 半径 $a, b\ (b>a)$ の同心球面によって囲まれる密度一様な球環の，その中心を通る平面に関する慣性能率を求めよ．

第7章　重積分続論

§30. 線積分とガウス，グリーンの公式

単一積分の拡張として，線積分なるものについて考える．平面上に連続曲線 C と，その上の連続函数 $f(x,y)$ が与えられたとしよう．

まず，C が $a \leq x \leq b$ において連続函数 $y = \varphi(x)$ によって与えられている場合を考えれば，曲線上の点は，その点の x 座標を与えれば y 座標は自然に定まるから，C 上の $f(x,y)$ は $a \leq x \leq b$ における連続函数 $f(x,\varphi(x))$ とみなせる．このとき

$$(30.1) \qquad \int_C f(x,y)\,dx = \int_a^b f(x,\varphi(x))\,dx$$

によって，$f(x,y)$ の C にそう（P から Q まで x についての）**線積分**を定義する．ただし $P = (a, \varphi(a))$，$Q = (b, \varphi(b))$ とする．

一般の曲線 C の場合には，次のように考える．C の助変数表示を $x = \varphi(t)$，$y = \psi(t)$ $(\alpha \leq t \leq \beta)$ とする．$[\alpha, \beta]$ の任意の分割 $\Delta : \alpha = t_0 < t_1 < t_2 \cdots < t_n = \beta$ に対し，$t_{i-1} \leq t \leq t_i$ における任意の値 τ_i をとり

$$x_i = \varphi(t_i), \quad y_i = \psi(t_i),$$
$$\xi_i = \varphi(\tau_i), \quad \eta_i = \psi(\tau_i)$$

とおき，和

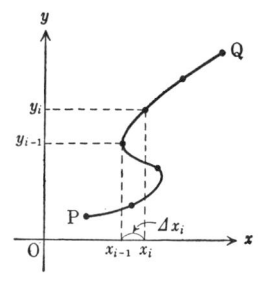

$$S(\Delta) = \sum_{i=1}^n f(\xi_i, \eta_i) \Delta x_i, \quad \Delta x_i = x_i - x_{i-1}$$

図 80

を作る．ここで，$|\Delta| = \max \Delta t_i \to 0$ なるように分割を細かくしていくとき，$S(\Delta)$ が分割の仕方や点 τ_i の取り方に無関係な一定値に近づくとき，その極限値をもって $f(x,y)$ の C にそう線積分

$$(30.2) \qquad \int_C f(x,y)\,dx \left(= \lim_{|\Delta| \to 0} S(\Delta) \right)$$

とするのである．この積分の存在の条件については，次章§36で論ずるが，ここでは $\varphi'(t)$ が $\alpha \leq t \leq \beta$ において連続と仮定して話を進める．

この仮定のもとに
$$x_i - x_{i-1} = \varphi'(\tau_i')(t_i - t_{i-1})$$
なる τ_i' $(t_{i-1} \leq \tau_i' \leq t_i)$ があるから，この τ_i' を用いると
$$S(\varDelta) = \sum_{i=1}^{n} f(\xi_i, \eta_i)\varphi'(\tau_i')\varDelta t_i, \quad \varDelta t_i = t_i - t_{i-1}$$
となる．$\varphi'(t)$ は $[\alpha, \beta]$ で一様連続だから，任意の正数 ε に対し $|t-t'|<\delta$ ならば $|\varphi'(t)-\varphi'(t')|<\varepsilon$ が成り立つような正数 δ が選べる．よって，$\max \varDelta t_i < \delta$ なるように分割をとっておけば $|\varphi'(\tau_i)-\varphi'(\tau_i')|<\varepsilon$．また，$f$ は C で連続だから，ここで有界である．よって $|f|<M$ とすれば
$$\left| S(\varDelta) - \sum_{i=1}^{n} f(\xi_i, \eta_i)\varphi'(\tau_i)\varDelta t_i \right| < M\varepsilon(\beta-\alpha).$$
$|\varDelta| \to 0$ とすれば，
$$\sum_{i=1}^{n} f(\xi_i, \eta_i)\varphi'(\tau_i)\varDelta t_i \to \int_{\alpha}^{\beta} f(\varphi(t), \psi(t))\varphi'(t)\,dt.$$
ε はいくらでも小さく選ばれるのであるから，けっきょく
$$\lim_{|\varDelta| \to 0} S(\varDelta) = \int_{\alpha}^{\beta} f(\varphi(t), \psi(t))\varphi'(t)\,dt.$$
ゆえに

(30.3)
$$\int_C f(x, y)\,dx = \int_{\alpha}^{\beta} f(\varphi(t), \psi(t))\varphi'(t)\,dt.$$

同様に，$\int_C f(x, y)\,dy$ が定義できて，$\psi'(t)$ が $\alpha \leq t \leq \beta$ で連続のとき

(30.4)
$$\int_C f(x, y)\,dy = \int_{\alpha}^{\beta} f(\varphi(t), \psi(t))\psi'(t)\,dt.$$

$g(x, y)$ を C 上の他の連続函数とするとき，(30.3), (30.4) の形の積分を加えた
$$\int_C \{f(x, y)\,dx + g(x, y)\,dy\}$$
も一般に C にそう f, g の線積分といい，$\{\ \}$ を省略して

§30 線積分とガウス，グリーンの公式

$$\int_C f(x,y)\,dx + g(x,y)\,dy$$

と書くことが多い．また，C を**積分の道**というが，C にそってどの方向に積分するかも線積分においては重要であって，これを明示する必要のあるときは (30.3) などは

$$\int_P^Q f(x,y)\,dx, \quad \int_{C,P}^Q f(x,y)\,dx$$

という書き方をすることがある．C が単一閉曲線のとき，C の内部を左に見る向き（時計の針と反対方向）を**正の向き**，反対方向を**負の向き**と呼んでいる．たとえば，C を原点を中心とする単位円（半径 1 の円）とするとき，この上の連続函数 $f(x,y)$ を C にそって正の向きに y について積分するには，C の助変数表示を

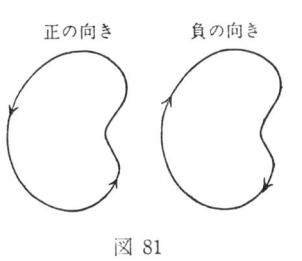

図 81

$$x = \cos t, \quad y = \sin t \quad (0 \leq t \leq 2\pi)$$

として (30.4) を適用すればよく，その値は

$$\int_0^{2\pi} f(\cos t, \sin t) \cos t\,dt$$

となるが，もし負の向きに積分するときには，C の助変数表示を $x = \cos t$, $y = -\sin t$ ($0 \leq t \leq 2\pi$) として (30.4) を適用してよく，結果は前の値の符号を変えたもの（積分の始点と終点とを入れ換えたもの）になる．なお，閉曲線にそう積分では始点 P と終点 Q とは一致し，これはどこにとっても同じである．

例 1. C を $y = x$ ($0 \leq x \leq 1$) なる線分とするとき，

$$\int_C (x - y^2)\,dx + 2xy\,dy = \int_0^1 (x - x^2)\,dx + \int_0^1 2y^2\,dy$$

$$= \left[\frac{x^2}{2} - \frac{x^3}{3}\right]_0^1 + \left[\frac{2}{3}y^3\right]_0^1 = \frac{5}{6}.$$

例 2. C を $y = x^2$ ($0 \leq x \leq 1$) とするとき，

$$\int_C (x - y^2)\,dx + 2xy\,dy = \int_0^1 (x - x^4)\,dx + \int_0^1 2y^{3/2}\,dy$$

$$= \left[\frac{x^2}{2} - \frac{x^5}{5}\right]_0^1 + \left[\frac{4}{5}y^{5/2}\right]_0^1 = \frac{11}{10}.$$

これは
$$\int_C (x-y^2)dx + 2xy\,dy = \int_0^1 (x-x^4)dx + \int_0^1 4x^4 dx$$
$$= \int_0^1 (x+3x^4)dx = \frac{11}{10}$$
と計算してもよい.

例 3. C を $x^2+y^2=1$ とするとき,$x=\cos\theta,\ y=\sin\theta\ (0\leqq\theta\leqq 2\pi)$ とおけば,
$$\int_C (x-y^2)dx + 2xy\,dy = -\int_0^{2\pi}(\cos\theta-\sin^2\theta)\sin\theta\,d\theta$$
$$+2\int_0^{2\pi}\cos^2\theta\sin\theta\,d\theta = 0$$

(閉曲線にあっては,断りのない限り正の向きに積分する).

上の定義では $\varphi'(t), \psi'(t)$ ともに $[\alpha,\beta]$ で連続と仮定したが,たとえ不連続点をもつ場合でも,単一積分を広義積分にとってやればよい.したがって $\varphi'(t), \psi'(t)$ がともに連続であるような曲線弧を有限個つなぎあわせたような曲線にあっても線積分の定義は可能である.

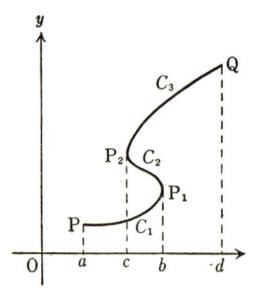

また,C が P から Q に至る図 82 のような曲線である場合には,これを $\widehat{PP_1}, \widehat{P_1P_2}, \widehat{P_2Q}$ と三つの部分に分け,各部分をそれぞれ C_1, C_2, C_3 とすれば

図 82

$$\int_C f(x,y)dx = \int_{C_1}f(x,y)dx + \int_{C_2}f(x,y)dx + \int_{C_3}f(x,y)dx$$

となるが,これを単一積分になおせば,C_i の式を $y=\varphi_i(x)$ とするとき

$$\int_C f(x,y)dx = \int_a^b f(x,\varphi_1(x))dx + \int_b^c f(x,\varphi_2(x))dx + \int_c^d f(x,\varphi_3(x))dx.$$

さらに,C が図 83 のような単一閉曲線のときには,積分の向きを正の向きにとることにして

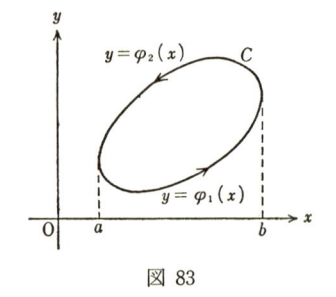

(30.5) $$\int_C f(x,y)dx$$
$$= \int_a^b f(x,\varphi_1(x))dx + \int_b^a f(x,\varphi_2(x))dx$$

図 83

$$= \int_a^b \{f(x, \varphi_1(x)) - f(x, \varphi_2(x))\} dx$$

となる.

特に $f(x, y) \equiv y$ ととれば

(30.6) $$\int_C y\,dx = \int_a^b \{\varphi_1(x) - \varphi_2(x)\} dx$$
$$= -(C \text{ の囲む図形の面積})$$

となることがわかる.

例 4. (30.6) を利用して楕円 $\dfrac{x^2}{a^2} + \dfrac{y^2}{b^2} = 1$ の囲む部分の面積を求めてみる.

$$x = a\cos t, \quad y = b\sin t \quad (0 \leq t \leq 2\pi)$$

と助変数表示をすれば, 面積は

$$-\int_0^{2\pi} b\sin t(-a\sin t)dt = ab\int_0^{2\pi} \sin^2 t\,dt = ab\pi.$$

なお, C が図 84 のような場合, C は四つの部分に分たれるが, 両端の y 軸に平行な線分上での x について線積分は 0 になるから, (30.5), (30.6) はこのような場合でも成立するのである.

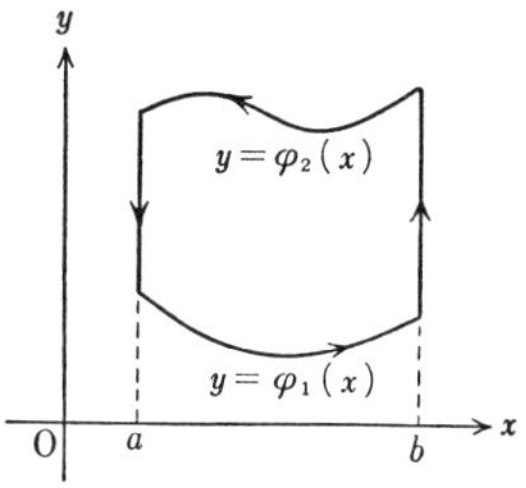

いままでのとは異なった次のような線積分の定義の仕方がある. C を長さのある曲線とし, C の一端 P から曲線上のある点までの長さを s とするならば, C 上の点は s を助変数として

図 84

$$x = u(s), \quad y = v(s) \quad (0 \leq s \leq l)$$

として表わされる. ここに l は曲線の全長である. このとき, **道 C にそう $f(x, y)$ の線積分**を

(30.7) $$\int_C f(x, y)\,ds = \int_0^l f(u(s), v(s))\,ds$$

と定義するのである. この積分にあっては, 他端 Q から測った長さを s と考えてやっても, (30.7) によって同じ値を定義することになるから, この場合積分の向きということは問題にならない.

例 5. C を $x^2 + y^2 = a^2$ なる円とするとき, $x = a\cos\theta, y = a\sin\theta$ $(0 \leq \theta \leq 2\pi)$ とおけば,

$s = a\theta$ と考えてよいから

$$\int_C x^2 ds = a^3 \int_0^{2\pi} \cos^2\theta\, d\theta = a^3\pi.$$

(30.3)の形の線積分と(30.7)の形の線積分との関係をみるため，曲線上の点 (x, y) における接線(C にそう積分の向きをこの接線の向きとする)が x 軸(正の向き)となす角を θ とすれば，

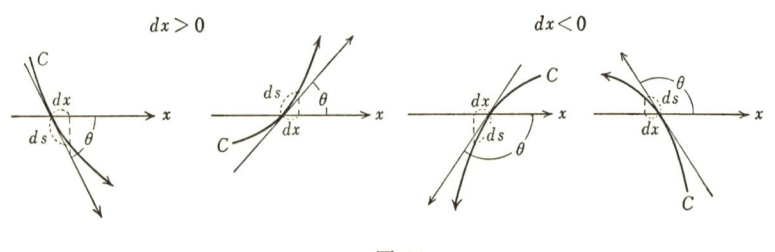

図 85

dx の符号が何であっても常に

$$dx = \cos\theta\, ds.$$

ゆえに

(30.8) $$\int_C f(x, y)\, dx = \int_C f(x, y)\cos\theta\, ds.$$

同様に

$$dy = \sin\theta\, ds$$

となるから，

(30.9) $$\int_C f(x, y)\, dy = \int_C f(x, y)\sin\theta\, ds.$$

ところで，単一閉曲線 C の囲む閉領域を $[C]$ で表わすとき，$f(x, y)$，$\dfrac{\partial}{\partial y} f(x, y)$ がともに $[C]$ で連続とすれば，(30.5)より

(30.10)
$$\int_C f(x, y)\, dx = \int_a^b \{f(x, \varphi_1(x)) - f(x, \varphi_2(x))\}\, dx$$
$$= -\int_a^b \left\{\int_{\varphi_1(x)}^{\varphi_2(x)} \frac{\partial}{\partial y} f(x, y)\, dy\right\} dx = -\iint_{[C]} \frac{\partial}{\partial y} f(x, y)\, dx dy.$$

§30. 線積分とガウス，グリーンの公式

これで線積分と二重積分との一つの関係式が与えられたことになる．

y についての線積分も同様で，C がさらに左の図のように $c \leqq y \leqq d$ における二曲線 $x=\psi_1(y), x=\psi_2(y), \psi_2(y) \geqq \psi_1(y)$（または，これと両端の線分）からなる閉曲線であるとき，$f(x,y), \dfrac{\partial}{\partial x}f(x,y)$ がともに $[C]$ で連続ならば，

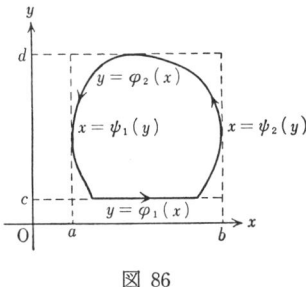

図 86

(30.11) $\quad \displaystyle\int_C f(x,y)\,dy = \int_c^d \{f(\psi_2(y),y) - f(\psi_1(y),y)\}\,dy$
$\quad = \displaystyle\int_c^d \left\{\int_{\psi_1(y)}^{\psi_2(y)} \dfrac{\partial}{\partial x} f(x,y)\,dx\right\}dy = \iint_{[C]} \dfrac{\partial}{\partial x} f(x,y)\,dxdy.$

したがって，C 上で連続な函数 $f(x,y), g(x,y)$ に対して

(30.12) $\quad \displaystyle\int_C f(x,y)\,dx + g(x,y)\,dy = \int_C \{f(x,y)\cos\theta + g(x,y)\sin\theta\}\,ds.$

また，$[C]$ で $f, g, \dfrac{\partial}{\partial y}f, \dfrac{\partial}{\partial x}g$ が連続であるとき

(30.13) $\quad \displaystyle\int_C f(x,y)\,dx + g(x,y)\,dy = -\iint_{[C]} \left(\dfrac{\partial f}{\partial y} - \dfrac{\partial g}{\partial x}\right)dxdy.$

これを**ガウスの公式**という（**グリーンの公式**と呼ぶこともある）．線積分と二重積分との関係を示す重要な公式である．

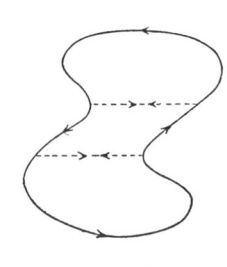

図 87

この公式は，D が図 86 のような場合に導いたのであるが，実はこのような形の領域に分割できるものであればよい．たとえば図 87 のようなものにあっては，図に示したように分割し各個の領域に上の公式を適用すれば，点線部分上の線積分は互に消しあって境界上の線積分だけが残るのである．

例 6. C を一辺の長さ a の正方形の周とするとき，(30.13) によれば

$$\int_C (x^2+y^2)dx + x(1+2y)dy = -\iint_{[C]} \{2y-(1+2y)\}dxdy$$
$$= \iint_{[C]} dxdy = a^2.$$

例 7. 例3の計算は (30.13) によって次のようにすることもできる.
$$\int_C (x-y^2)dx + 2xydy = -\iint_{[C]} (-2y-2y)dxdy$$
$$= 4\iint_{x^2+y^2 \leq 1} ydxdy = 0.$$

いま u, v を $[C]$ でその一次, 二次偏導函数とともに連続な函数とするとき
$$f = v\frac{\partial u}{\partial y}, \qquad g = -v\frac{\partial u}{\partial x}$$
とおけば,

(30.14) $$-\int_C \left(v\frac{\partial u}{\partial y}dx - v\frac{\partial u}{\partial x}dy\right)$$
$$= -\int_C v\left(\frac{\partial u}{\partial y}\cos\theta - \frac{\partial u}{\partial x}\sin\theta\right)ds = \iint_{[C]} \left\{\frac{\partial}{\partial y}\left(v\frac{\partial u}{\partial y}\right) + \frac{\partial}{\partial x}\left(v\frac{\partial u}{\partial x}\right)\right\}dxdy$$
$$= \iint_{[C]} \left(\frac{\partial u}{\partial x}\frac{\partial v}{\partial x} + \frac{\partial u}{\partial y}\frac{\partial v}{\partial y}\right)dxdy + \iint_{[C]} v\left(\frac{\partial^2 u}{\partial x^2} + \frac{\partial^2 u}{\partial y^2}\right)dxdy.$$

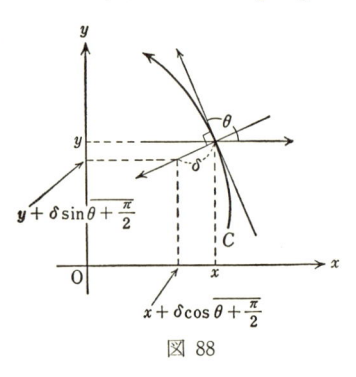

さて, C 上の点 (x, y) において法線を引き, 内部方向を正の向きにとり, この法線にそって u の微係数, すなわち, u の法線方向の微係数 $\dfrac{\partial u}{\partial n}$ を考える. 前述通り接線が x 軸となす角を θ とすれば, この法線が x 軸となす角は $\left(\theta + \dfrac{\pi}{2}\right)$ となるから,

図 88

$$\frac{\partial u}{\partial n} = \lim_{\delta \to +0} \frac{1}{\delta}\left\{u\left(x+\delta\cos\overline{\theta+\frac{\pi}{2}},\ y+\delta\sin\overline{\theta+\frac{\pi}{2}}\right) - u(x, y)\right\}$$
$$= \lim_{\delta \to +0} \frac{1}{\delta}\{u(x-\delta\sin\theta,\ y+\delta\cos\theta) - u(x, y)\}$$
$$= \lim_{\delta \to +0} \frac{1}{\delta}\{[u(x-\delta\sin\theta, y+\delta\cos\theta) - u(x, y+\delta\cos\theta)]$$

$$+[u(x, y+\delta\cos\theta)-u(x, y)]\}$$
$$=-\sin\theta\frac{\partial u}{\partial x}+\cos\theta\frac{\partial u}{\partial y}.$$

ゆえに，(30.14) より

(30.15)
$$-\int_C v\frac{\partial u}{\partial n}ds = -\int_C v\left(\frac{\partial u}{\partial y}\cos\theta - \frac{\partial u}{\partial x}\sin\theta\right)ds$$
$$=\iint_{[C]}\left(\frac{\partial u}{\partial x}\frac{\partial v}{\partial x}+\frac{\partial u}{\partial y}\frac{\partial v}{\partial y}\right)dxdy + \iint_{[C]}v\left(\frac{\partial^2 u}{\partial x^2}+\frac{\partial^2 u}{\partial y^2}\right)dxdy.$$

u と v とを入れ換えて

(30.15′)
$$-\int_C u\frac{\partial v}{\partial n}ds = -\int_C u\left(\frac{\partial v}{\partial y}\cos\theta - \frac{\partial v}{\partial x}\sin\theta\right)ds$$
$$=\iint_{[C]}\left(\frac{\partial u}{\partial x}\frac{\partial v}{\partial x}+\frac{\partial u}{\partial y}\frac{\partial v}{\partial y}\right)dxdy + \iint_{[C]}u\left(\frac{\partial^2 v}{\partial x^2}+\frac{\partial^2 v}{\partial y^2}\right)dxdy.$$

$\Delta u=\dfrac{\partial^2 u}{\partial x^2}+\dfrac{\partial^2 u}{\partial y^2}$, $\Delta v=\dfrac{\partial^2 v}{\partial x^2}+\dfrac{\partial^2 v}{\partial y^2}$ とおいて両式の差をとれば，

(30.16)
$$\iint_{[C]}(v\Delta u - u\Delta v)dxdy = -\int_C\left(v\frac{\partial u}{\partial n}-u\frac{\partial v}{\partial n}\right)ds.$$

(30.15) において $u=v$ とおけば，

(30.17)
$$\iint_{[C]}u\Delta u\,dxdy + \iint_{[C]}\left\{\left(\frac{\partial u}{\partial x}\right)^2+\left(\frac{\partial u}{\partial y}\right)^2\right\}dxdy = -\int_C u\frac{\partial u}{\partial n}ds$$

を得る．これらの諸公式もまた**グリーンの公式**と呼ばれ重要な公式である．

連続な二次偏導函数をもち，かつ，ラプラスの方程式 $\Delta u=0$ を満たす函数を**調和函数**という．調和函数 u に対しては，(30.16) において $v\equiv 1$ とおいて

(30.18)
$$\int_C \frac{\partial u}{\partial n}ds=0$$

なる関係式を得る．

なお，グリーンの諸公式は有限個の閉曲線で囲まれたような閉領域に対しても成立するのであるが，このときその境界にそう線積分の方向や法線の向きは図に示してあるようにとるものとする．また，C は有限個の点を除いて接線の勾配が連続的に変わるものであればよい．

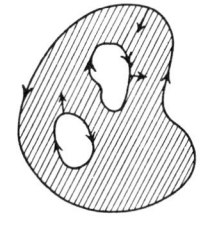

図 89

問 1. 原点を中心とする半径 a の円周を C とするとき,
$$\int_C (x+y)\,dx + (x-y)\,dy$$
を求めよ.

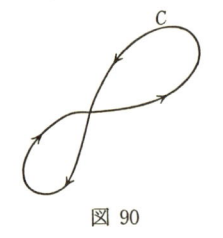

問 2. C を $y=x^n$ ($0 \leq x \leq 1$, $n>0$) なる曲線とするとき,
$$\int_C (x-y^2)\,dx + 2xy\,dy$$
を求めよ.

問 3. C を図のような閉曲線とするとき,
$$\int_C y\,dx$$
は何を意味するかを説明せよ.

図 90

問 4. (30.18) を利用して次のことを証明せよ：調和函数 u の一点における値は，その点を中心とする円周上の u の値の平均値に等しいこと，さらに，その値はその点を中心とする閉円上の u の値の平均値にも等しい.

§31. 面積分とガウス，グリーンの公式

前節の線積分における曲線を曲面に置き換えることによって，あるいは，二重積分における基本平面を曲面に置き換えることによって曲面上での積分の概念が得られる.

与えられた連続曲面を S, S の面積は確定するものとし，S 上の連続函数を $f(x,y,z)$ とする．S を任意に細かい N 個の小区域に分割し，各区域 S_i の面積を σ_i, S_i 上に任意に点 (ξ_i, η_i, ζ_i) をとり，和

$$\sum_{i=1}^N f(\xi_i, \eta_i, \zeta_i)\sigma_i$$

を作る．もし，この小区域の直径を 0 にするように分割を密にしていけば，上の和は分割の仕方や点列 (ξ_i, η_i, ζ_i) の選び方には無関係な一定値に収束する．この極限値を f の S 上における**面積分**といい，記号で

$$\iint_S f(x,y,z)\,d\sigma$$

で表わすことにする．すなわち

(31.1) $$\iint_S f(x,y,z)\,d\sigma = \lim_{N\to\infty} \sum_{i=1}^N f(\xi_i, \eta_i, \zeta_i)\sigma_i$$

§31. 面積分とガウス, グリーンの公式

である.

この定義とは別に, 次のような定義もある. 曲面 S が (x, y) 平面上の閉領域 D 上の函数 $z=\varphi(x, y)$ で表わされているとき, 曲面上の点 (x, y, z) において z は x, y によって定まるから, S 上の函数 $f(x, y, z)$ は D 上の函数 $f(x, y, \varphi(x, y))$ と考えられ, したがって, これの D 上の二重積分が定義される. これをもって, f の S 上における**面積分**と定義し, 記号で

$$(31.2) \qquad \iint_S f(x, y, z)\,dxdy = \iint_D f(x, y, \varphi(x, y))\,dxdy$$

とする.

(31.1) と (31.2) とは明らかに異なる. $z=\varphi(x, y)$ が連続な偏導函数をもつものとして, この二つの面積分間の関係を導こう. D を各座標に平行な直線群で分割したときできる小長方形 $I_{i,j}$ ($x_{i-1} \leq x \leq x_i$, $y_{j-1} \leq y \leq y_j$) の面積を $\omega_{i,j}$ とすれば, この上にある曲面の部分の面積は

$$\begin{aligned}
\sigma_{i,j} &= \int_{x_{i-1}}^{x_i} \int_{y_{j-1}}^{y_j} \sqrt{1+\varphi_x^2+\varphi_y^2}\,dydx \\
&= \sqrt{1+\varphi_x(\xi_i, \eta_j)^2+\varphi_y(\xi_i, \eta_j)^2}\,\omega_{i,j} \\
&\quad (x_{i-1} \leq \xi_i \leq x_i,\ y_{j-1} \leq \eta_j \leq y_j).
\end{aligned}$$

したがって, 曲面上の点 (x, y, z) におけける接平面が (x, y) 平面となす角の鋭角(法線が z 軸となす角の鋭角ともいえる)を $\gamma(x, y)$ とすれば,

$$\sigma_{i,j} \cos \gamma_{i,j} = \omega_{i,j}, \qquad \gamma_{i,j} = \gamma(\xi_i, \eta_j)$$

となるから, $\max\{(x_i-x_{i-1}), (y_j-y_{j-1})\} \to 0$ なるように分割を細かくしていけば,

$$\sum\sum f(\xi_i, \eta_j, \varphi(\xi_i, \eta_j))\cos \gamma_{i,j}\,\sigma_{i,j} \to \iint_S f(x, y, z)\cos \gamma\,d\sigma,$$

$$\sum\sum f(\xi_i, \eta_j, \varphi(\xi_j, \eta_j))\omega_{i,j} \to \iint_S f(x, y, z)\,dxdy.$$

ゆえに

$$(31.3) \qquad \iint_S f(x, y, z)\,dxdy = \iint_S f(x, y, z)\cos \gamma\,d\sigma$$

という関係式が得られた.

ところで，(31.2) の形の積分は，z 軸に平行な直線と交点がただ一つであるような曲面にしか定義されていない．しかし，(31.3) の右辺の積分はそうでない．だから，この関係式 (31.3) が成立するように，(31.2) の形の積分をもっと一般な曲面にまで拡張定義しておくことが望ましい．そのため，曲面 S に向きをつけて考えることにし，面の一方の側を正の側，他の側を負の側と定めておく（どちらを正の側にとるかは自由である）．ただし，曲面によっては正負（表裏）の区別のつけ難いような面もあるが（図 91 に示すような面で，細長い紙片を一度ねじって継ぎあわせたような面——一方の側から縁を通らずその裏側に移れる；**メビウスの帯**といっている），このような面は考えないでおく．

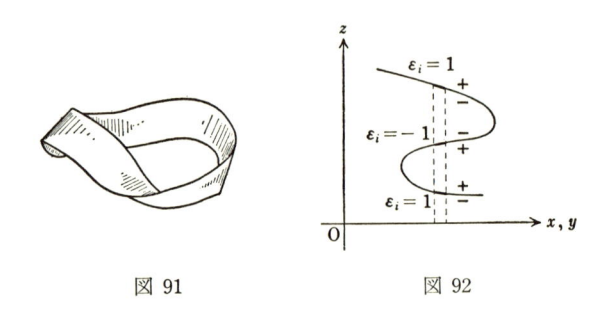

図 91   図 92

さて，曲面 S を前に述べたように細分し，各小区域 S_i は z 軸に平行な直線と一点でしか交わらないようなものか，または，z 軸に平行な線分群からなる曲面の一部分であるようにしておく．S_i の (x, y) 平面への正射影を考え，その面積を ω_i とする．もし，S_i の正の側が上になっているときは $\varepsilon_i = 1$，下になっているときは $\varepsilon_i = -1$ と定め，(ξ_i, η_i, ζ_i) を S_i 上に任意にとり，和

$$\sum_{i=1}^{N} f(\xi_i, \eta_i, \zeta_i) \varepsilon_i \omega_i$$

を作る．[1]

S_i の直径が 0 に収束するように分割を細かくしていったときのこの和の極限値をもって，f の S 上における**面積分**を定義する．すなわち，記号で

---

1) S_i が z 軸に平行なとき，ε_i は不定なのであるが，このとき $\omega_i = 0$ となるから和 $\sum_{i=1}^{N}$ を作るとき影響はない．

$$\text{(31.4)} \qquad \iint_S f(x,y,z)\,dxdy = \lim_{N\to\infty} \sum_{i=1}^{N} f(\xi_i, \eta_i, \zeta_i)\varepsilon_i \omega_i.$$

これは微小面積 $dxdy$ を，正の側が上になっているところでは＋，下になっているところでは－と計量して S の各層について積分したものにほかならない．

このように定義しておくと，S が D 上の二つの曲面 $z=\varphi_1(x,y)$, $z=\varphi_2(x,y)$, $\varphi_2(x,y) \geqq \varphi_1(x,y)$ からなるような場合（図では閉曲面のときを書いてあるが，閉曲面と限らなくてもよい），下面 $z=\varphi_1(x,y)$ で上側を正の側と定めるならば（閉曲面では内側を正の側とすることになる），

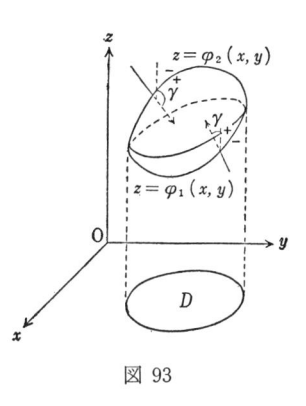

図93

$$\text{(31.5)} \qquad \iint_S f(x,y,z)\,dxdy$$
$$= \iint_D f(x,y,\varphi_1(x,y))\,dxdy - \iint_D f(x,y,\varphi_2(x,y))\,dxdy$$

となる．

法線の（正の）方向を面の負の側から正の側へ向けてとるならば（閉曲面では内部方向が正の向き），この法線が z 軸となす角を γ $(0 \leqq \gamma \leqq \pi)$ とするとき，$z=\varphi_2(x,y)$ なる面上では前の記号をそのまま用いて

$$\omega_i = -\sigma_i \cos \gamma_i,\text{ [1]}$$

$z=\varphi_1(x,y)$ なる面上では

$$\omega_i = \sigma_i \cos \gamma_i.$$

ただし，γ_i は曲面上の小区域 S_i 上の適当な点における γ の値である．上面では $\varepsilon_i = -1$，下面では $\varepsilon_i = 1$ だから

$$\sum_{k=1}^{2} \sum_{i=1}^{N} f(\xi_i, \eta_i, \varphi_k(\xi_i, \eta_i))\varepsilon_i \omega_i \to \iint_S f(x,y,z)\,dxdy,$$

---

[1] 前の $\gamma_{i,j}$ と異なって，この場合 γ_i は鈍角となる．なお，法線は面上連続的に変化するものと仮定する．このような曲面を**滑らかな曲面**という．

$$\sum_{k=1}^{2}\sum_{i=1}^{N}f(\xi_i,\eta_i,\varphi_k(\xi_i,\eta_i))\cos\gamma_i\cdot\sigma_i\to\iint_S f(x,y,z)\cos\gamma\,d\sigma.$$

両式の左辺は相等しいのだから，(31.3) と同様な関係式

(31.6) $$\iint_S f(x,y,z)\,dxdy=\iint_S f(x,y,z)\cos\gamma\,d\sigma$$

を得る.

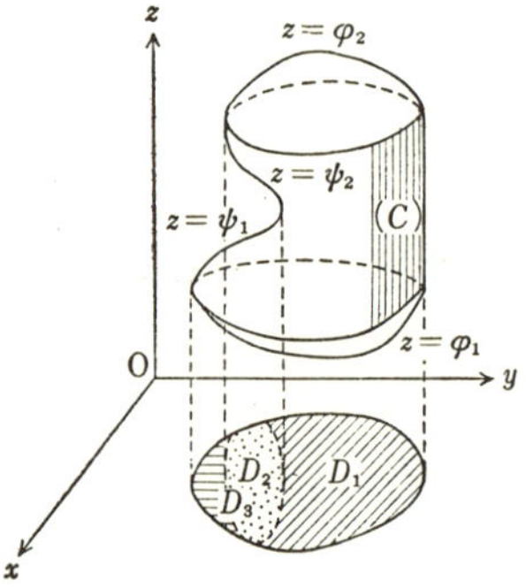

図 94

この公式はさらに一般に S が二重に限らず，三重，四重と平面をおおっているようなときにも成立するし，また，面の一部に z 軸に平行な線分群からなる柱面を含む場合にも成立するのである．なぜならば，柱面を (C) で表わすとき，(C) の (x,y) 平面への正射影の面積は 0 だから $\iint_{(C)}f(x,y,z)\,dxdy=0$ となる．他方 $\iint_{(C)}f(x,y,z)\cos\gamma\,d\sigma$ で $\cos\gamma$ $=0$ となるのだから ($\because\ \gamma=\pi/2$) $\iint_{(C)}f(x,y,z)\cos\gamma\,d\sigma=0$．けっきょく，側面は考慮する必要はなくなるから，やはり (31.6) が成立するのである．

S 上にさらに連続函数 $g(x,y,z),h(x,y,z)$ を考え，これに対しての面積分

$$\iint_S g(x,y,z)\,dzdx,\quad \iint_S h(x,y,z)\,dydz,$$

$$\iint_S g(x,y,z)\,d\sigma,\quad \iint_S h(x,y,z)\,d\sigma$$

の定義はすべて同様である．したがって，

(31.7) $$\iint_S g(x,y,z)\,dzdx=\iint_S g(x,y,z)\cos\beta\,d\sigma,$$

(31.8) $$\iint_S h(x,y,z)\,dydz=\iint_S h(x,y,z)\cos\alpha\,d\sigma.$$

ここに α,β は法線が x 軸，y 軸となす角 ($0\leqq\alpha\leqq\pi,\ 0\leqq\beta\leqq\pi$) である．[1]

---

1) $\cos\alpha,\cos\beta,\cos\gamma$ は法線の方向余弦と呼ばれているものである．

特に，S が閉曲面である場合だけを考えることとし，S が囲む立体を $[S]$ で表わし，f, g, h が $[S]$ で連続な偏導函数をもつとすれば，

$$\iiint_{[S]} \frac{\partial f}{\partial z} dx dy dz \quad (\text{図 94 のようなとき})$$

(31.9)
$$= \iint_{D_1} \{f(x,y,\varphi_2) - f(x,y,\varphi_1)\} dx dy + \iint_{D_2} \{f(x,y,\varphi_2) - f(x,y,\psi_2)\} dx dy$$
$$+ \iint_{D_3} \{f(x,y,\psi_1) - f(x,y,\varphi_1)\} dx dy$$
$$= -\iint_S f(x,y,z) dx dy = -\iint_S f(x,y,z) \cos\gamma \, d\sigma.$$

同様に

(31.10)
$$\iiint_{[S]} \frac{\partial g}{\partial y} dx dy dz = -\iint_S g(x,y,z) dz dx$$
$$= -\iint_S g(x,y,z) \cos\beta \, d\sigma,$$

(31.11)
$$\iiint_{[S]} \frac{\partial h}{\partial x} dx dy dz = -\iint_S h(x,y,z) dy dz$$
$$= -\iint_S h(x,y,z) \cos\alpha \, d\sigma.$$

これら三式を辺々加えて

(31.12)
$$\iiint_{[S]} \left(\frac{\partial h}{\partial x} + \frac{\partial g}{\partial y} + \frac{\partial f}{\partial z} \right) dx dy dz$$
$$= -\iint_S (h\, dy dz + g\, dz dx + f\, dx dy)$$
$$= -\iint_S (h\cos\alpha + g\cos\beta + f\cos\gamma) d\sigma.$$

ここに α, β, γ は内部に向く法線が x 軸，y 軸，z 軸となす角（$0 \leq \alpha, \beta, \gamma \leq \pi$）である．この公式が三変数の場合における**ガウス（グリーン）の公式**である．

例． S を球面 $x^2 + y^2 + z^2 = a^2$ とするとき，(31.12) によれば

$$\iint_S x^3 dy dz + y^3 dz dx + z^3 dx dy = -3 \iiint_{[S]} (x^2 + y^2 + z^2) dx dy dz$$
$$= -3 \iiint_{r \leq a} r^4 \sin\theta \, dr \, d\theta \, d\varphi = -\frac{12}{5} \pi a^5.$$

注意． 本書では，閉曲面の内側を正の側ととって積分を考えているから，このような値がでるのであって，もし反対に外側を正の側ととるならば，その符号が逆になる．このようにとっている本もあるから，注意を要する．どちらをとらねばならぬということはないが，本書のようにとっておけば，二変数のときの閉曲線 C にそう正の向きの線積分の分解式 (30.5) と，閉曲面上での面積分の分解式 (31.5) は全く同じ関係式となる．

また，(31.12) は S が有限個の閉曲面からなる場合にも成り立つのであるが，そのときには，内側の閉曲面での正負は外側のとは逆にとらなければならない．

次に，$[S]$ において連続な二次偏導函数をもつ函数を u, v とし
$$h = v\frac{\partial u}{\partial x}, \quad g = v\frac{\partial u}{\partial y}, \quad f = v\frac{\partial u}{\partial z}$$
とおけば，(31.12) より
$$\iiint_{[S]} \left\{ \frac{\partial}{\partial x}\left(v\frac{\partial u}{\partial x}\right) + \frac{\partial}{\partial y}\left(v\frac{\partial u}{\partial y}\right) + \frac{\partial}{\partial z}\left(v\frac{\partial u}{\partial z}\right) \right\} dxdydz$$
$$= -\iint_S v\left(\frac{\partial u}{\partial x}\cos\alpha + \frac{\partial u}{\partial y}\cos\beta + \frac{\partial u}{\partial z}\cos\gamma\right) d\sigma.$$

$\Delta u = \dfrac{\partial^2 u}{\partial x^2} + \dfrac{\partial^2 u}{\partial y^2} + \dfrac{\partial^2 u}{\partial z^2}$ とおいて，左辺は

$$\iiint_{[S]} \left(\frac{\partial u}{\partial x}\frac{\partial v}{\partial x} + \frac{\partial u}{\partial y}\frac{\partial v}{\partial y} + \frac{\partial u}{\partial z}\frac{\partial v}{\partial z}\right) dxdydz + \iiint_{[S]} v\Delta u\, dxdydz.$$

しかるに，二次元の場合と同様に考えれば，u の内部法線にそう微係数 $\dfrac{\partial u}{\partial n}$ は

(31.13) $$\frac{\partial u}{\partial n} = \frac{\partial u}{\partial x}\cos\alpha + \frac{\partial u}{\partial y}\cos\beta + \frac{\partial u}{\partial z}\cos\gamma$$

となるから，

(31.14)
$$\iiint_{[S]} \left(\frac{\partial u}{\partial x}\frac{\partial v}{\partial x} + \frac{\partial u}{\partial y}\frac{\partial v}{\partial y} + \frac{\partial u}{\partial z}\frac{\partial v}{\partial z}\right) dxdydz$$
$$+ \iiint_{[S]} v\Delta u\, dxdydz = -\iint_S v\frac{\partial u}{\partial n} d\sigma.$$

u と v とを入れかえて式を作り，両式を加えると

(31.15) $$\iiint_{[S]} (v\Delta u - u\Delta v)\, dxdydz = -\iint_S \left(v\frac{\partial u}{\partial n} - u\frac{\partial v}{\partial n}\right) d\sigma.$$

特に (31.14) において $u \equiv v$ とおけば，

(31.16)
$$\iiint_{[S]}\left\{\left(\frac{\partial u}{\partial x}\right)^2+\left(\frac{\partial u}{\partial y}\right)^2+\left(\frac{\partial u}{\partial z}\right)^2\right\}dxdydz$$
$$+\iiint_{[S]}u\Delta u\,dxdydz=-\iint_S u\frac{\partial u}{\partial n}d\sigma.$$

これらが三変数の場合における**グリーンの公式**である.

問 1. S を,円柱 $x^2+y^2\leqq a^2$ が二平面 $z=0,\ z=b\ (>0)$ によって切りとられる部分の表面とするとき,
$$\iint_S x^3dydz+x^2y\,dzdx+x^2z\,dxdy$$
を求めよ.

問 2. 空間における立体 R の体積 V は, R の表面を S とするとき,
$$V=-\frac{1}{3}\iint_S(x\,dydz+y\,dzdx+z\,dxdy)$$
によって与えられることを示せ.

問 3. (x,y,z) 空間のある領域において連続な二次偏導函数をもち,そこでラプラスの方程式 $\Delta u=0$ を満たす函数を調和函数という.

調和函数 u について次の性質を証明せよ.

(1) 領域内に滑らかな閉曲面を描き,その内部はすべて領域内の点であるようにするとき $\iint\dfrac{\partial u}{\partial n}d\sigma=0$ である.

(2) 領域内の一点における u の値は,その点を中心とする球面(内部とともに領域内にある)上の u の値の平均値である.また同時に,その球体上の u の値の平均値にも等しい.

§32. ストークスの公式とベクトル記号

公式 (31.12) は,立体上の三重積分とその表面上の面積分との関係を示す式であるが,この節では,空間曲線にそう線積分とそれを縁とする曲面上の面積分との関係を与えるストークスの公式について述べよう.そのため,空間曲線にそう線積分が必要になるが,その定義は平面曲線の場合と全く同様であるから,ここに繰り返すことは止めて定義式だけを書いておく.

空間曲線 Γ の方程式を
$$x=\varphi(t),\ y=\psi(t),\ z=\chi(t)\quad(\alpha\leqq t\leqq\beta)$$
とするとき, φ',ψ',χ' が連続と仮定して, Γ 上の連続函数 $f(x,y,z)$ の Γ に

そう**線積分**を

(32.1) $\quad \int_\Gamma f(x,y,z)\,dx = \int_\alpha^\beta f(\varphi(t),\psi(t),\chi(t))\varphi'(t)\,dt,$

(32.2) $\quad \int_\Gamma f(x,y,z)\,dy = \int_\alpha^\beta f(\varphi(t),\psi(t),\chi(t))\psi'(t)\,dt,$

(32.3) $\quad \int_\Gamma f(x,y,z)\,dz = \int_\alpha^\beta f(\varphi(t),\psi(t),\chi(t))\chi'(t)\,dt$

によって定義する.

特に Γ が $y=\psi(x),\ z=\chi(x)\ (a\leqq x\leqq b)$ で表わされているとき,

(32.4) $\quad \int_\Gamma f(x,y,z)\,dx = \int_a^b f(x,\psi(x),\chi(x))\,dx.$

なおまた, 一端 P から測ったある点までの曲線の長さを s とし, Γ が s を助変数として

$$x=x(s),\ y=y(s),\ z=z(s) \quad (0\leqq s\leqq l)$$

で表わされているとき,

(32.5) $\quad \int_\Gamma f(x,y,z)\,ds = \int_0^l f(x(s),\ y(s),\ z(s))\,ds$

とする定義もある. ただし, l は Γ の全長である.

いま, Γ を接線の傾きが連続的に変わるような滑らかな単一閉(空間)曲線とし, これを縁とする滑らかな一つの曲面を S, その方程式が $z=\chi(x,y)$ であるとする. S 上の連続函数 $f(x,y,z),\ g(x,y,z)$ に対し

$$\int_\Gamma f(x,y,z)\,dx + g(x,y,z)\,dy$$

なる線積分を考えると, Γ の (x,y) 平面への正射影を C(これも単一閉曲線と仮定)とするとき, これは

$$\int_C f(x,y,\chi(x,y))\,dx + g(x,y,\chi(x,y))\,dy$$

と平面曲線 C にそう線積分で書ける. ただし, この積分の向きは C の正の向きとし, こうなるように Γ にそう線積分の向きがとられてあるものとする.

ところで, g,f が連続な偏導函数をもつならば,

$$\frac{\partial}{\partial x}g(x,y,\chi(x,y)) = \frac{\partial}{\partial x}g(x,y,z) + \frac{\partial \chi}{\partial x}\frac{\partial}{\partial z}g(x,y,z),$$

§32. ストークスの公式とベクトル記号

$$\frac{\partial}{\partial y}f(x,y,\chi(x,y))=\frac{\partial}{\partial y}f(x,y,z)+\frac{\partial \chi}{\partial y}\frac{\partial}{\partial z}f(x,y,z)$$

であるから，ガウスの公式 (30.13) により

$$\int_C f(x,y,\chi(x,y))dx+g(x,y,\chi(x,y))dy\equiv\int_C fdx+gdy$$

$$=\iint_{[C]}\left(\frac{\partial g}{\partial x}-\frac{\partial f}{\partial y}\right)dxdy+\iint_{[C]}\left(\frac{\partial g}{\partial z}\frac{\partial \chi}{\partial x}-\frac{\partial f}{\partial z}\frac{\partial \chi}{\partial y}\right)dxdy.$$

右辺第一項は，法線に上向きの方向をつけ，これが z 軸となす角を γ にとるならば，

$$\iint_S \left(\frac{\partial g}{\partial x}-\frac{\partial f}{\partial y}\right)\cos\gamma\, d\sigma$$

となり，これはまた，曲面 S の上側を正の側としたときの面積分

$$\iint_S \left(\frac{\partial g}{\partial x}-\frac{\partial f}{\partial y}\right)dxdy$$

に等しい．他方

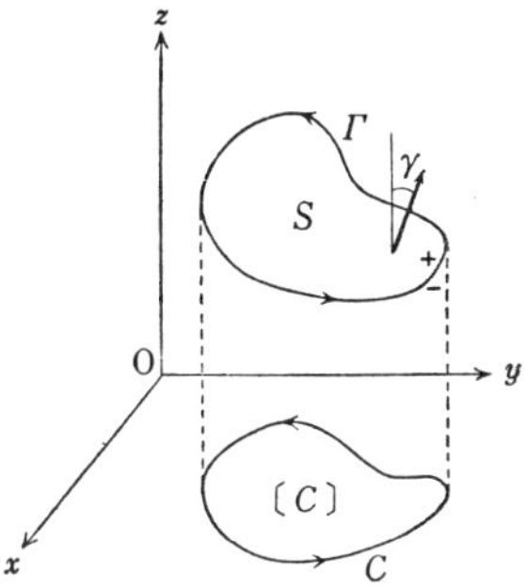

$$\cos\gamma=\frac{1}{\sqrt{1+\chi_x^2+\chi_y^2}}$$

図 95

で，法線が x 軸，y 軸となす角を $\alpha,\ \beta$ とするとき，

$$\cos\alpha=\frac{-\chi_x}{\sqrt{1+\chi_x^2+\chi_y^2}},\qquad \cos\beta=\frac{-\chi_y}{\sqrt{1+\chi_x^2+\chi_y^2}}$$

であるから，

$$\frac{\partial \chi}{\partial x}=-\frac{\cos\alpha}{\cos\gamma},\qquad \frac{\partial \chi}{\partial y}=-\frac{\cos\beta}{\cos\gamma}.$$

したがって，前式の右辺第二項は

$$\iint_S \left(\frac{\partial f}{\partial z}\cos\beta-\frac{\partial g}{\partial z}\cos\alpha\right)d\sigma$$

となる．

$$\therefore\ \int fdx+gdy=\iint_S\left\{-\frac{\partial g}{\partial z}\cos\alpha+\frac{\partial f}{\partial z}\cos\beta+\left(\frac{\partial g}{\partial x}-\frac{\partial f}{\partial y}\right)\cos\gamma\right\}d\sigma.$$

$h(x,y,z)$ を S 上の他の連続函数とするとき，同様な仮定のもとに

$$\int h\,dz+f\,dx=\iint_S\left\{-\frac{\partial f}{\partial y}\cos\gamma+\frac{\partial h}{\partial y}\cos\alpha+\left(\frac{\partial f}{\partial z}-\frac{\partial h}{\partial x}\right)\cos\beta\right\}d\sigma,$$

$$\int g\,dy+h\,dz=\iint_S\left\{-\frac{\partial h}{\partial x}\cos\beta+\frac{\partial g}{\partial x}\cos\gamma+\left(\frac{\partial h}{\partial y}-\frac{\partial g}{\partial z}\right)\cos\alpha\right\}d\sigma.$$

これら三式を加えて

(32.6)
$$\int_\Gamma f\,dx+g\,dy+h\,dz$$
$$=\iint_S\left\{\left(\frac{\partial h}{\partial y}-\frac{\partial g}{\partial z}\right)\cos\alpha+\left(\frac{\partial f}{\partial z}-\frac{\partial h}{\partial x}\right)\cos\beta+\left(\frac{\partial g}{\partial x}-\frac{\partial f}{\partial y}\right)\cos\gamma\right\}d\sigma$$
$$=\iint_S\left(\frac{\partial h}{\partial y}-\frac{\partial g}{\partial z}\right)dy\,dz+\left(\frac{\partial f}{\partial z}-\frac{\partial h}{\partial x}\right)dz\,dx+\left(\frac{\partial g}{\partial x}-\frac{\partial f}{\partial y}\right)dx\,dy.$$

これを**ストークスの公式**という．この公式における線積分の向きは Γ の正射影である閉曲線の正の向き，面積分では上側を正の側とみた積分である．

例． $x^2+y^2+z^2=a^2$, $x+z=a$ ($a>0$) の交線を Γ とするとき，
$$\int_\Gamma y^2dx+z^2dy+x^2dz$$
を計算してみよう．

Γ は二点 $(a,0,0)$, $(0,0,a)$ を結ぶ線分を直径とし，(x,z) 平面と直交する円板の周である．この円板を S とする．S の上向きの法線の方向余弦は $1/\sqrt{2}$, 0, $1/\sqrt{2}$ だから，ストークスの公式によれば，

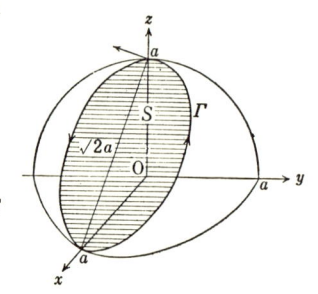

$$\int_\Gamma y^2dx+z^2dy+x^2dz$$

図 96

$$=\iint_S\left\{(0-2z)\frac{1}{\sqrt{2}}+(0-2x)\cdot 0+(0-2y)\frac{1}{\sqrt{2}}\right\}d\sigma$$
$$=-\sqrt{2}\iint_S(z+y)d\sigma=-\sqrt{2}\iint_S z\,d\sigma$$
$$=-\iint_{u^2+v^2\leq a^2/2}\left(\frac{a}{\sqrt{2}}+u\right)du\,dv=-\frac{\pi a^3}{2\sqrt{2}}.$$

このストークスの公式やガウスの公式をベクトルを用いて解釈することは大切なことである．ベクトルについて基本概念をここで初めから解説する余裕はないから，これらを既知のものとして話を進める．[1]

---

1) 代数学（本講座第1巻）第8章参照．

ベクトル $\mathfrak{x}=(f, g, h)$ に対し

$$\operatorname{div} \mathfrak{x} = \frac{\partial f}{\partial x} + \frac{\partial g}{\partial y} + \frac{\partial h}{\partial z}$$

を $\mathfrak{x}$ の**発散**とよぶ．これはベクトルではなく，いわゆるスカラーである．しかし

$$\operatorname{rot} \mathfrak{x} = \left(\frac{\partial h}{\partial y} - \frac{\partial g}{\partial z},\ \frac{\partial f}{\partial z} - \frac{\partial h}{\partial x},\ \frac{\partial g}{\partial x} - \frac{\partial f}{\partial y} \right)$$

はベクトルであって，これを $\mathfrak{x}$ の**回転**とよぶ．また，$\mathfrak{x}$ の τ 方向の成分を $\mathfrak{x}_\tau$ で表わすことにすると，ストークスの公式は

(32.7) $$\int_\Gamma \mathfrak{x}_t ds = \iint_S (\operatorname{rot} \mathfrak{x})_n d\sigma$$

という書き方ができる．ただし，n は S の法線，t は Γ の接線で，その向きの定め方は前述の通りである．

ガウスの公式 (31.12) をベクトル記号で書けば，

(32.8) $$\iiint_{[S]} \operatorname{div} \mathfrak{x}\, dv = -\iint_S \mathfrak{x}_n d\sigma$$

となる．[1]

問 1. ヘリックス $x=a\cos t, y=a\sin t, z=ct$ の一と巻き $(0 \leqq t \leqq 2\pi)$ を Γ とするとき，

$$\int_\Gamma yz\, dx$$

を求めよ．

問 2. $x^2+y^2+z^2=a^2$, $x+z=a$ の交線を Γ とするとき，

$$\int_\Gamma y\, dx + z\, dy + x\, dz$$

を求めよ．

§33. 無限重積分

この節では，重積分の積分範囲 D が無限に拡がった閉領域である場合を考える．二変数の場合だけを考えるが，変数の数が増しても同様である．

D 上に D に収束するような求積可能な有界閉領域の系列 $\{D_n\}$ を任意にと

---

[1] (31.12) とくらべるには $\mathfrak{x}=(h, g, f)$ とおく．

る．この意味は，D の任意の有界部分閉領域は十分大きいすべての n に対し D_n に含まれるということである．

このような任意の $\{D_n\}$ に対し
$$\lim_{n\to\infty}\iint_{D_n} f(x,y)\,dxdy$$
が存在し，[1]この極限値が $\{D_n\}$ の選び方に無関係であるとき

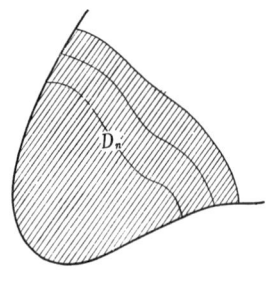

図 97

(33.1) $$\iint_D f(x,y)\,dxdy = \lim_{n\to\infty}\iint_{D_n} f(x,y)\,dxdy$$

でもって，f の D における**二重積分**を定義する．このとき，$f(x,y)$ は D で**積分可能**である，または，$\iint_D f(x,y)\,dxdy$ は**存在する**（**収束する**）という．積分範囲が無限に拡がっているので，この種の積分を**無限重積分**といっている．

D で $f(x,y) \geqq 0$ のときには，定理 25.2 と同様にして次の定理を証明することができる．

定理 33.1. D で $f(x,y) \geqq 0$ とするとき，ある閉領域の系列 $\{D_n\}$ に対して $\iint_{D_n} f(x,y)\,dxdy$ が有界ならば，$f(x,y)$ は D で積分可能であり，かつ，(33.1) が成り立つ．

この定理により f が定符号ならば，一つの閉領域の系列 $\{D_n\}$ に対して
$$\lim_{n\to\infty}\iint_{D_n} f(x,y)\,dxdy$$
が存在すれば，それが $\iint_D f(x,y)\,dxdy$ の値を与えることがわかる．

例 1. $p, q > 0$ とするとき，

(33.2) $$B(p,q) = \frac{\Gamma(p)\Gamma(q)}{\Gamma(p+q)}.$$

なぜならば
$$\Gamma(p)\Gamma(q) = \int_0^\infty x^{p-1}e^{-x}dx \int_0^\infty y^{q-1}e^{-y}dy$$

---

[1] 有界閉領域 D_n における積分は広義積分の意味にとってよく，したがって，$f(x,y)$ は必ずしもいたるところ連続でなくてもよいのであるが，簡単のため，いたるところ連続であると考えておく．本節を通じ，この連続性の仮定を書くのを省略する．

$$= \lim_{R\to\infty} \int_0^R\int_0^R x^{p-1}y^{q-1}e^{-(x+y)}dxdy = \iint_{x\geq 0, y\geq 0} x^{p-1}y^{q-1}e^{-(x+y)}dxdy$$
$$= \lim_{n\to\infty} \iint_{x+y\leq n, x\geq 0, y\geq 0} x^{p-1}y^{q-1}e^{-(x+y)}dxdy.$$

ここで $x+y=u$, $y=uv$ と置換すれば,
$$\Gamma(p)\Gamma(q) = \lim_{n\to\infty}\iint_{0\leq u\leq n, 0\leq v\leq 1} e^{-u}u^{p+q-1}v^{q-1}(1-v)^{p-1}dudv$$
$$= \int_0^\infty e^{-u}u^{p+q-1}du \int_0^1 v^{q-1}(1-v)^{p-1}dv = \Gamma(p+q)B(p,q).$$

これより (33.2) を得る.

したがって §25, 例 4 の積分は, この結果を用いれば
$$\iint_{x\geq 0, y\geq 0, x+y\leq 1} x^{p-1}y^{q-1}(1-x-y)^{r-1}dxdy = \frac{\Gamma(p)\Gamma(q)\Gamma(r)}{\Gamma(p+q+r)}$$
となる. ただし $p, q, r > 0$ とする.

定理 33.1 における D_n は有界閉領域になっているが, この性質は必ずしも必要でなく, D_n 自身無限に拡がっていてもよい. すなわち, 次の定理が成り立つ.

定理 33.2. D で $f(x, y) \geq 0$ とする. $\{D_n\}$ を D に含まれる無限閉領域の系列とし, これに対し $\iint_{D_n} f(x, y)dxdy$ が有界ならば, $f(x, y)$ は D で積分可能であり, かつ, (33.1) が成り立つ.

$\iint_{D_n} f(x, y)dxdy$ を D_n の内部にある既述の型の有界閉領域 D_n' 上の積分で近似し, これについて定理 33.1 を適用すればよい.

さて, 問題は f の符号が一定でないときであるが, 実は f が D で積分可能ということと $|f|$ が D で積分可能ということは全く同一であることがいえるのである. これを示すため, まず, $|f|$ が D で積分可能であるならば, f もまた D で積分可能となることを示そう.

$$f_1(x, y) = f(x, y) \quad (f(x, y) \geq 0 \text{ なる点で}),$$
$$= 0 \quad (f(x, y) < 0 \text{ なる点で}),$$
$$f_2(x, y) = -f(x, y) \quad (f(x, y) \leq 0 \text{ なる点で}),$$
$$= 0 \quad (f(x, y) > 0 \text{ なる点で})$$

と定めれば, $f_1(x, y) \geq 0$, $f_2(x, y) \geq 0$ で, かつ $f(x, y) = f_1(x, y) - f_2(x, y)$,

$|f(x, y)|=f_1(x, y)+f_2(x, y)$. よって,定理 33.1 により $\iint_D f_i(x,y)dxdy$
$(i=1,2)$ は存在し,しかも

$$\iint_{D_n} f(x,y)\,dxdy = \iint_{D_n} f_1(x,y)\,dxdy - \iint_{D_n} f_2(x,y)\,dxdy$$
$$\to \iint_D f_1(x,y)\,dxdy - \iint_D f_2(x,y)\,dxdy.$$

これはどのような $\{D_n\}$ についても成立し,右辺は一定値である.ゆえに,f は D で積分可能になり,かつ

$$\iint_D f(x,y)\,dxdy = \iint_D f_1(x,y)\,dxdy - \iint_D f_2(x,y)\,dxdy.$$

次に,この逆が成り立つこと,すなわち,f が D で積分可能ならば $|f|$ もまた D で積分可能になることを証明しよう.いまもし,f が積分可能,$|f|$ が積分不能とすれば,前述のように $f=f_1-f_2$ と分解したとき,f_1, f_2 のうち少くともどちらかは積分不能である.よって,それを f_1 であるとしよう(f_2 としても同様).以下簡単のため,D が全平面の場合をやるが,そうでないときでも証明に本質的な相違はない.

$f_1(x,y)>0$ となる (x,y) の範囲を E_1 とする.[1] 原点を中心とする半径 n の円列を $\{C_n\}$ とするとき

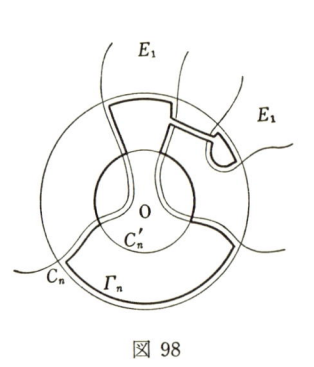

$$K_n = \iint_{[C_n]} f_1(x,y)\,dxdy \to \infty \quad (n\to\infty).$$

$[C_n]$ と E_1 との共通集合を $E_1{}^n$ とし,$E_1{}^n$ の内部に滑らかな有限個の閉曲線で囲まれる閉領域の合併集合 D_n をとり $\iint_{D_n} f_1(x,y)\,dxdy$
$>K_n-\dfrac{1}{n}$ ならしめることができる.

他方,原点を中心とする半径が $n/2$ より小さい円 C_n' を適当にとって,

図 98

---

1) $f(x,y)$ を連続函数としているから,E_1 は開集合となる.用語については微分学(本講座第 5 巻)§35 参照.

$$\iint_{[C_n']} f_2(x,y)\,dxdy < \frac{K_n}{2}$$

ならしめることができる．ただし，$[C_n']$ は $n\to\infty$ に対し全平面に収束するようにとっておく（このことは常に可能である）．このとき $[C_n']$ と D_n との合併集合を作ると，これは一つの閉領域になるとは限らないが，適当に図にあるような細い道（この部分の面積は十分小さくとる）をつけて単一閉曲線 $\varGamma_n$ を周とする一つの閉領域に作りかえ，しかも

$$\iint_{[\varGamma_n]} f_1(x,y)\,dxdy - \iint_{[\varGamma_n]} f_2(x,y)\,dxdy$$
$$= \iint_{[\varGamma_n]} f(x,y)\,dxdy > K_n - \frac{1}{n} - \frac{K_n}{2} - \frac{1}{n} = \frac{K_n}{2} - \frac{2}{n}$$

が成り立つようにする．[1] このように $[\varGamma_n]$ をとれば，明らかに $[\varGamma_n]$ は全平面に収束し，かつ

$$\lim_{n\to\infty} \iint_{[\varGamma_n]} f(x,y)\,dxdy = \infty.$$

これは最初の仮定に矛盾する．よって次の定理が証明されたことになる．

定理 33.3. 無限閉領域 D において $f(x,y)$ が積分可能であるための必要かつ十分な条件は，$|f(x,y)|$ が積分可能なことである．[2]

この性質は重積分特有のもので単一積分では成り立たないことである．たとえば $\int_0^\infty \frac{\sin x}{x} dx$ は存在するが，$\int_0^\infty \left|\frac{\sin x}{x}\right| dx$ は存在しない．

例 2. $a^2 \leq x^2 + y^2$ $(a>0)$ なる無限閉領域を D とし，$\varphi(x,y)$ を D における有界な連続函数とするとき，

$$\iint_D \frac{\varphi(x,y)}{(x^2+y^2)^\alpha} dxdy \quad (\alpha > 1)$$

は存在することを証明しよう．

$|\varphi(x,y)| < M$ とすると，D において

$$\left|\frac{\varphi(x,y)}{(x^2+y^2)^\alpha}\right| < \frac{M}{(x^2+y^2)^\alpha}$$

$1/(x^2+y^2)^\alpha$ が積分可能なことがわかると，定理 33.1 により $|\varphi(x,y)/(x^2+y^2)^\alpha|$ が積

---

1) 追加した細い帯状域における積分値の絶対値を $1/n$ より小さくとっておけば，このようになる．
2) この定理は D が有界であっても成り立つ．

分可能,さらに,定理 33.3 により $\varphi(x,y)/(x^2+y^2)^\alpha$ がまた積分可能となる.しかるに,$a^2 \leqq x^2+y^2 \leqq n^2$ を D_n とすれば,

$$\iint_{D_n}\frac{dxdy}{(x^2+y^2)^\alpha}=\int_0^{2\pi}\int_a^n r^{1-2\alpha}drd\theta=2\pi\int_a^n r^{1-2\alpha}dr$$

$$=\frac{\pi}{1-\alpha}[r^{2(1-\alpha)}]_a^n \to \frac{\pi a^{2(1-\alpha)}}{\alpha-1} \quad (\because\ \alpha>1).$$

よって証明された.

ところで,無限重積分の定義は本節で述べたもの以外に,もう少しゆるい次のようなものがある.前述の D_n の代わりに長方形 $a\leqq x\leqq b$, $c\leqq y\leqq d$ と D との共通集合 $D(a,b,c,d)$ をとり, $\iint_{D(a,b,c,d)}f(x,y)dxdy$ が $a,\ c\to -\infty$, $b,\ d\to \infty$ に対し一定値に収束するならば,

$$\iint_D f(x,y)dxdy=\lim_{\substack{a,c\to-\infty\\b,d\to\infty}}\iint_{D(a,b,c,d)}f(x,y)dxdy$$

とするのである.

この定義と前の定義とは同一ではない.これを示すため,ケーレーの挙げた次の実例を紹介しよう.

例 3. D を $x\geqq 0$, $y\geqq 0$ なる無限閉領域とし

$$\iint_D \sin(x^2+y^2)dxdy$$

を考える.いま,原点を中心とする半径 n の円を C_n とし,$[C_n]$ と D との共通部分を D_n とすると

$$\iint_{D_n}\sin(x^2+y^2)dxdy=\int_0^{\pi/2}d\theta\int_0^n r\sin r^2 dr$$

$$=\frac{\pi}{4}[-\cos r^2]_0^n=\frac{\pi}{4}(1-\cos n^2).$$

これは $n\to\infty$ に対し振動する.よって,最初の定義に従えば $\sin(x^2+y^2)$ は積分不能である.

ところが,$0\leqq x\leqq a$, $0\leqq y\leqq b$ なる長方形を $I(a,b)$ とするとき,

$$\iint_{I(a,b)}\sin(x^2+y^2)dxdy=\int_0^b\int_0^a(\sin x^2\cos y^2+\cos x^2\sin y^2)dxdy$$

$$=\int_0^a\sin x^2 dx\int_0^b\cos y^2 dy+\int_0^a\cos x^2 dx\int_0^b\sin y^2 dy.$$

しかるに $\int_0^\infty \sin x^2 dx$, $\int_0^\infty \cos x^2 dx$ はともに存在し,次節例 2 で計算するようにその値は

$\frac{1}{2}\sqrt{\frac{\pi}{2}}$ なのであるから,

$$\lim_{a,b\to\infty}\iint_{I(a,b)}\sin(x^2+y^2)dxdy=\frac{\pi}{4}.$$

よって,第二の定義に従えば

$$\iint_D \sin(x^2+y^2)dxdy=\frac{\pi}{4}$$

となる.

本書では第一の定義に従うことにするが,f が定符号のときこれらの定義が一致することは明らかであろう.

問 1. $f(x)$ を $x\geqq 0$ で定義された正値連続関数とし,$\int_0^\infty f(x)dx$ が存在するものとすれば,

$$\iint_D f(a^2x^2+b^2y^2)dxdy=\frac{\pi}{4ab}\int_0^\infty f(x)dx$$

となることを証明せよ.ただし,D は $x\geqq 0$, $y\geqq 0$ なる無限閉領域とし,$a>0$, $b>0$ とする.

問 2. D を $x\geqq 0$, $y\geqq 0$ なる無限閉領域とするとき,

$$\iint_D \frac{dxdy}{(x+y+1)^\alpha}$$

が存在するような α の範囲を求め,そのときの無限二重積分の値を求めよ.

問 3. $\iint_{x\geqq 1, y\geqq 1}\frac{x-y}{(x+y)^2}dxdy$ は存在しないことを証明せよ.

問 4. $\iint_D e^{-(x^2+2xy\cos\alpha+y^2)}dxdy$, $D: x\geqq 0$, $y\geqq 0$

を求めよ.ただし $0\leqq \alpha\leqq \frac{\pi}{2}$ とする.

§34. 積分順序の交換

積分区域が有界なときの重積分において,それを累次積分に直すことによって単一積分の計算に帰着させられること,ならびに,累次積分における積分順序の交換は可能であることはすでに学んだ.無限重積分にあっても同様のことが期待されるのであるが,実際にはいろいろと困難な問題がある.積分順序交換の問題にしても,§25 で示したように不連続函数の重積分では,この交換は

自由でなかった. 無限重積分になると, たとえ函数がいたるところ連続で有界であるとしても, この交換の許されない場合があるのである. 次に, その実例を示そう.

例 1. $0 \leq x \leq 1$, $0 \leq y < \infty$ で
$$f(x,y) = (2-xy)xye^{-xy}$$
を考えると
$$f(x,y) = \frac{\partial}{\partial y}(xy^2 e^{-xy})$$
であるから,
$$\int_0^\infty f(x,y)dy = [xy^2 e^{-xy}]_{y=0}^{y=\infty} = 0.$$
$$\therefore \int_0^1 dx \int_0^\infty f(x,y)dy = 0.$$
しかるに
$$f(x,y) = \frac{\partial}{\partial x}(x^2 y e^{-xy})$$
でもあるから,
$$\int_0^1 f(x,y)dx = [x^2 y e^{-xy}]_{x=0}^{x=1} = ye^{-y}.$$
$$\therefore \int_0^\infty dy \int_0^1 f(x,y)dx = \int_0^\infty ye^{-y}dy = \int_0^\infty e^{-y}dy = 1.$$
よって
$$\int_0^1 dx \int_0^\infty f(x,y)dy \neq \int_0^\infty dy \int_0^1 f(x,y)dx.$$

では, どういう条件のもとに積分順序の交換は可能となるか. この例のような形の無限閉領域上の積分については, 次の定理がある. もちろん, 特に断わらない限り $f(x,y)$ は連続函数としておく.

定理 34.1. $a \leq x \leq b$ において $\int_0^\infty f(x,y)dy$ が一様収束するならば,[1]

(34.1) $$\int_a^b dx \int_0^\infty f(x,y)dy = \int_0^\infty dy \int_a^b f(x,y)dx$$

が成り立つ.

証明. $$\int_0^\infty f(x,y)dy = \int_0^A f(x,y)dy + R_A(x)$$
とおけば, 任意の正数 ε に対し, x には無関係に A を定め, $|R_A(x)| < \varepsilon$ なら

---

[1] §16 参照.

しめることができる.

定理16.3によれば, $\int_0^\infty f(x,y)\,dy$ は x の連続函数になるから, それの x についての a から b までの積分は存在し, かつ

$$\int_a^b dx \int_0^\infty f(x,y)\,dy = \int_a^b dx \int_0^A f(x,y)\,dy + \int_a^b R_A(x)\,dx$$

$$= \int_0^A dy \int_a^b f(x,y)\,dx + \int_a^b R_A(x)\,dx.$$

$$\therefore \quad \left| \int_a^b dx \int_0^\infty f(x,y)\,dy - \int_0^A dy \int_a^b f(x,y)\,dx \right| < \varepsilon(b-a).$$

ここで $\varepsilon \to 0$ とすれば, それに応じて $A \to \infty$ とできるから, けっきょく

$$\int_a^b dx \int_0^\infty f(x,y)\,dy = \int_0^\infty dy \int_a^b f(x,y)\,dx$$

を得る.

なお $\int_a^b dx \int_0^\infty f\,dy$, $\int_0^\infty dy \int_a^b f\,dx$ は $\int_a^b \int_0^\infty f\,dy\,dx$, $\int_0^\infty \int_a^b f\,dx\,dy$ とも書かれる.

この定理の一応用として, 前節で約束した $\int_0^\infty \sin x^2\,dx$ を計算してみよう.

例 2. $\int_0^\infty \sin x^2\,dx$ の存在することはすでに知っている (§14, 問1, (4)). よっていま, $x^2 = t$ と置換すれば,

$$I = \int_0^\infty \sin x^2\,dx = \frac{1}{2} \int_0^\infty \frac{\sin t}{\sqrt{t}}\,dt.$$

$\int_0^\infty e^{-x^2}\,dx = \frac{\sqrt{\pi}}{2}$ であるから, この式で x の代わりに $x\sqrt{t}$ とおいてみれば,

$$\sqrt{t} \int_0^\infty e^{-x^2 t}\,dx = \frac{\sqrt{\pi}}{2}, \quad \frac{1}{\sqrt{t}} = \frac{2}{\sqrt{\pi}} \int_0^\infty e^{-x^2 t}\,dx.$$

$$\therefore \quad I = \frac{1}{\sqrt{\pi}} \int_0^\infty \sin t\,dt \int_0^\infty e^{-x^2 t}\,dx$$

$$= \frac{1}{\sqrt{\pi}} \lim_{\alpha \to +0, \beta \to \infty} \int_\alpha^\beta \sin t\,dt \int_0^\infty e^{-x^2 t}\,dx.$$

$\alpha \leq t \leq \beta$ において $\left| \int_M^\infty e^{-x^2 t} \sin t\,dx \right| < \frac{1}{\sqrt{\alpha}} \int_{M\sqrt{\alpha}}^\infty e^{-x^2}\,dx \to 0 \quad (M \to \infty)$

となるから, この範囲において $\int_0^\infty e^{-x^2 t} \sin t\,dx$ は一様収束である. ゆえに, 定理34.1により

$$I = \frac{1}{\sqrt{\pi}} \lim_{\alpha \to +0, \beta \to \infty} \int_0^\infty dx \int_\alpha^\beta e^{-x^2 t} \sin t\, dt.$$

ところで

$$\lim_{\alpha \to +0, \beta \to \infty} \int_\alpha^\beta e^{-x^2 t} \sin t\, dt = \lim_{\alpha \to +0, \beta \to \infty} \frac{-1}{1+x^4} [e^{-x^2 t}(\cos t + x^2 \sin t)]_\alpha^\beta = \frac{1}{1+x^4},$$

かつ

$$\left| \int_\alpha^\beta e^{-x^2 t} \sin t\, dt \right| < \frac{2(1+x^2)}{1+x^4}, \qquad 2 \int_0^\infty \frac{1+x^2}{1+x^4} dx < \infty.$$

さらに,上の極限の収束性は $0<a\leqq x\leqq b<\infty$ において一様である.なぜならば

$$\left| \int_\beta^\infty e^{-x^2 t} \sin t\, dt \right| < \int_\beta^\infty e^{-x^2 t} dt < \frac{1}{a^2} \int_{\beta a^2}^\infty e^{-\xi} d\xi \to 0 \quad (\beta \to \infty),$$

$$\left| \int_0^\alpha e^{-x^2 t} \sin t\, dt \right| < \alpha \to 0$$

となるからである.

すでに注意したように,定理 15.4′ は無限区間でも成立するのだから,この定理により

$$I = \int_0^\infty \sin x^2 dx = \frac{1}{\sqrt{\pi}} \int_0^\infty dx \left(\lim_{\alpha \to +0, \beta \to \infty} \int_\alpha^\beta e^{-x^2 t} \sin t\, dt \right)$$

$$= \frac{1}{\sqrt{\pi}} \int_0^\infty dx \int_0^\infty e^{-x^2 t} \sin t\, dt$$

$$= \frac{1}{\sqrt{\pi}} \int_0^\infty \frac{dx}{1+x^4} = \frac{1}{2} \sqrt{\frac{\pi}{2}}.\ ^{1)}$$

同様に

$$\int_0^\infty \cos x^2 dx = \frac{1}{2} \sqrt{\frac{\pi}{2}}$$

であることが示される.これらはともに**フレネルの積分**と呼ばれている.

例 2 の計算を振り返ってみると,一番の要点は

$$\int_0^\infty \sin t\, dt \int_0^\infty e^{-x^2 t} dx = \int_0^\infty dx \int_0^\infty e^{-x^2 t} \sin t\, dt$$

という積分順序の交換ができるということである.この交換ができることを示すのに,上に述べたような議論が用いられるのであって,その論旨を定理の形にまとめると次のようになる.

定理 34.2. $\int_0^\infty f(x, y) dx$, $\int_0^\infty f(x, y) dy$ はそれぞれ任意の閉区間 $\alpha \leqq y \leqq \beta$, $a \leqq x \leqq b$ ($0 < \alpha < \beta < \infty$, $0 < a < b < \infty$) で一様収束し,かつ $\left| \int_\alpha^\beta f(x, y) dy \right|$

---

1) 問題 3, 12 (3) を参照.

$\leqq F(x)$, $\int_0^\infty F(x)dx < \infty$ なる $F(x)$ が α, β に無関係に存在するならば,

$$(34.2) \qquad \int_0^\infty dx \int_0^\infty f(x,y)dy = \int_0^\infty dy \int_0^\infty f(x,y)dx$$

が成り立つ.

最後に無限重積分と累次積分との関係を与える次の定理を証明しておこう.

定理 34.3. D $(x \geqq 0, y \geqq 0)$ において $f(x,y) \geqq 0$ とする. $\int_0^\infty f(x,y)dy$ が孤立した x の値を除いて連続で, かつ $\int_0^\infty dx \int_0^\infty f(x,y)dy$ が存在するならば, $f(x,y)$ は D で積分可能であり, かつ

$$(34.3) \qquad \iint_D f(x,y)dxdy = \int_0^\infty dx \int_0^\infty f(x,y)dy.$$

証明.
$$I = \int_0^\infty dx \int_0^\infty f(x,y)dy = \lim_{m \to \infty} \int_0^m dx \int_0^\infty f(x,y)dy$$
$$= \lim_{m \to \infty} \int_0^m dx \Big(\lim_{n \to \infty} \int_0^n f(x,y)dy \Big).$$

$f \geqq 0$ だから $\int_0^n f dy$ は単調増加, かつ $\int_0^\infty f dy$ は $[0, m]$ では有限個の点を除いて連続, したがって, $\int_0^n f dy \to \int_0^\infty f dy$ なる収束は不連続点を除く閉区間で一様である(定理 25.5). よって, 定理 15.4′ から

$$I = \lim_{m \to \infty} \Big(\lim_{n \to \infty} \int_0^m dx \int_0^n f(x,y)dy \Big).$$

適当に $\{m\}, \{n\}$ から部分列 $\{m_k\}, \{n_k\}$ $(k = 1, 2 \cdots)$ を選べば,

$$I = \lim_{k \to \infty} \int_0^{m_k} dx \int_0^{n_k} f(x,y)dy = \lim_{k \to \infty} \iint_{0 \leqq x \leqq m_k, 0 \leqq y \leqq n_k} f(x,y)dxdy.$$

$$\therefore \quad \iint_D f(x,y)dxdy = \int_0^\infty dx \int_0^\infty f(x,y)dy.$$

なお $\int_0^\infty dx \int_0^\infty f(x,y)dy$, $\int_0^\infty dy \int_0^\infty f(x,y)dx$ などは $\int_0^\infty \int_0^\infty f(x,y)dydx$, $\int_0^\infty \int_0^\infty f(x,y)dxdy$ とも書かれる. しかし, この最後の書き方は別の意味にとっている本もあるから注意すべきである.

問 1. $\int_0^\infty dx \int_0^\infty y e^{-y^2(x^2+1)} dy$ の積分順序を交換することによって $\int_0^\infty e^{-x^2} dx = \dfrac{\sqrt{\pi}}{2}$ なることを証明せよ.

問 2. $\iint_{x \geq 0,\, -\infty < y < \infty} \sqrt{x}\, e^{-x(x+y^2)} dx\, dy$ は存在することを示し,かつ,その値を求めよ.

問 題 7

1. 単一閉曲線 C によって囲まれる図形の面積 S は
$$S = -\frac{1}{2} \int_C (y\, dx - x\, dy)$$
によって与えられることを証明せよ.ただし,積分は C の正の向きに行うものとする.

2. 正方形 $|x| \leq 1,\ |y| \leq 1$ の周を C とするとき
$$\int_C (x^2 + xy) dx + (x + y^2) dy$$
を求めよ.

3. $(0,0)$ より $(1,1)$ に至る任意の滑らかな曲線 C にそう線積分
$$\int_C (3x^2 + y) dx + (2y + x) dy$$
は常に一定であることを証明せよ.

4. 原点を中心とする半径 a の円周 C にそう次の線積分を求めよ.
$$\int_C -\frac{y}{x^2 + y^2} dx + \frac{x}{x^2 + y^2} dy.$$

5. 線積分 $\int_C P(x,y) dx + Q(x,y) dy$ が C の両端にだけ関係し道に無関係であるとき
$$\frac{\partial}{\partial x} F(x,y) = P(x,y),\quad \frac{\partial}{\partial y} F(x,y) = Q(x,y)$$
なる函数 $F(x,y)$ が存在することを証明し(このとき $P\, dx + Q\, dy$ は**完全微分**であるという),逆に,このような連続な二次偏導函数をもつ函数 $F(x,y)$ が存在すれば,線積分は道の両端にだけ関係し途中の道には無関係であることを示せ.

6. 次の面積分を計算せよ:

(1) $\iint_S xy^2 dy\, dz + yz^2 dz\, dx + zx^2 dx\, dy,\quad S: \dfrac{x^2}{a^2} + \dfrac{y^2}{b^2} + \dfrac{z^2}{c^2} = 1;$

(2) $\iint_S x^2 dy\, dz + y^2 dz\, dx + z^2 dx\, dy,\quad S: (x-a)^2 + (y-b)^2 + (z-c)^2 = r^2.$

7. 一様な球面のポテンシャル
$$U(x,y,z) = \iint_S \frac{d\sigma}{\sqrt{(x-\xi)^2 + (y-\eta)^2 + (z-\zeta)^2}}$$

の球内部および球外部における値を求めよ．ただし，$S: x^2+y^2+z^2=a^2$ とする．

8. ある閉球の外部で調和な函数を u，閉球をその内部に含む滑らかな閉曲面を S とするとき，

$$\iint_S \frac{\partial u}{\partial n} d\sigma$$

は常に一定であることを証明せよ．ただし，$\partial u/\partial n$ は S における内向きの法線方向の微係数である．

9. 原点を中心とする半径 1 の球面を S とし，

$$H(x, y, z) = a_1 x^4 + a_2 y^4 + a_3 z^4 + 3a_4 x^2 y^2 + 3a_5 y^2 z^2 + 3a_6 x^2 z^2$$

とするとき，

$$\iint_S H d\sigma$$

を求めよ．

10. Φ を一つのスカラーとするとき，ベクトル

$$\text{grad } \Phi = \left(\frac{\partial \Phi}{\partial x}, \frac{\partial \Phi}{\partial y}, \frac{\partial \Phi}{\partial z} \right)$$

を Φ の勾配という．閉曲面 S に対し，$\Phi(x, y, z) = x^2 + y^2 + z^2$ とするとき，

$$\frac{1}{6} \iint_S (\text{grad} \Phi)_n d\sigma$$

は何を意味するかをいえ．ただし，n は S における内向きの法線とする．

11. 閉曲面 S に対し

$$\iint_S (\text{grad} \varphi)_n d\sigma = \begin{cases} 4\pi & (\text{原点が } S \text{ の内部にあるとき}), \\ 0 & (\text{原点が } S \text{ の外部にあるとき}) \end{cases}$$

を証明せよ．ただし $\varphi(x,y,z) = 1/\sqrt{x^2+y^2+z^2}$ で，n は S における内向きの法線とする．

12. $x \geqq 0, y \geqq 0$ において $\dfrac{x-y}{(x+y+a)^3}$ $(a>0)$ は積分不能であることを証明せよ．

13. 次の無限二重積分を求めよ：

(1) $\iint_D \dfrac{dx dy}{(x^2+y^2+a^2)^{3/2}}$, $D: x \geqq 0, y \geqq 0$ $(a>0)$;

(2) $\iint_D \dfrac{x}{(1+x^2)(1+x^2 y^2)} dx dy$, $D: x \geqq 0, y \geqq 0, xy \leqq 1$;

(3) $\iint_D e^{-(ax^2+2bxy+cy^2)}(ax^2+2bxy+cy^2) dx dy$,
$D: -\infty < x < \infty, -\infty < y < \infty$ $(a>0, ac>b^2)$.

14. $\iiint_R \dfrac{\sqrt{x^2+y^2+z^2}}{(a^2+x^2+y^2+z^2)^3} dx dy dz$, $R: x \geqq 0, y \geqq 0, z \geqq 0$ $(a>0)$ を求めよ．

15. $\displaystyle\int_0^\infty \cos mx\,dx \int_0^\infty \alpha e^{-\alpha^2(1+x^2)}d\alpha = \int_0^\infty \alpha e^{-\alpha^2}d\alpha \int_0^\infty e^{-\alpha^2 x^2}\cos mx\,dx$

なることを証明し，これを利用して

$$\int_0^\infty \frac{\cos mx}{1+x^2}dx = \frac{\pi}{2}e^{-m} \quad (m\geqq 0)$$

なることを示せ．

第8章 積分法補説

§35. 有界変分の函数

実数のある集合 E があって，E に属するすべての実数 x について $x \leqq A$ が成立するような実数 A のことを E の**上界**という．E が上に有界ならば，その上界は必ず存在する．上に有界な E に対して，上界のうち最も小さいものがあるが，これを E の**上限**といい，記号で $\sup E$ で表わす．[1]

同様に，E に属するすべての x について $B \leqq x$ が成立するような実数 B のことを E の**下界**という．E が下に有界ならば，その下界は必ず存在する．下に有界な E に対して，下界のうち最も大きいものがあるが，これを E の**下限**といい，記号で $\inf E$ で表わす．

明らかに

(35.1) $$\inf E \leqq \sup E.$$

$\sup E$ は次の二つの性質を満たす実数として定められる：

（1） E のすべての x について $x \leqq \sup E$;

（2） 任意の正数 ε に対し $\sup E < a + \varepsilon$ を満たす E に属する実数 a が存在する．

$\inf E$ は次の二つの性質を満たす実数として定められる：

（1′） E のすべての x について $\inf E \leqq x$;

（2′） 任意の正数 ε に対し $b - \varepsilon < \inf E$ を満たす E に属する実数 b が存在する．

なお，E が上に有界でないときには，E の上限は存在しないのであるが，記号で $\sup E = \infty$ と表わす．また，E が下に有界でないときには $\inf E = -\infty$ とする．

例 1. E を $-1 < x \leqq 1$ を満たす実数 x の集合とするとき，
$$\sup E = 1, \quad \inf E = -1.$$

---

[1] 上限と下限については微分学（本講座第5巻）§6参照．

また，E を正の有理数全体の集合とするとき，
$$\sup E = \infty, \quad \inf E = 0.$$

さて，$f(x)$ を $[a,b]$ において定義された函数とし，$[a,b]$ の任意の分割
$$\Delta: \quad a = x_0 < x_1 < x_2 < \cdots < x_n = b$$
に対し

(35.2) $$V(f, \Delta) = \sum_{i=1}^{n} |f(x_i) - f(x_{i-1})|$$

とおき，あらゆる分割 Δ に対し $V(f, \Delta)$ のとる値の集合の上限

(35.3) $$V(f) \equiv \sup_{\Delta} V(f, \Delta)$$

のことを $f(x)$ の $[a,b]$ における**全変分**という．全変分が有限であるような函数[1]を**有界変分の函数**という．

定理 35.1. $[a,b]$ において $f'(x)$ が存在し，かつ有界であるならば，$f(x)$ は $[a,b]$ において有界変分の函数である．

証明． $$f(x_i) - f(x_{i-1}) = f'(t_i)(x_i - x_{i-1})$$

となるような t_i ($x_{i-1} \leq t_i \leq x_i$) が必ず存在するから，$|f'(x)| < M$ とすれば

$$V(f, \Delta) = \sum_{i=1}^{n} |f(x_i) - f(x_{i-1})| = \sum_{i=1}^{n} |f'(t_i)|(x_i - x_{i-1})$$
$$< M \sum_{i=1}^{n} (x_i - x_{i-1}) = M(b-a).$$

ゆえに，$V(f, \Delta)$ は有界，したがって f は有界変分の函数である．

例 2. $$f(x) = x \sin \frac{\pi}{x} \quad (x \neq 0), \quad f(0) = 0$$

で定義される函数を $[0, 2]$ で考えてみると，これは有界変分の函数ではない．なぜならば，分点として

$$x_0 = 0, \; x_1 = \frac{2}{2n-1}, \; x_2 = \frac{2}{2n-3}, \; \cdots, \; x_{n-1} = \frac{2}{3}, \; x_n = 2$$

をとって考えると，

$$V(f, \Delta) = \frac{2}{2n-1} + \left(\frac{2}{2n-1} + \frac{2}{2n-3}\right) + \cdots + \left(\frac{2}{3} + 2\right)$$
$$> \frac{1}{n} + \frac{1}{n-1} + \cdots + \frac{1}{2} \to \infty \quad (n \to \infty)$$

---

1) $V(f, \Delta)$ が有界であるような函数といっても同じである．

となるからである.

定理 35.2. 有界変分の函数であるための必要かつ十分な条件は,それが単調増加(または減少)函数の差として表わされることである.

証明. $f(x)$ が $[a,b]$ において単調函数 $g(x)$, $h(x)$ の差 $g(x)-h(x)$ であるとしよう.このとき,任意の分割 Δ に対して

$$V(f,\Delta) = \sum_{i=1}^{n} |\{g(x_i)-g(x_{i-1})\}-\{h(x_i)-h(x_{i-1})\}|$$
$$\leq \sum_{i=1}^{n} |g(x_i)-g(x_{i-1})| + \sum_{i=1}^{n} |h(x_i)-h(x_{i-1})|$$
$$= |g(b)-g(a)|+|h(b)-h(a)|<\infty.$$

ゆえに,$f(x)$ は有界変分の函数である.

逆に,$f(x)$ が有界変分の函数であるとする.$f(x_i)-f(x_{i-1})\geq 0$ なる i についての和を $\sum'$, $f(x_i)-f(x_{i-1})<0$ なる i についての和を $\sum''$ で表わすとき,

$$\sum'\{f(x_i)-f(x_{i-1})\}=P(\Delta),\quad -\sum''\{f(x_i)-f(x_{i-1})\}=N(\Delta)$$

とおけば,

$$V(f,\Delta)=P(\Delta)+N(\Delta),$$
$$f(b)-f(a)=\sum_{i=1}^{n}\{f(x_i)-f(x_{i-1})\}=P(\Delta)-N(\Delta).$$

$$\therefore\quad V(f,\Delta)=2P(\Delta)+f(a)-f(b)=2N(\Delta)+f(b)-f(a).$$

仮定により $V(f,\Delta)$ は有界だから,$P(\Delta)$, $N(\Delta)$ もまた有界である.したがって

$$\sup_{\Delta} P(\Delta)=P,\quad \sup_{\Delta} N(\Delta)=N$$

とおけば,$P<\infty$, $N<\infty$ であって,かつ

$$V(f)=2P+f(a)-f(b)=2N+f(b)-f(a).$$

いままでは函数 $f(x)$ を区間 $[a,b]$ で考えたのであるが,これを $[a,x]$ ($x\leq b$) で考えたときの V, P, N をそれぞれ $V(x), P(x), N(x)$ と書くことにすると,[1] これに関して同様の関係式

$$V(x)=2P(x)+f(a)-f(x)=2N(x)+f(x)-f(a)$$

---

[1] これをそれぞれ全変分,正変分,負変分函数という.

を得る．これより

(35.4) $$f(x)=\{f(a)+P(x)\}-N(x).$$

$f(a)+P(x)$, $N(x)$ はともに単調増加函数であるから，$f(x)$ はこのような函数の差として表わされることがわかった．また

(35.5) $$f(x)=\{-N(x)\}-\{-f(a)-P(x)\}$$

と考えれば，$f(x)$ は単調減少函数の差としても表わされる．これで証明は終った．

さて，曲線 $C: x=\varphi(t)$, $y=\psi(t)$ ($\alpha\leqq t\leqq\beta$) の長さについては §18 で論じた．そのときの記号をそのまま用いると

(35.6) $$\lim_{|\Delta|\to 0} L(\Delta)=L$$

が C の長さである．ここに

$$L(\Delta)=\sum_{i=1}^{n}\overline{P_{i-1}P_i}=\sum_{i=1}^{n}\sqrt{\{\varphi(t_i)-\varphi(t_{i-1})\}^2+\{\psi(t_i)-\psi(t_{i-1})\}^2}$$

である．

定理 35.3. 曲線 C が長さ L をもつための必要かつ十分な条件は

(35.7) $$\sup_{\Delta} L(\Delta)=L$$

なることである．

証明． (35.7) において $L<\infty$ とすれば，任意の自然数 n に対し

$$L-\frac{1}{n}<L(\Delta_n)\leqq L$$

なるような分割 Δ_n がある．

$[a,b]$ の n 等分点と Δ_n の分点とをあわせて新しい分割を作り，これを $\Delta_n{}'$ とすれば

$$L(\Delta_n)\leqq L(\Delta_n{}')\leqq L$$

なることは明らかだから

(35.8) $$L-\frac{1}{n}<L(\Delta_n{}')\leqq L.$$

$\Delta_n{}'$ の分点の数を N としよう．正数 δ_n を適当にとれば，$|\Delta|<\delta_n$ なる任意

の分割 $\varDelta$ について，その各小区間 $[t_{i-1}, t_i]$ において

$$\sup_{t_{i-1}\leq t', t''\leq t_i}|\varphi(t')-\varphi(t'')|<\frac{1}{2nN}, \quad \sup_{t_{i-1}\leq t', t''\leq t_i}|\psi(t')-\psi(t'')|<\frac{1}{2nN}$$

ならしめることができる（$\because$ φ, ψ は $[a, b]$ において一様連続だから）．

このような $\varDelta$ と $\varDelta_n{}'$ との各分点とを新しい分点とする分割を $\varDelta_n{}''$ とすれば

(35.9) $$L(\varDelta_n{}')\leq L(\varDelta_n{}'')<L(\varDelta)+\frac{1}{n}$$

となる．なぜならば，$L(\varDelta_n{}'')$ を $L(\varDelta)$ と比較するとき，$\varDelta$ による細分区間で $\varDelta_n{}''$ によってさらに細分されているところの和は，その作り方より $1/n$ を越えないし，細分されていないところの和は $L(\varDelta)$ を越えないからである．

(35.8)，(35.9) から

$$L-\frac{2}{n}<L(\varDelta)\leq L, \quad |\varDelta|<\delta_n.$$

$$\therefore \lim_{|\varDelta|\to 0}L(\varDelta)=L.$$

すなわち，$\sup_{\varDelta}L(\varDelta)=L<\infty$ ならば，C は求長可能で，その長さは L である．

次に，(35.7) において $L=\infty$ とすれば，任意の自然数 n に対し $n<L(\varDelta_n)$ なる分割 $\varDelta_n$ がある．前と同様にして，これから $\varDelta_n{}'$ を作ると

$$n<L(\varDelta_n)\leq L(\varDelta_n{}')\to\infty \quad (n\to\infty).$$

しかるに，$|\varDelta_n|\to 0 \ (n\to\infty)$ であるから，C は求長可能でない．これで定理は証明されたことになる．

ところで

$$\left.\begin{array}{l}\sum_{i=1}^{n}|\varphi(t_i)-\varphi(t_{j-1})|\\[2pt] \sum_{i=1}^{n}|\psi(t_i)-\psi(t_{i-1})|\end{array}\right\}\leq L(\varDelta)\leq \sum_{i=1}^{n}|\varphi(t_i)-\varphi(t_{i-1})|+\sum_{i=1}^{n}|\psi(t_i)-\psi(t_{i-1})|.$$

$$\therefore \left.\begin{array}{l}V(\varphi, \varDelta)\\ V(\psi, \varDelta)\end{array}\right\}\leq L(\varDelta)\leq V(\varphi, \varDelta)+V(\psi, \varDelta).$$

したがって，$\sup_{\varDelta}L(\varDelta)$ が存在する（$L(\varDelta)$ が有界である）条件は $V(\varphi, \varDelta)$，

$V(\psi, \Delta)$ がともに有界であること，いいかえれば，φ, ψ が $[\alpha, \beta]$ において有界変分の函数であることである．よって，次の定理が証明されたことになる．

定理 35.4. 曲線 $C: x=\varphi(t), y=\psi(t)$ $(\alpha \le t \le \beta)$ が求長可能であるための必要かつ十分な条件は，φ, ψ が $[\alpha, \beta]$ において有界変分の函数であることである．このとき，C の長さは複素函数 $F(t)=\varphi(t)+i\psi(t)$ の $[\alpha, \beta]$ における全変分

$$\sup_{\Delta} \sum_{k=1}^{n} |F(t_k)-F(t_{k-1})|$$

として与えられる．ただし，i は虚数単位である．

問 1. $a \le x \le b$ における函数 $f(x), g(x)$ について
$$\sup\{f(x)+g(x)\} \le \sup f(x) + \sup g(x),$$
$$\inf\{f(x)+g(x)\} \ge \inf f(x) + \inf g(x)$$
を証明せよ．

問 2. 曲線 $y=x^2 \sin\dfrac{\pi}{x}$ $(0 \le x \le 1$，ただし，$x=0$ では $y=0$ とする$)$ は求長可能であることを証明せよ．

§36. リーマン-スチルチェス積分

一変数の函数に限ることとし，今までの積分の定義を振り返ってみると，まず §2 では連続函数について定義し，ついで §13 では有限個の不連続点をもつものにまでその定義を拡張した．この拡張は，あくまで連続函数の積分を基礎にしたものであったが，不連続点が無数にあるような函数については論及し得なかった．そこで，このような場合をも含めて一般的な定義を与えるリーマンの考えを述べてみることにしよう．ただし，函数は $[a, b]$ において有界なものに限ることにする．

有界函数 $f(x)$ のほかに，単調増加函数 $\alpha(x)$ （ $\not\equiv$ 定数）を考える．$[a, b]$ の任意の分割 $\Delta: a=x_0<x_1<x_2<\cdots<x_n=b$ に対し

$$\Delta \alpha_i = \alpha(x_i) - \alpha(x_{i-1}),$$
$$M_i = \sup_{x_{i-1} \le x \le x_i} f(x), \qquad m_i = \inf_{x_{i-1} \le x \le x_i} f(x),$$

$$\overline{S}(\Delta) = \sum_{i=1}^{n} M_i \Delta\alpha_i, \qquad \underline{S}(\Delta) = \sum_{i=1}^{n} m_i \Delta\alpha_i$$

とおき,

(36.1) $$\overline{\int_a^b} f(x)\,d\alpha(x) = \inf_{\Delta} \overline{S}(\Delta),$$

(36.2) $$\underline{\int_a^b} f(x)\,d\alpha(x) = \sup_{\Delta} \underline{S}(\Delta)$$

と定める.

$f(x)$ は有界であるから, $|f(x)| \leq M$ とすれば

$$-M(b-a) \leq \underline{S}(\Delta) \leq \overline{S}(\Delta) \leq M(b-a)$$

となる. ゆえに $\underline{S}(\Delta)$, $\overline{S}(\Delta)$ はともに有界となるから, (36.1), (36.2) の値はともに有限である. (36.1) を**上積分**, (36.2) を**下積分**というが, 両者の間には

(36.3) $$\underline{\int_a^b} f(x)\,d\alpha(x) \leq \overline{\int_a^b} f(x)\,d\alpha(x)$$

という関係がある. これを証明してみよう.

任意に正数 ε を与えるとき,

$$\overline{S}(\Delta) - \varepsilon < \overline{\int_a^b} f(x)\,d\alpha(x), \qquad \underline{\int_a^b} f(x)\,d\alpha(x) < \underline{S}(\Delta') + \varepsilon$$

なる分割 Δ, Δ' が存在する. Δ と Δ' の分点をあわせて作った分割を Δ'' とすれば

$$\underline{S}(\Delta') \leq \underline{S}(\Delta'') \leq \overline{S}(\Delta'') \leq \overline{S}(\Delta)$$

がいえるから, これより

$$\underline{\int_a^b} f(x)\,d\alpha(x) - \varepsilon < \overline{\int_a^b} f(x)\,d\alpha(x) + \varepsilon.$$

ε はいくらでも小さくとれるのであるから, けっきょく, 上式から (36.3) を得る.

上のように定義した上積分と下積分が一致するとき, $f(x)$ は $\alpha(x)$ に関して $[a,b]$ において**積分可能**であるといい, その共通の値を

$$\int_a^b f(x)\,d\alpha(x)$$

で表わす．これが**リーマン-スチルチェス積分**であって，特に $\alpha(x)\equiv x$ ととった場合が普通に**リーマン積分**と呼ばれているものである．

上の表示式で変数 x は元来どんな文字を用いてもよく有意的な役目を果たしていないのだから，これを省略して

$$\int_a^b f\,d\alpha$$

と書いてもよく，また，この方がかえって望ましいこともある．a,b を積分の下端，上端というのは前と同じである．

例 1.
$$\chi(x)=\begin{cases} 1 & (x\text{ が有理数のとき}), \\ 0 & (x\text{ が無理数のとき}) \end{cases}$$

で定義される函数は $[0,1]$ においてリーマン積分可能ではない．なぜならば

$$\overline{S}(\varDelta)=1, \qquad \underline{S}(\varDelta)=0.$$

$$\therefore\ \overline{\int_0^1}\chi\,dx=1,\qquad \underline{\int_0^1}\chi\,dx=0.$$

なお，$\chi(x)$ は次のような形で与えられる．

$$\chi(x)=\lim_{m\to\infty}\{\lim_{n\to\infty}(\cos m!\pi x)^{2n}\}.$$

なぜならば，x が有理数 p/q (p,q は整数で $q>0$) のとき，$m>q$ ならば $m!x$ は整数となるから $(\cos m!\pi x)^{2n}=1$．ゆえに $\chi(x)=1$．また，x が無理数のとき，どんな m に対しても $m!x$ は整数とはならないから $|\cos m!\pi x|<1$．よって

$$\lim_{n\to\infty}(\cos m!\pi x)^{2n}=0. \qquad \therefore\ \chi(x)=0.$$

この函数を**ディリクレの函数**という．

ところで，このリーマン積分の値は，本節より前に考えた積分と同じ値を与えるものであろうか．答は肯定的で，これを示すには次の定理を証明すれば十分である．なお今後，積分の上端，下端を明記しなくても誤解の生ずる心配のないとき，これらを省略して簡単に $\int f\,d\alpha$, $\overline{\int}f\,d\alpha$, $\underline{\int}f\,d\alpha$ などと書くことにする．

定理 36.1.
$$S(\varDelta)=\sum_{i=1}^n f(\xi_i)\varDelta\alpha_i,\ \ x_{i-1}\leq\xi_i\leq x_i$$

とおくとき，f が α に関して積分可能ならば

(36.4) $$\lim_{|\varDelta|\to 0} S(\varDelta)=\int f\,d\alpha.$$

逆に, $\lim_{|\Delta|\to 0} S(\Delta)$ が存在するとき, f は α に関して積分可能で, このとき (36.4) が成り立つ.

証明. まず, f が α に関して積分可能とすると, ε を任意の正数とするとき
$$S(\Delta') \leqq \overline{S}(\Delta') < \int f d\alpha + \frac{\varepsilon}{2}$$
となるような分割 Δ' がある. $\sup f(x) = M \ (a \leqq x \leqq b)$ とし, Δ' の分割数を n とするとき
$$\delta_1 = \frac{\varepsilon}{2nM}$$
とおく.

いま, $|\Delta| < \delta_1$ なる任意の分割 Δ をとって $S(\Delta)$ を考えてみると, Δ による分割小区間で, その内部に Δ' の分点を含むようなものについての和は, その作り方より $\varepsilon/2$ を越えず, また, 残りの和は $S(\Delta')$ を越えない.
$$\therefore \quad S(\Delta) \leqq \overline{S}(\Delta) < \int f d\alpha + \varepsilon.$$

全く同様な方法で, $|\Delta| < \delta_2$ ならば
$$S(\Delta) \geqq \underline{S}(\Delta) > \int f d\alpha - \varepsilon$$
となるような δ_2 が存在することを示すことができる.

$\delta = \min(\delta_1, \delta_2)$ ととれば, $|\Delta| < \delta$ なるとき
$$\int f d\alpha - \varepsilon < S(\Delta) < \int f d\alpha + \varepsilon.$$
ゆえに (36.4) が成立する.

逆に, $\lim_{|\Delta|\to 0} S(\Delta) = \mathfrak{I} < \infty$ とすると, 任意の正数 ε に対し
$$\mathfrak{I} - \varepsilon < S(\Delta) < \mathfrak{I} + \varepsilon$$
となるような分割 Δ がある. しかも, $S(\Delta) = \sum f(\xi_i) \Delta \alpha_i$ において $\{\xi_i\}$ はどのようにとっても上式が成り立つのであるから (§2, 定理 2.5 の注意参照)
$$\mathfrak{I} - \varepsilon \leqq \underline{S}(\Delta) \leqq S(\Delta) \leqq \overline{S}(\Delta) \leqq \mathfrak{I} + \varepsilon.$$
しかるに

$$\underline{S}(\varDelta) \leqq \underline{\int} f d\alpha \leqq \overline{\int} f d\alpha \leqq \overline{S}(\varDelta).$$

$$\therefore \quad \mathfrak{J} - \varepsilon \leqq \underline{\int} f d\alpha \leqq \overline{\int} f d\alpha \leqq \mathfrak{J} + \varepsilon.$$

ε は任意に小さくとれるのだから，けっきょく

$$\overline{\int} f d\alpha = \underline{\int} f d\alpha = \mathfrak{J}.$$

よって，f は α に関して積分可能であり，かつ (36.4) が成立する.

この定理の証明を少しく変えると，容易に次の定理を証明することができる（問3）．

定理 36.2. f が α に関して積分可能なための必要かつ十分な条件は，任意の正数 ε に対し

$$\overline{S}(\varDelta) - \underline{S}(\varDelta) < \varepsilon$$

なる分割 $\varDelta$ の存在することである.

連続函数 $f(x)$ の一様連続性を用いれば，任意の正数 ε に対し δ を選んで，$|x-x'|<\delta$ ならば $|f(x)-f(x')|<\varepsilon/\{\alpha(b)-\alpha(a)\}$ ならしめることができる．よって，$|\varDelta|<\delta$ なる分割をとれば

$$\overline{S}(\varDelta) - \underline{S}(\varDelta) < \frac{\varepsilon}{\{\alpha(b)-\alpha(a)\}} \sum_{i=1}^{n} \varDelta\alpha_i = \varepsilon$$

となる．したがって

定理 36.3. 連続函数は α に関して積分可能である.

無限個の不連続点をもち，かつ，積分可能な函数の例を挙げておこう．

例 2. $0 \leqq x \leqq 1$ において $x = \dfrac{2k-1}{2^n}$ ($n=1,2,\cdots; k=1,2,\cdots,2^{n-1}$) のとき $f(x)=\dfrac{1}{2^n}$, その他の x の値では $f(x)=0$ なる函数 $f(x)$ を考えれば，これは $[0,1]$ において有界である．いま，$[0,1]$ を 2^{n+1} 等分する分割を $\varDelta_n$ とすれば，$M_i - m_i = \dfrac{1}{2}$ なる区間の数は 2, $M_i - m_i = \dfrac{1}{2^2}$ なる区間の数は 2^2, $\cdots$, $M_i - m_i = \dfrac{1}{2^n}$ なる区間の数は 2^n, 最後に $M_i - m_i = \dfrac{1}{2^{n+1}}$ なる区間の数は 2 となる．よって，$\alpha(x) \equiv x$ の場合

$$\overline{S}(\varDelta_n) - \underline{S}(\varDelta_n) = \left(2 \times \frac{1}{2} + 2^2 \times \frac{1}{2^2} + \cdots + 2^n \times \frac{1}{2^n} + 2 \times \frac{1}{2^{n+1}}\right) \frac{1}{2^{n+1}}$$

$$= \left(n+\frac{1}{2^n}\right)\frac{1}{2^{n+1}} \to 0 \quad (n\to\infty).$$

定理 36.2 により $f(x)$ はリーマン積分可能である．しかるに定理 36.1 により
$$\int_0^1 f\,dx = \lim_{n\to\infty} \underline{S}(\varDelta_n) = 0.$$

また，$\alpha(x)$ が有界な導函数をもつ場合には，$|\alpha'(x)|<K$ とするとき，$\varDelta\alpha_i < K\varDelta x_i$ となるから
$$\overline{S}(\varDelta_n) - \underline{S}(\varDelta_n) < \left(n+\frac{1}{2^n}\right)\frac{K}{2^{n+1}} \to 0 \quad (n\to\infty).$$

ゆえに，f は α に関しても積分可能で，このときにも
$$\int_0^1 f\,d\alpha = \lim_{n\to\infty} \underline{S}(\varDelta_n) = 0.$$

定理 36.1 によれば，(36.4) をもってリーマン-スチルチェス積分の定義とすることもできるわけで，§2 における積分の定義もこの流儀によったわけである．

そこで $f(x), g(x)$ を $[a,b]$ における任意の有界函数とし

(36.5) $$\lim_{|\varDelta|\to 0} \sum_{i=1}^n f(\xi_i)\varDelta g_i = \int_a^b f\,dg$$

でもって，新しく **f の g に関するリーマン-スチルチェス積分** の定義としよう．(36.5) が存在するとき，**f は g に関して積分可能** というのである．

定理 36.4. f が任意の有界変分の函数に関して積分可能であるための必要かつ十分な条件は，f が任意の単調増加函数に関して積分可能なことである．

証明． 定理 35.2 によれば，$[a,b]$ において有界変分の函数 $g(x)$ は
$$g(x) = \alpha(x) - \beta(x)$$
と単調増加函数 $\alpha(x), \beta(x)$ の差として表わすことができる．分割 $\varDelta$ に対し
$$S(f,\varDelta,g) = \sum_{i=1}^n f(\xi_i)\varDelta g_i$$
と書くことにすると，
$$S(f,\varDelta,g) = S(f,\varDelta,\alpha) - S(f,\varDelta,\beta).$$
f が単調増加函数に関し積分可能とすれば，
$$\lim_{|\varDelta|\to 0} S(f,\varDelta,\alpha) = \int f\,d\alpha, \quad \lim_{|\varDelta|\to 0} S(f,\varDelta,\beta) = \int f\,d\beta.$$

$$\therefore \lim_{|\varDelta|\to 0} S(f,\varDelta,g) = \int f\,d\alpha - \int f\,d\beta.$$

よって，f は g に関して積分可能である．

単調増加函数はもちろん有界変分の函数であるから，逆は明らかである．

定理 36.3 と定理 36.4 とから次の定理を得る．

定理 36.5. 連続函数は有界変分の函数に関して積分可能である．

定理 36.6. f が有界変分の函数で，g が連続ならば，f は g に関して積分可能で，かつ

(36.6) $$\int f\,dg = [fg]_a^b - \int g\,df$$

が成り立つ．

証明．
$$S(f,\varDelta,g) = \sum_{i=1}^{n} f(\xi_i)[g(x_i)-g(x_{i-1})]$$
$$= f(b)g(b) - f(a)g(a) - \sum_{i=1}^{n+1} g(x_{i-1})[f(\xi_i)-f(\xi_{i-1})]$$
$$(\xi_{i-1} \leqq x_{i-1} \leqq \xi_i).$$

ただし，$a = \xi_0 \leqq \xi_1 \leqq \xi_2 \leqq \cdots \leqq \xi_n \leqq \xi_{n+1} = b$ であって，この分割を $\varDelta'$ とすれば，

(36.7) $$S(f,\varDelta,g) = [fg]_a^b - S(g,\varDelta',f).$$

$|\varDelta| \to 0$ とすれば $|\varDelta'| \to 0$ となり，定理 36.5 により

$$\lim_{|\varDelta'|\to 0} S(g,\varDelta',f) = \int g\,df$$

であるから，(36.7) より

$$\lim_{|\varDelta|\to 0} S(f,\varDelta,g) = [fg]_a^b - \int g\,df.$$

よって，f は g に関して積分可能であり，かつ (36.6) が成立する．

例 3. $\int_0^3 x\,d[x]$ の計算．(36.6) によれば，
$$\int_0^3 x\,d[x] = [x[x]]_0^3 - \int_0^3 [x]\,dx$$
$$= 9 - 3 = 6.$$

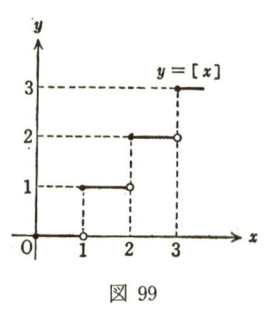

図 99

定理 36.7. f が $[a,b]$ で連続で, g がここで連続な導函数をもつならば

(36.8) $$\int_a^b f(x)dg(x) = \int_a^b f(x)g'(x)dx.$$

これは改めて証明するまでもないであろう. §3, §4 で示した定積分の諸性質は, リーマン積分についても成立する.[1] 一々これを再述することは止め, 基本定理だけを述べておく.

定理 36.8. $f(x)$ が $[a,b]$ において積分可能ならば,
$$F(x) = \int_a^x f(t)dt, \quad a \le x \le b$$
は x について連続で, f の連続点 x においては
$$F'(x) = f(x)$$
が成り立つ.

定理 36.9. $F'(x) = f(x)$ で, $f(x)$ が $[a,b]$ において積分可能ならば
$$\int_a^b f(x)dx = F(b) - F(a).$$

問 1.
$$f(x) = \begin{cases} \sqrt{a^2-x^2} & (x \text{ が有理数のとき}), \\ \dfrac{b}{a}\sqrt{a^2-x^2} & (x \text{ が無理数のとき}) \end{cases}$$

に対し $\overline{\int_0^a} f(x)dx$, $\underline{\int_0^a} f(x)dx$ を求めよ ($a > b > 0$).

問 2. 次の積分を求めよ:

(1) $\int_0^4 x\,d([x]-x)$,   (2) $\int_0^{\pi/2} x^2\,d\sin x$.

問 3. 定理 36.2 を証明せよ.

問 4.
$$f(x) = \begin{cases} x^2 & \left(x \ne \dfrac{1}{2^n},\ n=1,2,\cdots\right), \\ 0 & \left(x = \dfrac{1}{2^n},\ n=1,2,\cdots\right) \end{cases}$$

のとき, $f(x)$ は $[0,1]$ においてリーマン積分可能なことを示し, かつ $\int_0^1 f\,dx$ を求めよ.

問 5. f が有界変分の函数 α に関して積分可能ならば, $|f|$ もまた α に関して積分可能

---

[1] 定理 3.3 の後半は削除しなければならぬ. 定理 3.5, 定理 3.7 では f は連続函数とする. また, 基本定理については若干の補足を必要とする.

なことを証明せよ．

§37. 積分と測度

　この節では二変数のリーマン積分と集合の測度について簡単に述べ，これをもって本書の結びとしたい．

　まず，積分区域を平面上の全く自由な有界点集合 E にとり，E 上の有界函数を $f(\mathrm{P})$ とする．E を含む一つの長方形をとり，これを各座標軸に平行な直線群によって分割し（この分割を $\varDelta$ で表わす），これによって作られた小長方形の一つを I_i，その面積を ω_i で表わす．

　$\mathrm{P}\notin E^{1)}$ なる点 P に対して $f(\mathrm{P})=0$ と f を E 外にまで延長定義した上で

$$M_i = \sup_{\mathrm{P}\in I_i} f(\mathrm{P}), \qquad m_i = \inf_{\mathrm{P}\in I_i} f(\mathrm{P})$$

とおいて，和

$$\overline{S}(\varDelta) = \sum_i M_i \omega_i, \qquad \underline{S}(\varDelta) = \sum_i m_i \omega_i$$

を作る．これから

$$\overline{\iint_E} f\, d\omega = \inf_\varDelta \overline{S}(\varDelta), \qquad \underline{\iint_E} f\, d\omega = \sup_\varDelta \underline{S}(\varDelta)$$

によって，f の E における**上積分**，**下積分**（ともに有限）を定義する．一般に

$$\underline{\iint_E} f\, d\omega \leqq \overline{\iint_E} f\, d\omega$$

であるが，特にこの両者の一致するとき，すなわち

$$\underline{\iint_E} f\, d\omega = \overline{\iint_E} f\, d\omega$$

のとき，f は E において**積分可能**であるという．また，この共通の値を f の E における**リーマン積分**といい，

$$\iint_E f\, d\omega$$

で表わす．

---

1) $P\in E$ は P が E に属すること，$P\notin E$ は P が E に属さないことを表わす．

§37. 積分と測度

$$S(\varDelta)=\sum_i f(\xi_i)\omega_i, \quad \xi_i\in I_i$$

とおくとき，

(37.1) $$\iint_E f\,d\omega = \lim_{|\varDelta|\to 0} S(\varDelta)$$

なることは，定理 36.1 の示すところと同様である．この積分の存在するか否かは，f と E とに関係する．

いま特に E において $f(\mathrm{P})\equiv 1$（したがって $f(\mathrm{P})=0, \mathrm{P}\notin E$）なる場合を考えて

$$\overline{\mathrm{m}}(E)=\overline{\iint_E}d\omega, \qquad \underline{\mathrm{m}}(E)=\underline{\iint_E}dw$$

を，それぞれ E の**外測度**，**内測度**という．もし

$$\overline{\mathrm{m}}(E)=\underline{\mathrm{m}}(E)$$

ならば，E は**可測**であるといい，この共通の値を E の**ジョルダンの測度**と呼び

$$\mathrm{m}(E)=\iint_E d\omega$$

で表わす．

例 1. 正方形 $(0\leq x\leq 1, 0\leq y\leq 1)$ 上の点で，各座標が有理数であるような点集合を E とすれば

$$\overline{\mathrm{m}}(E)=1, \quad \underline{\mathrm{m}}(E)=0$$

となるから，E は可測ではない．

例 2. x 軸上 x 座標が $(2k-1)/2^n\,(k=1,2,\cdots,2^{n-1})$ なる点で，y 軸の正の方向に長さ $\dfrac{1}{2^n}$ の線分を $n=1,2,\cdots$ に対して作って得られる点集合を E とする．

前節例 2 をここでふたたび引用し，そのときの積分結果を二変数の積分の場合に移して考えれば

$$\int_0^1 f\,dx = \iint_E d\omega = \mathrm{m}(E) = 0$$

となる．すなわち，E の測度は 0 となる．

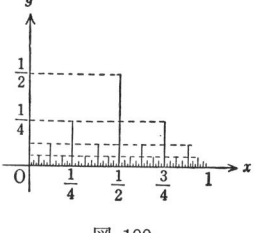

図 100

E を単一閉曲線で囲まれる閉領域にとり，上積分，下積分の定義を幾何学的に考えていくと，E が可測ということは，とりもなおさず E が求積可能とい

うことであって，この場合測度とは面積のことである．したがって，本節で定義した測度とは，図形に対する面積の概念を一般の点集合にまで拡張したものであると考えることができる．

リーマン積分の定義において，E を可測でない集合にとれば，E で $f\equiv 1$ となるような函数すら積分可能ではなくなる．これではあまりにも面白くないので積分区域としては可測集合をとるのが普通である．この積分が §22 における二重積分の拡張になっていることは，(37.1) によって容易に了解されるであろう．

本書全般を通じてわかるように，積分法の本質は微小量の総和という方法による物量の計測にある．したがって，積分と測度とは表裏の関係にあり，ある集合の計量法(測度の定義の仕方ともいえよう)に対して，それに応じた積分法がある．ジョルダンの測度に対するものがリーマン積分法なのである．しかしこの積分法といえども決して完全なものではない．たとえば，本節の例1でみるような可付番集合[1] ですら可測ではなくなる．また，連続函数や積分可能な函数の極限函数という比較的身近かな函数でも積分可能とは限らないのである．[2] このような積分の不便さを克服するために，さらに別の積分法が要望されるのであって，これに答えて生まれてきたものにルベーグ積分法がある．しかし，これについて述べる余裕はないし，また，これは本書の枠外でもあるので，ルベーグ積分のことは他の専門書に譲り，本書はここで閉じることにする．

問． $E, E_1, E_2, \cdots, E_n$ を平面上の有界な可測集合とするとき，ジョルダンの測度 m は次の性質をもつことを示せ．

(1) $m(E) \geqq 0$．

(2) $\sum_{i=1}^{n} m(E_i) \geqq m(\bigcup_{i=1}^{n} E_i)$. 特に $E_i \cup E_j = \phi\ (i \neq j)$ ならば，$\sum_{i=1}^{n} m(E_i) = m(\bigcup_{i=1}^{n} E_i)$．

ただし，$\bigcup_{i=1}^{n} E_i$ は $E_1, E_2, \cdots, E_n$ の合併集合（可測と仮定せよ），ϕ は空集合を表わす．

(3) E が求積可能な閉領域ならば $m(E) = A(E)$．ただし，$A(E)$ は E の面積とする．

---

1) 微分学（本講座第5巻）§5ならびに問題8参照．
2) この実例については功力金二郎，実函数論および積分論，4.1参照．

（4） 平面上の合同変換によって E が E' に移ったとすれば，$\mathfrak{m}(E)=\mathfrak{m}(E')$. ただし，合同変換とは
$$x'=b+a_{11}x+a_{12}y, \qquad y'=c+a_{21}x+a_{22}y,$$
$$a_{11}a_{21}+a_{12}a_{22}=0, \qquad a_{11}^2+a_{12}^2=a_{21}^2+a_{22}^2=1$$
を満たす変換のことである．

問　題　8

1. $a \leqq x \leqq b$ において $f(x)$, $g(x)$ がともに有界変分の函数ならば，和 $f(x)+g(x)$，積 $f(x)g(x)$ もまた有界変分の函数であることを証明せよ．

2. $f(x)$ を $[0,2]$ における連続函数，かつ
$$\alpha(x)=\begin{cases} 0 & (0\leqq x<1), \\ c & (x=1), \\ 1 & (1<x\leqq 2) \end{cases}$$
とする．ただし $0<c<1$．しかるとき
$$\int_0^2 f\,d\alpha = f(1)$$
であることを示せ．

3. $f(x)$ を $[a,b]$ における有界函数，$\alpha(x)$ を同じ区間における単調増加函数とする．もし，この区間内の一点 c ($a\leqq c\leqq b$) で f, α ともに不連続ならば，この区間で f は α に関して積分可能にはならないことを証明せよ．

4. $[a,b]$ において $f(x)$ を連続函数，$g(x)$ を有界変分の函数，$v(x)$ を $g(x)$ の全変分函数とするとき
$$\left|\int_a^b f\,dg\right| \leqq \int_a^b |f|\,dv$$
となることを証明せよ．

5. $f(x)$ を $[a,b]$ においてリーマン積分可能な有界函数とするとき，
$$\int_a^x f(t)\,dt \quad (a\leqq x\leqq b)$$
は $[a,b]$ において有界変分の函数であることを証明せよ．

6. $f(x)$ を $[0,2\pi]$ における有界変分の函数とし，$f(0)=f(2\pi)$ とする．しかるとき
$$\left|\int_0^{2\pi} f(x)\cos nx\,dx\right| \leqq \frac{V(f)}{n}, \quad \left|\int_0^{2\pi} f(x)\sin nx\,dx\right| \leqq \frac{V(f)}{n}$$
なることを証明し，これを利用して
$$\lim_{n\to\infty}\int_0^{2\pi} f(x)\cos nx\,dx=0, \quad \lim_{n\to\infty}\int_0^{2\pi} f(x)\sin nx\,dx=0$$
を示せ．

7. 有界函数 $f(x)$ が $[a,b]$ において有界変分の函数 $\alpha(x)$ に関して積分可能, かつ. $f(x) \geqq c$ なる正数 c が存在するとき, $1/f(x)$ もまた $[a,b]$ において $\alpha(x)$ に関して積分可能であることを証明せよ.

8. $[a,b]$ において有界函数 f, g が有界変分の函数 α に関して積分可能ならば, $f+g$, fg もまた α に関して積分可能なことを証明せよ.

9.
$$f(x) = \begin{cases} (-1)^{n-1} & \left(\dfrac{1}{n+1} < x < \dfrac{1}{n}\right), \\ 1 & \left(x=0, \ \dfrac{1}{n}\right) \end{cases} \quad (n=1,2,\cdots)$$

によって定義された函数 $f(x)$ は $[0,1]$ においてリーマン積分可能なことを証明し, かつ
$$\int_0^1 f\,dx = \log 4 - 1$$
なることを示せ.

10. $f_n(x)$ $(n=1,2,\cdots)$ が $[a,b]$ において有界変分の函数 $g(x)$ に関して積分可能であり, かつ, $\lim_{n\to\infty} f_n(x) = f(x)$ が一様収束であるならば, $f(x)$ もまた $[a,b]$ において $g(x)$ に関して積分可能であることを証明せよ.

11. 可測な有界閉領域 D において, 測度 0 の集合を除いて連続な有界函数は D においてリーマン積分可能なことを証明せよ.

12. 平面上の有界可測集合 E_1, E_2 に対して
$$\mathfrak{m}(E_1 \cup E_2) + \mathfrak{m}(E_1 \cap E_2) = \mathfrak{m}(E_1) + \mathfrak{m}(E_2)$$
を証明せよ. ただし, $E_1 \cap E_2$ は E_1 と E_2 の共通集合を表わす.

問題の答

第1章

§1. 問 1. $\dfrac{1}{4}$. 問 2. $\dfrac{h\pi r^2}{3}$.

§2. 問 1. (1) 1, (2) 1. 問 2. 円弧 $y=\sqrt{a^2-x^2}\left(0\leqq x\leqq\dfrac{a}{2}\right)$ と x 軸との間の面積, $\dfrac{a^2}{4}\left(\dfrac{\pi}{3}+\dfrac{\sqrt{3}}{2}\right)$.

§4. 問 1. (1) $f(x+1)-f(x)$, (2) $2f(2x)-f(x)$. 問 2. $F(x)=x\ (x\leqq0)$, $F(x)=\sin x\ (x>0)$. 問 3. (1) $\dfrac{1}{n+1}(b^{n+1}-a^{n+1})$, (2) $\log 2$, (3) 1, (4) e^b-e^a.

問題 1. 1. $\dfrac{16}{3}$. 2. e^b-e^a. 3. $\dfrac{1}{m+1}(b^{m+1}-a^{m+1})$. 7. $c_i=\int_a^b f(x)\varphi_i(x)\,dx\ (i=1, 2,\cdots,n)$. 9. (1) $2xf(x^2)-f(x)$, (2) $xf(x+1)+\int_0^{x+1}f(t)\,dt$. 10. x^2+x+1.

第2章

§5. 問. (1) $\dfrac{x^2}{2}-\dfrac{2x^3}{3}+\dfrac{x^4}{4}$, (2) $\dfrac{2}{3}\{(x+1)^{3/2}-x^{3/2}\}$, (3) $\dfrac{2}{5}(x+a)^{5/2}-\dfrac{2}{3}a(x+a)^{3/2}$,

(4) $\dfrac{1}{3}\log|x^3+1|$, (5) $e^x+e^{2x}+\dfrac{1}{3}e^{3x}$, (6) $\dfrac{1}{2}\left\{\dfrac{\sin(a-b)x}{a-b}-\dfrac{\sin(a+b)x}{a+b}\right\}$,

(7) $\dfrac{1}{n+1}\sin^{n+1}x$, (8) $-\cos x+\dfrac{1}{3}\cos^3 x$, (9) $x-a\tan^{-1}\dfrac{x}{a}$,

(10) $a\sin^{-1}\dfrac{x}{a}-\dfrac{1}{3}(a^2-x^2)^{3/2}+a^2(a^2-x^2)^{1/2}$.

§6. 問. (1) $\dfrac{(ax+b)^{n+1}}{a^3}\left\{\dfrac{(ax+b)^2}{n+3}-\dfrac{2b(ax+b)}{n+2}+\dfrac{b^2}{n+1}\right\}$,

(2) $\dfrac{2}{\sqrt{3}}\tan^{-1}\dfrac{2x+1}{\sqrt{3}}$, (3) $\dfrac{1}{2}\left\{(x-a)\sqrt{2ax-x^2}+a^2\sin^{-1}\dfrac{x-a}{a}\right\}$,

(4) $\dfrac{1}{2}\tan^{-1}x^2$, (5) $\tan^{-1}e^x$, (6) $\dfrac{x}{a^2\sqrt{a^2+x^2}}$, (7) $-\dfrac{1}{a}\log\dfrac{a+\sqrt{a^2-x^2}}{|x|}$,

(8) $\dfrac{1}{\sqrt{2}}\log\left|\tan\dfrac{1}{2}\left(x+\dfrac{\pi}{4}\right)\right|$, (9) $\dfrac{1}{2\sqrt{2}}\log\dfrac{\sqrt{2}-\cos x}{\sqrt{2}+\cos x}$, (10) $e^{\sin x}$.

§7. 問. (1) $e^x\{ax^2+(b-2a)x+2a-b+c\}$,

(2) $\dfrac{a^x}{\log a}\left(x-\dfrac{1}{\log a}\right)$, (3) $\dfrac{x^2}{4}(2\log x-1)$, (4) $\dfrac{x}{1+x}\log x-\log(x+1)$,

(5) $2x\sin x+(2-x^2)\cos x$, (6) $x(\sin x-\dfrac{1}{3}\sin^3 x)+\dfrac{2}{3}\cos x+\dfrac{1}{9}\cos^3 x$,

(7) $x\sin^{-1}x+\sqrt{1-x^2}$, (8) $\dfrac{e^{ax}}{a^2+b^2}(a\cos bx+b\sin bx)$.

§8. 問. (1) $-\dfrac{3}{2}\log|x|+\dfrac{5}{3}\log|x-1|-\dfrac{1}{6}\log|x+2|$,

(2) $\dfrac{1}{(b-a)^2}\left(\log\left|\dfrac{x+b}{x+a}\right|-\dfrac{x+b}{x+a}\right)$, (3) $\log\dfrac{(x-1)^2}{|x|}-\dfrac{x}{(x-1)^2}$,

(4) $\dfrac{1}{4a^3}\left(\log\left|\dfrac{x+a}{x-a}\right|-\dfrac{2xa}{x^2-a^2}\right)$, (5) $\dfrac{1}{a^2+b^2}\left(\log\dfrac{|x+b|}{\sqrt{x^2+a^2}}+\dfrac{b}{a}\tan^{-1}\dfrac{x}{a}\right)$,

(6) $\dfrac{1}{3}\log|x-1|-\dfrac{1}{6}\log(x^2+x+1)-\dfrac{1}{\sqrt{3}}\tan^{-1}\dfrac{2x+1}{\sqrt{3}}$,

(7) $\dfrac{1}{4\sqrt{2}}\log\dfrac{x^2+\sqrt{2}\,x+1}{x^2-\sqrt{2}\,x+1}+\dfrac{1}{2\sqrt{2}}\{\tan^{-1}(\sqrt{2}\,x+1)+\tan^{-1}(\sqrt{2}\,x-1)\}$,

(8) $\dfrac{1}{8}\left\{\dfrac{x}{1+x^2}-\dfrac{2x}{(1+x^2)^2}+\tan^{-1}x\right\}$,

(9) $\dfrac{x}{3(x^3+1)}+\dfrac{2}{9}\log|x+1|-\dfrac{1}{9}\log(x^2-x+1)+\dfrac{2}{3\sqrt{3}}\tan^{-1}\dfrac{2x-1}{\sqrt{3}}$,

(10) $-\dfrac{x}{3(x^3+1)}+\dfrac{1}{9}\log|x+1|-\dfrac{1}{18}\log(x^2-x+1)+\dfrac{\sqrt{3}}{9}\tan^{-1}\dfrac{2x-1}{\sqrt{3}}$.

§9. 問. (1) $\log\dfrac{|\sqrt{1+x}\,-1|}{\sqrt{1+x}\,+1}$, (2) $3\left\{\dfrac{1}{2}(x+1)^{2/3}-(x+1)^{1/3}+\log|1+\sqrt[3]{x+1}|\right\}$,

(3) $2\tan^{-1}\sqrt{\dfrac{1-x}{1+x}}+\log\dfrac{|\sqrt{1+x}\,-\sqrt{1-x}\,|}{\sqrt{1+x}\,+\sqrt{1-x}}$, (4) $\dfrac{1}{\sqrt{2}}\log\left|\dfrac{\sqrt{x^2-x+2}\,+x-\sqrt{2}}{\sqrt{x^2-x+2}\,+x+\sqrt{2}}\right|$,

(5) $\log|x+1+\sqrt{x^2+2x-1}\,|+2\tan^{-1}(x+\sqrt{x^2+2x-1}\,)$, (6) $-\tan^{-1}\dfrac{2\sqrt{1+x-x^2}}{3x+1}$,

(7) $3\log\dfrac{1+\sqrt[6]{x}}{|1-\sqrt[6]{x}\,|}-6\sqrt[6]{x}$,

(8) $-\dfrac{1}{2}\log\{(1+x^3)^{1/3}-x\}+\dfrac{1}{\sqrt{3}}\tan^{-1}\dfrac{1}{\sqrt{3}}\left\{\dfrac{2(1+x^3)^{1/3}}{x}+1\right\}$,

(9) $\dfrac{2}{3}\left\{\dfrac{(a+bx)^{3/2}}{3}+a(a+bx)^{1/2}\right\}\begin{cases}+\dfrac{a\sqrt{a}}{3}\log\dfrac{|\sqrt{a+bx^3}\,-\sqrt{a}\,|}{\sqrt{a+bx^3}\,+\sqrt{a}} & (a>0),\\ -\dfrac{2a\sqrt{-a}}{3}\tan^{-1}\dfrac{\sqrt{a+bx^3}}{\sqrt{-a}} & (a<0),\end{cases}$

(10) $\dfrac{x-a}{a^2\sqrt{2ax-x^2}}$.

§10. 問. (1) $e^x(x^4-4x^3+12x^2-24x+25)$, (2) $x\displaystyle\sum_{k=0}^{n}(-1)^k\dfrac{n!}{k!}\log^k x$,

(3) $\dfrac{x^3}{3}\tan^{-1}x-\dfrac{x^2}{6}+\dfrac{1}{6}\log(1+x^2)$, (4) $x^2(\sin^{-1}x)^2+2\sqrt{1-x^2}\sin^{-1}x-2x$,

(5) $e^x+x-2\log(e^x+1)$, (6) $\dfrac{b}{a^2+b^2}\log|a\cos x+b\sin x|+\dfrac{a}{a^2+b^2}x$,

(7) $-\dfrac{2}{1+\tan\dfrac{x}{2}}$, (8) $\dfrac{1}{2}\log\left|\tan\dfrac{x}{2}\right|+\tan\dfrac{x}{2}+\dfrac{1}{4}\tan^2\dfrac{x}{2}$, (9) $\dfrac{\sin^3 x}{3}-\dfrac{\sin^5 x}{5}$,

(10) $-\dfrac{1}{2\sin^2 x \cos^4 x}+\dfrac{3}{4\cos^4 x}+\dfrac{3}{2\cos^2 x}+3\log|\tan x|$.

問題 2. 1. (1) $\dfrac{1}{a-b}\log\left|\dfrac{x-a}{x-b}\right|$, (2) $\dfrac{a^{2x}}{2\log a}+2\dfrac{\log a}{a^x}+x$,

(3) $\log|x|-\dfrac{1}{n}\log|x^n+1|$, (4) $\dfrac{1}{n+1}\log^{n+1} x$ $(n\neq -1)$, $\log|\log x|$ $(n=-1)$,

(5) $\dfrac{1}{2}\left\{\dfrac{\cos(a-b)x}{b-a}-\dfrac{\cos(a+b)x}{a+b}\right\}$, (6) $-\dfrac{\cos^{n+1} x}{n+1}$, (7) $-\dfrac{1}{b}\log|a+b\cos x|$,

(8) $\dfrac{1}{2}\log(x^2+a^2)-\dfrac{b}{a}\tan^{-1}\dfrac{x}{a}$, (9) $\dfrac{1}{5}(a^2-x^2)^{5/2}-\dfrac{1}{3}(a^2-x^2)^{3/2}$,

(10) $-\sqrt{a^2-x^2}+\sin^{-1}\dfrac{x}{a}$. 2. (1) $x-2+6\log|x-2|-\dfrac{11}{x-2}-\dfrac{3}{(x-2)^2}$,

(2) $\dfrac{1}{2}\log|x^2-ax-a^2|+\dfrac{1}{2\sqrt{5}}\log\left|\dfrac{2x-a(\sqrt{5}+1)}{2x+a(\sqrt{5}-1)}\right|$, (3) $\dfrac{1}{2}\log(x^2+\sqrt{x^4+a^4})$,

(4) $\dfrac{1}{3}\sin^{-1}x^3$, (5) $\dfrac{1}{3a^3}\log\left|\dfrac{x^3}{a^3+x^3}\right|$, (6) $\dfrac{1}{a}\log\left|\dfrac{\sqrt{a^2+x^2}-a}{x}\right|$, (7) $\sin^{-1}\log x$,

(8) $2\sqrt{e^x-1}-4\tan^{-1}\dfrac{\sqrt{e^x-1}}{2}$, (9) $\dfrac{1}{\log a}a^{\log\sin x}$, (10) $\dfrac{1}{ab}\tan^{-1}\left(\dfrac{b}{a}\tan x\right)$.

3. (1) $\dfrac{x^2}{3}(a+x^2)^{3/2}-\dfrac{2}{15}(a+x^2)^{5/2}$, (2) $e^x(x^3-3x^2+6x-6)$,

(3) $x\log(1+x^2)-2x+2\tan^{-1}x$, (4) $\dfrac{1}{4}\{(2x^2+1)\log(x+\sqrt{1+x^2})-x\sqrt{1+x^2}\}$,

(5) $\sinh x \sin x - \cosh x \cos x$, (6) $\sin x(\log\sin x-1)$, (7) $(x+1)\tan^{-1}\sqrt{x}-\sqrt{x}$,

(8) $\dfrac{x}{\sqrt{1-x^2}}\sin^{-1}x+\log\sqrt{1-x^2}$.

4. $\displaystyle\int xe^{ax}\sin bx\,dx = \dfrac{xe^{ax}(a\sin bx-b\cos bx)}{a^2+b^2}-\dfrac{e^{ax}\{(a^2-b^2)\sin bx-2ab\cos bx\}}{a^2+b^2}$,

$\displaystyle\int xe^{ax}\cos bx\,dx = \dfrac{xe^{ax}(a\cos bx+b\sin bx)}{a^2+b^2}-\dfrac{e^{ax}\{(a^2-b^2)\cos bx+2ab\sin bx\}}{a^2+b^2}$.

5. (1) $\dfrac{x^2}{2}-2x-\dfrac{1}{2}\log|x+1|+\dfrac{1}{6}\log|x-1|+\dfrac{16}{3}\log|x+2|$, (2) $\log|x|-\dfrac{1}{2}\log(x^2+4)$,

(3) $-\dfrac{1}{\sqrt{3}}\tan^{-1}\dfrac{2x-1}{\sqrt{3}}-\dfrac{1}{3}\log|x+1|+\dfrac{1}{6}\log(x^2-x+1)$,

(4) $\dfrac{\sqrt{2}}{3}\tan^{-1}\dfrac{x}{\sqrt{2}}+\dfrac{1}{6}\log\left|\dfrac{x-1}{x+1}\right|$,

(5) $\dfrac{a-c}{(a-b)^2}\dfrac{1}{x+a}+\dfrac{b-c}{(a-b)^2}\dfrac{1}{x+b}+\dfrac{a+b-2c}{(a-b)^3}\log\left|\dfrac{x+b}{x+a}\right|$,

(6) $\dfrac{1}{4}\log\dfrac{x^2+1}{(x+1)^2}+\dfrac{x-1}{2(x^2+1)}$, (7) $\dfrac{1}{4}\left\{\log\dfrac{(x-1)^2}{x^2+1}+\dfrac{1}{x-1}+\dfrac{2x+1}{x^2+1}+\tan^{-1}x\right\}$,

(8) $\dfrac{2}{x+2}+7\log\left|\dfrac{x+1}{x+2}\right|+\dfrac{5}{x+1}-\dfrac{3}{2(x+1)^2}+\dfrac{1}{3(x+1)^3}$,

(9) $\dfrac{x(x-1)(x+1)(3x^4+14x^2+3)}{128(x^2+1)^4}+\dfrac{3}{128}\tan^{-1}x$,

(10) $\dfrac{\log|x|}{a^3}-\dfrac{1}{3a^3}\log|a+bx^3|+\dfrac{1}{3a^2(a+bx^3)}+\dfrac{1}{6a(a+bx^3)^2}$.

6. $I_n=\displaystyle\int\dfrac{dx}{(x^3+a^3)^n}$ とおけば, $3(n-1)a^3 I_n=\dfrac{x}{(x^3+a^3)^{n-1}}+(3n-4)I_{n-1}$;

$\dfrac{x}{6a^3(x^3+a^3)^2}+\dfrac{5x}{18a^6(x^3+a^3)}+\dfrac{5}{27a^8}\left\{\log\dfrac{|x+a|}{\sqrt{x^2-ax+a^2}}+\sqrt{3}\tan^{-1}\dfrac{2x-a}{\sqrt{3}\,a}\right\}$.

7. $a=b$ または $2ab+p(a+b)+2q=0$, $a\neq b$.

8. $-\dfrac{2}{3}(2+x)\sqrt{1-x}-\sqrt{1-x^2}-2\sin^{-1}\sqrt{\dfrac{1-x}{2}}$.

9. (1) $\log|x+\sqrt{x+1}|+\dfrac{1}{\sqrt{5}}\log\left|\dfrac{2\sqrt{x+1}+1+\sqrt{5}}{2\sqrt{x+1}+1-\sqrt{5}}\right|$,

(2) $\dfrac{2(b^2x^2-4abx-8a^2)}{3b^3(a+bx)^{1/2}}$, (3) $\log\left(\sqrt{\dfrac{x+1}{x-1}}+1\right)-\log\left|\sqrt{\dfrac{x+1}{x-1}}-1\right|-2\tan^{-1}\sqrt{\dfrac{x+1}{x-1}}$.

(4) $\log\left|\dfrac{2+x+2\sqrt{1+x+x^2}}{x}\right|$, (5) $\dfrac{1}{2\sqrt{2}}\log\left|\dfrac{\sqrt{2}\,x+\sqrt{1+x^2}}{\sqrt{2}\,x-\sqrt{1+x^2}}\right|$, (6) $\dfrac{\sqrt{x^2-a^2}}{a^2x}$,

(7) $-\sqrt{\dfrac{2}{3}}\tan^{-1}\sqrt{\dfrac{2(3-x)}{3(x-2)}}$, (8) $-\dfrac{\sqrt{a^2-x^2}}{a^2x}$,

(9) $\dfrac{1}{2}\log|\sqrt[3]{1-x^3}+x|-\dfrac{1}{\sqrt{3}}\tan^{-1}\dfrac{2\sqrt[3]{1-x^3}-x}{x\sqrt{3}}$,

(10) $\dfrac{1}{8a^{8/3}}\log\dfrac{|a^{4/3}-(a^4-x^4)^{1/3}|^3}{x^4}-\dfrac{\sqrt{3}}{4a^{8/3}}\tan^{-1}\dfrac{2(a^4-x^4)^{1/3}+a^{4/3}}{\sqrt{3}\,a^{4/3}}$.

10. (1) $\dfrac{x^{n+1}}{n+1}\left\{\log^3 x-\dfrac{3}{n+1}\log^2 x+\dfrac{6}{(n+1)^2}\log x-\dfrac{6}{(n+1)^3}\right\}$,

(2) $\dfrac{1}{a}(x-\log|a+be^x|)$, (3) $\dfrac{1}{\log a}\log(a^x+a^{-x})$, (4) $\dfrac{x^3}{3}\sin^{-1}x+\dfrac{1}{9}(x^2+2)\sqrt{1-x^2}$,

(5) $\dfrac{\tan^2 x}{2}-\log|\sec x|$, (6) $x-\tan\dfrac{x}{2}$, (7) $\dfrac{x}{2}-\log\left|\sin\left(\dfrac{x}{2}+\dfrac{\pi}{4}\right)\right|$,

(8) $\dfrac{\cos x}{6}\left(\sin^5 x-\dfrac{1}{4}\sin^3 x-\dfrac{3}{8}\sin x\right)+\dfrac{1}{16}x$, (9) $-\dfrac{1}{2\sin^2 x}-2\log|\sin+x|\dfrac{\sin^2 x}{2}$,

(10) $\dfrac{1}{6}\dfrac{\sin x}{\cos^6 x}+\dfrac{5}{24}\dfrac{\sin x}{\cos^4 x}+\dfrac{5}{16}\dfrac{\sin x}{\cos^2 x}+\dfrac{5}{16}\log\left|\tan\left(\dfrac{x}{2}+\dfrac{\pi}{4}\right)\right|$.

第3章

§11. 問 1. (1) $\dfrac{1}{2ab}\log\left|\dfrac{a+b}{a-b}\right|$, (2) $\dfrac{1}{2}\log 3+\dfrac{\sqrt{3}}{6}\pi$, (3) $\dfrac{\pi a^2}{2}$,
(4) $\log(2+\sqrt{3})-\dfrac{\sqrt{3}}{2}$, (5) $\tan^{-1}e-\dfrac{\pi}{4}$, (6) $\dfrac{1}{2}$, (7) $\dfrac{\pi}{4}$, (8) $\sqrt{2}\log(1+\sqrt{2})$,
(9) $2a^3\left(\dfrac{\pi}{6}-\dfrac{16}{45}\right)$, (10) $\dfrac{1}{4}(e^\pi-e^{-\pi})=\dfrac{1}{2}\sinh\pi$.

§12. 問 2. (1) $\log 2$, (2) $\dfrac{\pi}{4}$.

§13. 問 2. (1) 存在, (2) $\lambda<1$ ならば存在, $\lambda\geqq 1$ ならば存在せず.

問 3. (1) $|a|\leqq 1$ ならば 2, $|a|>1$ ならば $\dfrac{2}{|a|}$, (2) $\dfrac{\pi}{2}$, (3) $(-1)^n n!$, (4) 0.

§14. 問 1. (1) $\alpha<1$ ならば存在, $\alpha\geqq 1$ ならば発散, (2) 発散, (3) 存在(収束),
(4) 存在. **問 2.** (1) $\log 2$, (2) $\log\sqrt{2}$, (3) $\dfrac{\pi}{ab(a+b)}$, (4) $\dfrac{2}{3}$, (5) $-\dfrac{1}{2}$,
(6) $\dfrac{b}{a^2+b^2}$.

§15. 問 1. (1) $\displaystyle\sum_{1}^{\infty}(-1)^{n-1}\dfrac{2^{2(n-1)}}{(2n)!}\cdot\dfrac{x^{2n}}{n}$, (2) $1+\displaystyle\sum_{n=1}^{\infty}(-1)^n\dfrac{1\cdot 3\cdots(2n-1)}{2\cdot 4\cdots(2n)}\cdot\dfrac{1}{4n+1}$.

問 2. $a_n=\dfrac{1}{\pi}\displaystyle\int_{-\pi}^{\pi}f(x)\cos nx\,dx$, $b_n=\dfrac{1}{\pi}\displaystyle\int_{-\pi}^{\pi}f(x)\sin nx\,dx$.

§16. 問 1. $\dfrac{1}{\alpha^2}\sin\dfrac{\pi\alpha}{2}-\dfrac{\pi}{2\alpha}\cos\dfrac{\pi\alpha}{2}$. **問 2.** 0.

問 3. (1) $\dfrac{\pi}{2}$, (2) $\dfrac{\pi}{2}$. **問 4.** (1) $\dfrac{a^2-b^2}{(a^2+b^2)^2}$, (2) $\dfrac{2ab}{(a^2+b^2)^2}$.

問題 3. **1.** (1) $\dfrac{\pi}{2}-1$, (2) $\dfrac{\pi}{6\sqrt{3}}-\dfrac{1}{6}\log 2$, (3) $\dfrac{4}{3}$, (4) $\dfrac{\pi a^4}{16}$, (5) $\dfrac{\pi}{2ab}$,
(6) $\dfrac{\pi}{4}\left(\dfrac{\pi}{4}-1\right)+\dfrac{1}{2}\log 2$, (7) $\dfrac{1}{24}$, (8) $\dfrac{\pi}{2}$, (9) $\dfrac{1}{\sqrt{2}}\left\{\dfrac{\pi}{2}+\log(\sqrt{2}-1)\right\}$, (10) $\dfrac{\pi^2}{2\sqrt{2}}$.

4. (1) $2(\sqrt{2}-1)$, (2) $\dfrac{1}{2^{p+1}-1}$, (3) $\dfrac{1}{e}$. **5.** (1) 存在しない, (2) 存在.

6. (1) $\dfrac{2^{2n+1}(n!)^2}{(2n+1)!}$, (2) π, (3) $\dfrac{\pi(3a^2+2ab+3b^2)}{8}$, (4) $\dfrac{3\pi}{4}$.

8. (1) $\dfrac{\pi}{2}\log 2$, (2) $\pi\log 2$, (3) $-\pi\log 2$, (4) $2\pi\log 2$, (5) $-\dfrac{\pi^2}{2}\log 2$,
(6) $-\dfrac{\pi}{2}\log 2$. **10.** (1) 存在, (2) $\lambda>1$ ならば存在, $\lambda\leqq 1$ ならば発散.

12. (1) $\dfrac{2\pi}{\sqrt{3}}$, (2) $\dfrac{2\pi}{3\sqrt{3}}$, (3) $\dfrac{\pi}{2\sqrt{2}}$, (4) $\dfrac{1}{a^2-b^2}\log\dfrac{a}{b}$,

(5) $\dfrac{1}{a^2}\log\dfrac{a+b}{a}-\dfrac{1}{a(a+b)}$, (6) 0, (7) $\dfrac{a}{a^2+b^2}$, (8) $n=2k+1$ のとき $\dfrac{k!}{2}$, $n=2k$ のとき $\dfrac{(2k)!}{2^{2k+1}k!}\sqrt{\pi}$. **15.** (1) $\sum\limits_{k=0}^{\infty}(-1)^k\dfrac{(2k)!}{2^{2k}(k!)^2}\dfrac{1}{4k+1}\left(1-\dfrac{1}{2^{4k+1}}\right)$,

(2) $\sum\limits_{n=1}^{\infty}(-1)^{n-1}\dfrac{1}{n^2}\left(=\dfrac{\pi^2}{12}\right)$, (3) $\dfrac{\pi}{2}\left\{1+\sum\limits_{n=1}^{\infty}\left(\dfrac{1}{2}\cdot\dfrac{3}{4}\cdots\dfrac{2n-1}{2n}\right)^2 k^{2n}\right\}$,

(4) $n\left\{\dfrac{1}{n-1}+\sum\limits_{k=1}^{\infty}\dfrac{1}{2}\cdot\dfrac{3}{4}\cdots\dfrac{2k-1}{2k}\cdot\dfrac{1}{(2k+1)n-1}\right\}$. **17.** $a_0=\dfrac{2}{3}\pi^2$, $a_n=(-1)^n\dfrac{4}{n^2}$

$(n=1,2,\cdots)$. **19.** $\dfrac{\alpha\pi}{(\alpha^2-1)^{3/2}}$. **23.** $\dfrac{(2n)!\pi}{2^{2n+1}a^{2n+1}(n!)^2}$.

第4章

§ 17. **問 1.** (1) $\dfrac{a^2}{2}$, (2) $\dfrac{ab}{6}$. **問 2.** (1) $\dfrac{8}{3}(a+b)\sqrt{ab}$, (2) $\dfrac{1}{3}(a_2-a_1)(b_2-b_1)$.

問 3. $\dfrac{8}{15}$. **問 4.** 27π. **問 5.** $\dfrac{\pi a^2}{4n}$. **問 6.** $\left(\sqrt{3}-\dfrac{\pi}{3}\right)a^2$.

§ 18. **問 2.** (1) $1+\dfrac{1}{\sqrt{2}}\log(1+\sqrt{2})$, (2) $a\sinh\dfrac{b}{a}$,

(3) $\dfrac{a}{2}\left\{2\pi\sqrt{1+4\pi^2}+\log(2\pi+\sqrt{1+4\pi^2})\right\}$, (4) $a\pi$.

§ 19. **問 2.** $2\sqrt{2}\,E\left(\dfrac{1}{\sqrt{2}},\,\dfrac{\pi}{2}\right)$.

§ 20. **問 1.** $\dfrac{a^2}{6}$. **問 2.** $\dfrac{4a}{\pi}$.

§ 21. **問 1.** $\dfrac{2000}{3}$ g. **問 2.** $6.4\times 10^5\pi$ g·cm.

問題 4. **2.** $ab\pi$. **3.** $\dfrac{a^2}{3}$. **4.** $4ab\tan^{-1}\dfrac{b}{a}$. **5.** πa^2. **6.** $\dfrac{\sqrt{2}}{32}\pi a^2$. **7.** π.

8. $2a^2\left(1-\dfrac{\pi}{4}\right)$, $2a^2\left(1+\dfrac{\pi}{4}\right)$. **9.** $\dfrac{\pi(af^2+bg^2+ch^2-2fgh-abc)}{(ab-h^2)^{3/2}}$. **10.** $\dfrac{3}{8}\pi ab$.

11. $\dfrac{\pi a^2}{2}$. **12.** $a^2\left(3\pi+\dfrac{16}{3}\right)$. **13.** $(a^2+2b^2)\left(\dfrac{\pi}{2}-\cos^{-1}\dfrac{b}{a}\right)+3b\sqrt{a^2-b^2}$.

14. $\dfrac{a^2}{2}\left(\dfrac{3}{2}-\log 2\right)$. **16.** $4\dfrac{a^2+ab+b^2}{a+b}$. **17.** $a\left|\log\dfrac{y_2}{y_1}\right|$. **18.** $4\sqrt{3}\,a$. **19.** $8a$.

20. $\dfrac{r}{a}\sqrt{1+a^2}$. **21.** $\dfrac{3}{2}a\pi$. **22.** $\sqrt{2}\,a\pi\left\{1+\sum\limits_{n=1}^{\infty}\dfrac{1}{2^n}\left(\dfrac{1}{2}\cdot\dfrac{3}{4}\cdots\dfrac{2n-1}{2n}\right)^2\right\}$

$=2\sqrt{2}\,a\displaystyle\int_0^{\pi/2}\dfrac{d\varphi}{\sqrt{1-\dfrac{1}{2}\sin^2\varphi}}$. **23.** $\dfrac{1}{a}\sqrt{(a^2+b^2)(x^2-a^2)}$. **24.** $\sqrt{2}\,a\sin^{-1}\dfrac{|z|}{a}$.

問題の答　　　243

26. $4\sqrt{2}\,a\,E\left(\dfrac{1}{\sqrt{2}},\,\dfrac{\pi}{2}\right)$. **27.** 他端の$\dfrac{1}{3}$. **28.** $\left(\dfrac{\pi}{4}-\dfrac{1}{\pi}\right)a^2$. **29.** $\dfrac{8}{3}$kg.
30. 56250πkg·m.

第5章

§22. 問 1. (1) $\dfrac{1}{6}(b^2-a^2)(d^3-c^3)$, (2) $-\cos(b+d)+\cos(a+d)+\cos(b+c)$
$-\cos(a+b)$, (3) $\dfrac{1}{3}\left(\dfrac{\pi}{3}+\dfrac{\sqrt{3}}{2}\right)$, (4) $\dfrac{1}{24}\pi a^6$, (5) $2\dfrac{20}{243}-\log 3$.

問 2. (1) $\displaystyle\int_0^1 dy\int_{\sqrt{y}}^1 f(x,y)\,dx$, (2) $\displaystyle\int_0^a dx\int_0^{b\sqrt{a^2-x^2}/a} f(x,y)\,dy$.

§23. 問 1. (1) $\dfrac{a^2b^3}{6}(a^3-b^3)$, (2) $\dfrac{4}{35}$. **問 2.** (1) $\dfrac{abc}{2}(a+b+c)$, (2) $\dfrac{a^9}{90}$,
(3) $\dfrac{1}{2}\log 2-\dfrac{5}{16}$.

§24. 問 1. $\dfrac{ab\pi}{4}(a^2+b^2)$. **問 2.** (1) $\dfrac{\pi}{24}$, (2) $\dfrac{2\pi}{(2-n)}\left(\dfrac{1}{r_2^{n-2}}-\dfrac{1}{r_1^{n-2}}\right)$ $(n\neq 2)$,
$2\pi\log\dfrac{r_2}{r_1}$ $(n=2)$, (3) $\dfrac{\pi^2}{2}$, (4) $\dfrac{4}{15}a^3bc\pi$.

§25. 問 3. $\log(1+\sqrt{2})$. **問 4.** $\dfrac{a^p b^q}{\alpha\beta}B\left(\dfrac{q}{\beta},\,1\right)B\left(\dfrac{p}{\alpha},\,\dfrac{q}{\beta}+1\right)$. **問 5.** π^2.

問題 5. **1.** (1) $\dfrac{a^2b^2}{6}(a-b)$, (2) $(ae^a-e^a+1)(be^b-e^b+1)$,
(3) $(1+a+b)\log(1+a+b)-(1+b)\log(1+b)-(1+a)\log(1+a)$. **2.** (1) $\dfrac{11}{24}a^4$,
(2) $\dfrac{128}{105}$, (3) $\left(\dfrac{8}{3}+\pi\right)a^3$, (4) $\dfrac{ab^2}{30}$. **3.** (1) $\displaystyle\int_0^1 dy\int_y^{3\sqrt{y}} f(x,y)\,dx$,
(2) $\displaystyle\int_0^{b-a} dy\int_{-\sqrt{b^2-(y+a)^2}}^{\sqrt{b^2-(y+a)^2}}\{f(x,y)+f(x,-y)\}\,dx$.

5. (1) $\dfrac{\pi}{2}$, (2) $\dfrac{3}{4}\pi a^2$. **6.** (1) $\dfrac{abc}{3}(a^2+b^2+c^2)$, (2) $\dfrac{e^4-3}{8}-\dfrac{3e^2}{4}+e$.

7. (1) $\displaystyle\int_0^a dz\int_z^a dy\int_y^a f(x,y,z)\,dx$, (2) $\displaystyle\int_0^a\int_0^{\sqrt{a^2-z^2}}\int_0^{\sqrt{a^2-x^2-z^2}} f(x,y,z)\,dy\,dx\,dz$.

8. $\dfrac{a^n}{n!}$. **10.** (1) $\dfrac{\pi}{4}\left(\dfrac{\pi}{2}-1\right)$, (2) $\dfrac{\pi}{6a}$, (3) $\dfrac{\pi}{4}-\dfrac{1}{2}$.

11. $\displaystyle\int_0^1\dfrac{du}{(1+u)^2}\int_0^{a(1+u)} f\left(\dfrac{v}{1+u},\,\dfrac{uv}{1+v}\right)v\,dv$. **12.** $\displaystyle\int_0^1 dv\int_0^1 f(u(1-v),uv)u\,du$.

13. (1) $\dfrac{4}{15}a^5\left(\dfrac{\pi}{2}-\dfrac{8}{15}\right)$, (2) $\dfrac{4}{105}a^3b^3c\pi$. **14.** $\dfrac{\pi^2}{16}$, $-\dfrac{\pi^2}{16}$. **15.** (1) $\dfrac{1}{4}(e-e^{-1})$,

(2) 0. **17.** (1) $\pi\left(2+\dfrac{3}{2}\log 3\right)$, (2) $\dfrac{1}{r}B(q, r+1)B(p, q+r+1)$.

第6章

§26. 問 1. $\dfrac{\pi^2}{2}$. 問 2. $\dfrac{32}{105}\pi a^3$. 問 3. $\dfrac{2}{3}a^3\tan\alpha$. 問 4. $\dfrac{abc}{90}$. 問 5. $\dfrac{16}{3}a^3$.
問 6. $\dfrac{\pi}{8}$. 問 7. $\dfrac{a^2\pi^2}{64}$. 問 8. $\dfrac{4}{3}\pi a^3(1-\cos^4\alpha)$.

§27. 問 1. $\dfrac{1}{2}\sqrt{a^2b^2+b^2c^2+c^2a^2}$. 問 2. $\dfrac{1}{12}\{1+\sqrt{5}+3\log(2+\sqrt{5})\}$.
問 3. $(8+\pi)a^2$. 問 4. $\dfrac{1}{4}b^2\pi\left\{\dfrac{a}{b}\sqrt{1+\dfrac{a^2}{b^2}}+\log\left(\dfrac{a}{b}+\sqrt{1+\dfrac{a^2}{b^2}}\right)\right\}$.
問 6. $2\pi\{\sqrt{2}+\log(1+\sqrt{2})\}$. 問 7. $\dfrac{12}{5}\pi a^2$.

§28. 問 1. $\dfrac{1}{4}(a^2+b^2)$. 問 2. $X=Y=0$, $Z=\dfrac{3}{8}a$. 問 3. $X=0$, $Y=\dfrac{4b}{3\pi}$.
問 4. $X=0$, $Y=\dfrac{2a}{\pi}$.

§29. 問 1. $\dfrac{a^2}{4}M$, $\dfrac{a}{2}$ ($2a$ は楕円の長軸の長さ, M は質量). 問 2. $\dfrac{a^2}{2}M$, $\dfrac{a}{\sqrt{2}}$ (a は底円の半径, M は直円錐体の質量). 問 3. 各辺の長さを $2a, 2b, 2c$ とする. 長さ $2c$ の辺に平行な軸に関する回転半径は $\sqrt{\dfrac{a^2+b^2}{3}}$, また, 長さ $2c$ の辺に関する回転半径は $2\sqrt{\dfrac{a^2+b^2}{3}}$. 問 4. $\dfrac{7}{9}a^2M$ (a は球の半径, M は質量).

問題 6. 2. $2ca^2\pi^2$. 3. $\dfrac{a\pi}{6}(2a^2+3b^2)+\dfrac{b^4\pi}{2\sqrt{a^2-b^2}}\log\dfrac{a+\sqrt{a^2-b^2}}{b}$.
4. $\dfrac{4\pi}{3}(a^2-2ac+r^2)^{3/2}$. 5. $\dfrac{8}{5}abc\pi$. 6. $\dfrac{\pi}{2}$. 7. $\dfrac{5}{12}(3-\sqrt{5})abc\pi$. 8. $\dfrac{2}{3}ba^3$.
9. $\dfrac{64}{35}\sqrt{2}$. 10. $\dfrac{3}{8}\pi$. 11. $\dfrac{\pi}{8}\left|\dfrac{p-q}{n}a^3\right|$. 12. $\dfrac{16}{3}a^3\left(\pi-\dfrac{4}{3}\right)$. 13. $a^3\left(2\pi+\dfrac{16}{3}\right)$.
14. $\dfrac{2}{9}a^3$. 15. $\dfrac{9}{2}a^3$. 16. $4\pi a\left(c\pi+\sqrt{a^2-c^2}-c\sin^{-1}\dfrac{\sqrt{a^2-c^2}}{a}\right)$. 17. $\dfrac{64}{3}\pi a^2$.
18. $\dfrac{\pi b^2(3a^4-14a^2b^2+8b^4)}{4(a^2-b^2)^2}+\dfrac{3\pi a^6 b}{4(a^2-b^2)^{5/2}}\sin^{-1}\dfrac{\sqrt{a^2-b^2}}{a}$. 19. $16a^2$. 20. $4a^2$.
21. $\dfrac{\pi}{\sqrt{6}}$. 22. $\dfrac{1}{2}\pi^2 a^2$. 23. $\dfrac{a^2}{n}(\pi-2)$. 24. $\dfrac{a}{3}\{\sqrt{2}+\log(1+\sqrt{2})\}$. 26. $c\geqq a$ ならば $c+\dfrac{a^2}{3c}$, $c\leqq a$ ならば $a+\dfrac{c^2}{3a}$. 27. 中心角の二等分線上中心より $\dfrac{4a}{3\alpha}\sin\dfrac{\alpha}{2}$ のところ

(a は半径, α は中心角). 28. $\left(\pi a, \dfrac{5}{6}a\right)$. 29. $\left(\dfrac{5}{6}a, 0\right)$. 30. 底面の中心から高さ $\dfrac{h}{4}$ の点, $\dfrac{h}{3}$ の点. 31. $\left(0, 0, \dfrac{3c}{8}\right)$. 32. $\left(0, 0, \dfrac{2\pi ac(a^2+ac+c^2)}{3(a+c)S}\right)$ (S は半楕円面の面積). 33. $\left(\dfrac{2}{5}a, \dfrac{2}{5}a\right)$, $\left(\dfrac{15}{256}\pi a, 0, 0\right)$. 34. 円環の半径を a, b ($a<b$) とするとき $\sqrt{\dfrac{a^2+ab+b^2}{6}}$. 35. $\left(\dfrac{5}{4}-\dfrac{8}{3\pi}\right)a^2 M$, $a\sqrt{\dfrac{5}{4}-\dfrac{8}{3\pi}}$ (a は半径, M は半円板の質量). 36. $\dfrac{3}{10}a^2 M$, $\sqrt{\dfrac{3}{10}}a$ (a は底面の半径, M は直円錐体の質量). 38. $\dfrac{a^2+b^2}{5}M$, $\sqrt{\dfrac{a^2+b^2}{5}}$ (M は楕円体の質量). 39. $\dfrac{\overline{BC}^2}{6}M$, $\dfrac{\overline{AC}^2}{6}M$ (M は三角形の質量). 40. $\dfrac{4}{15}\rho\pi(b^5-a^5)$ (ρ は密度).

第7章

§30. 問 1. 0. 問 2. $\dfrac{6n-1}{2(2n+1)}$. 問 3. 左の輪線内の面積から右の輪線内の面積を引いたもの.

§31. 問 1. $-\dfrac{5}{4}a^4 b\pi$.

§32. 問 1. $-ca^2\pi^2$. 問 2. $-\dfrac{\pi a^2}{\sqrt{2}}$.

§33. 問 2. $\alpha>2$, $\dfrac{1}{(\alpha-1)(\alpha-2)}$. 問 4. $\dfrac{\alpha}{2\sin\alpha}$ ($\alpha\neq 0$), $\dfrac{1}{2}$ ($\alpha=0$).

§34. 問 2. $\dfrac{\pi}{2}$.

問題 7. 2. 4. 4. 2π. 6. (1) $-\dfrac{4}{15}abc\pi(a^2+b^2+c^2)$, (2) $-\dfrac{8}{3}(a+b+c)\pi r^3$.

7. $U=\dfrac{M}{a}$ ($\sqrt{x^2+y^2+z^2}<a$), $U=\dfrac{M}{\sqrt{x^2+y^2+z^2}}$ ($\sqrt{x^2+y^2+z^2}>a$), M は球面の質量.

9. $\dfrac{4}{5}\pi(a_1+a_2+a_3+a_4+a_5+a_6)$. 10. $-([S]$ の体積). 13. (1) $\dfrac{\pi}{2a}$, (2) $\dfrac{\pi^2}{8}$, (3) $\dfrac{\pi}{\sqrt{ac-b^2}}$. 14. $\dfrac{\pi}{8a^2}$.

第8章

§36. 問 1. $\int_0^a f dx = \dfrac{\pi a^2}{4}$, $\int_0^a f dx = \dfrac{\pi ab}{4}$. 問 2. (1) 2, (2) $\dfrac{\pi^2}{4}-2$. 問 4. $\dfrac{1}{3}$.

人名索引

アーベル　N. H. Abel　(1802-1829) 15
アルキメデス　Arichimedes　(287-212 B. C.) 2
オスグード　W. F. Osgood　(1864-1943) 95

ガウス　C. F. Gauss　(1777-1855) 191,199
カバリエリ　B. Cavalieri　(1598-1647) 119,182
グリーン　G. Green　(1793-1841) 191,193,199,201
グルディン　Guldin　178
ケーレー　A. Cayley　(1821-1895) 210
コーシー　A. L. Cauchy　(1789-1857) 5

シュワルツ　H. A. Schwarz　(1843-1921) 17
ジョルダン　C. Jordan　(1838-1922) 93
スチルチェス　Th. J. Stieltjes　(1856-1894) 226,229
ストークス　G. G. Stokes　(1819-1903) 204,226,229

ディニ　U. Dini　156
ディリクレ　P. G. L. Dirichlet　(1805-1859) 226

パップス　Pappus　178
フーリエ　J. B. J. Fourier　(1768-1830) 80
フレネル　A. J. Fresnel　(1788-1826) 214
ペアノ　G. Peano　(1858-1932) 95
ベッセル　F. W. Bessel　(1784-1846) 85,92

メビウス　A. F. Möbius　(1790-1868) 196

ライプニッツ　G. W. Leibniz　(1646-1716) 8
ラプラス　P. S. Laplace　(1749-1827) 193,201
リーマン　G. F. B. Riemann　(1826-1866) 226,232
ルジャンドル　A. M. Legendre　(1752-1833) 89
ルベーグ　H. Lebesgue　(1875-1941) 234

ワリス　J. Wallis　(1616-1703) 57

事 項 索 引

アーベルの定理 15
一様収束（函数列の） 75
　──（級数の） 74
　──（積分の） 82, 86
一様連続 5
n 重積分 133
オスグード曲線 95

外測度 233
回転 （Rotation──ベクトルの） 205
回転体の体積 162
　──表面積 169, 171
回転半径 180
ガウスの公式 191, 199
下界 219
下限 219
加重平均値 115
下積分 225, 232
可測 233
下端 8
カバリエリの定理 119, 182
函数行列式 139
慣性能率 （Moment of inertia） 178, 181
完全楕円積分 108
完全微分 216
ガンマ （Gamma） 函数 68
基本図形 1
基本定理 （微分積分学の） 17
基本立体 3
求積可能 93, 131, 160
求長可能 103
　──の条件 224
曲線 93
曲面 160

　──の表裏 196
曲面積 165
区分求積法 4
グリーンの公式 191, 193, 199, 201
グルディンの法則 178
ケーレーの例 210
原始函数 （Primitive function） 18
広義積分 （Improper integral） 60, 147
合同変換 235
コーシーの収束定理 5
勾配 （Gradient） 217

三重積分 （Triple integral） 131
仕事 117
重心 （Center of gravity） 175, 176, 177
重(複)積分 （Multiple integral） 130, 133
　──の定義の拡張 145
収束 （積分の） 58, 66, 147, 206
重複点 93
主値 （Principal value） 65, 72
シュワルツの不等式 17
　──の例 165
上界 219
上限 219
条件収束 （積分の） 71
上積分 225, 232
上端 8
ジョルダンの測度 233
　──の定理 93
水圧 117
ストークスの公式 204
正変分函数 223
積分 （Integral）

索引

——可能 (Integrable) 58, 66, 147, 206, 225, 229, 232
——順序の交換 126, 211
——する 8, 21
——定数 21
——の定義の拡張 58, 145
——の道 187
——変数の変換 135
絶対収束 (積分の) 71
漸化式 31
線積分 (Curvilinear or line integral) 185, 186, 189, 202
全変分 220
——函数 223
測度 233
存在(積分の) 58, 66, 147, 206

体積 (Volume) 3, 160
楕円積分 (Elliptic integral) 39, 40
——(完全,不完全) 108
単一積分 (Simple integral) 122
単一閉曲線 93
置換積分法 (Integration by substitution) 24, 51
調和函数 193, 201
定積分 (Definite integral) 8, 10, 51, 58
——の定義の拡張 58
ディニの定理 156
ディリクレの函数 226

内測度 233
長さ (Length) 103, 111
滑らかな曲線 104
——曲面 197
二重積分 (Double integral) 122, 206

発散 (Divergence) 205
パップスの定理 178
被積分函数 8, 21

不完全楕円積分 108
不定積分 (Indefinite integral) 201
部分積分法 (Integration by parts) 27, 51
負変分函数 223
フーリエ係数 80
フレネル積分 214
ペアノ曲線 95
閉曲線 93
——の向き 187
平均値 (Mean value) 114, 174
——定理(第一) 13
——定理(第二) 14
閉領域 122, 130
ベクトル (Vector) 記号 204
ベータ (Beta) 函数 62
ベッセル函数 85, 92
——の微分方程式 85

無限重積分 206
無限積分 67
メビウスの帯 196
面積 (Area) 1, 93, 167
面積分 (Surface integral) 194, 195, 196

ヤコビアン 139
有界変分 (Bounded variation) の函数 220

ラプラスの方程式 193, 201
リーマン-スチルチェス積分 226, 229
リーマン積分 226, 232
累次積分 (Repeated integral) 126, 132
ルジャンドルの多項式 89
ルベーグ積分 234

ワリスの公式 57

著者略歴

井 上 正 雄
　1915 年　高知県に生れる
　1937 年　大阪大学卒業
　1949 年　九州大学教授
　1950 年　大阪市立大学教授
　現　在　大阪市立大学名誉教授・理学博士

朝倉数学講座 4

積 分 学

定価はカバーに表示

1960 年 10 月 15 日　初版第 1 刷
2004 年 3 月 30 日　復刊第 1 刷

著　者　井　上　正　雄
　　　　　いの　うえ　まさ　お
発行者　朝　倉　邦　造
発行所　株式会社　朝　倉　書　店
　　　　東京都新宿区新小川町 6-29
　　　　郵便番号　１６２-８７０７
　　　　電　話　03(3260)0141
　　　　FAX　03(3260)0180
　　　　http://www.asakura.co.jp

〈検印省略〉

©1960 〈無断複写・転載を禁ず〉　　新日本印刷・渡辺製本

ISBN 4-254-11674-8　C 3341　　Printed in Japan

◆ はじめからの数学 ◆

数学をはじめから学び直したいすべての人へ

前東工大 志賀浩二著
はじめからの数学1
数　に　つ　い　て
11531-8 C3341　　　B5判 152頁 本体3500円

数学をもう一度初めから学ぶとき"数"の理解が一番重要である。本書は自然数，整数，分数，小数さらには実数までを述べ，楽しく読み進むうちに十分深い理解が得られるように配慮した数学再生の一歩となる話題の書。【各巻本文二色刷】

前東工大 志賀浩二著
はじめからの数学2
式　に　つ　い　て
11532-6 C3341　　　B5判 200頁 本体3500円

点を示す等式から，範囲を示す不等式へ，そして関数の世界へ導く「式」の世界を展開。〔内容〕文字と式／二項定理／数学的帰納法／恒等式と方程式／2次方程式／多項式と方程式／連立方程式／不等式／数列と級数／式の世界から関数の世界へ

前東工大 志賀浩二著
はじめからの数学3
関　数　に　つ　い　て
11533-4 C3341　　　B5判 192頁 本体3600円

'動き'を表すためには，関数が必要となった。関数の導入から，さまざまな関数の意味とつながりを解説。〔内容〕式と関数／グラフと関数／実数，変数，関数／連続関数／指数関数，対数関数／微分の考え／微分の計算／積分の考え／積分と微分

◆ シリーズ〈数学の世界〉 ◆

野口廣監修／数学の面白さと魅力をやさしく解説

理科大 戸川美郎著
シリーズ〈数学の世界〉1
ゼロからわかる数学
―数論とその応用―
11561-X C3341　　　A5判 144頁 本体2500円

0, 1, 2, 3, …と四則演算だけを予備知識として数学における感性を会得させる数学入門書。集合・写像などは丁寧に説明して使える道具としてしまう。最終目的地はインターネット向きの暗号方式として最もエレガントなRSA公開鍵暗号

中大 山本　慎著
シリーズ〈数学の世界〉2
情　報　の　数　理
11562-8 C3341　　　A5判 168頁 本体2800円

コンピュータ内部での数の扱い方から始めて，最大公約数や素数の見つけ方，方程式の解き方，さらに名前のデータの並べ替えや文字列の探索まで，コンピュータで問題を解く手順「アルゴリズム」を中心に情報処理の仕組みを解き明かす

早大 沢田　賢・早大 渡邊展也・学芸大 安原　晃著
シリーズ〈数学の世界〉3
社　会　科　学　の　数　学
―線形代数と微積分―
11563-6 C3341　　　A5判 152頁 本体2500円

社会科学系の学部では数学を履修する時間が不十分であり，学生も高校であまり数学を学習していない。このことを十分考慮して，数学における文字の使い方などから始めて，線形代数と微積分の基礎概念が納得できるように工夫をこらした

早大 沢田　賢・早大 渡邊展也・学芸大 安原　晃著
シリーズ〈数学の世界〉4
社　会　科　学　の　数　学　演　習
―線形代数と微積分―
11564-4 C3341　　　A5判 168頁 本体2500円

社会科学系の学生を対象に，線形代数と微積分の基礎が確実に身に付くように工夫された演習書。各章の冒頭で要点を解説し，定義，定理，例，例題と解答により理解を深め，その上で演習問題を与えて実力を養う。問題の解答を巻末に付す

専大 青木憲二著
シリーズ〈数学の世界〉5
経　済　と　金　融　の　数　理
―やさしい微分方程式入門―
11565-2 C3341　　　A5判 160頁 本体2700円

微分方程式は経済や金融の分野でも広く使われるようになった。本書では微分積分の知識をいっさい前提とせずに，日常的な感覚から自然に微分方程式が理解できるように工夫されている。新しい概念や記号はていねいに繰り返し説明する

早大 鈴木晋一著
シリーズ〈数学の世界〉6
幾 何 の 世 界
11566-0 C3341　　A 5 判 152頁 本体2500円

ユークリッドの平面幾何を中心にして，図形を数学的に扱う楽しさを読者に伝える。多数の図と例題，練習問題を添え，談話室で興味深い話題を提供する。〔内容〕幾何学の歴史／基礎的な事項／3角形／円周と円盤／比例と相似／多辺形と円周

数学オリンピック財団 野口 廣著
シリーズ〈数学の世界〉7
数学オリンピック教室
11567-9 C3341　　A 5 判 140頁 本体2500円

数学オリンピックに挑戦しようと思う読者は，第一歩として何をどう学んだらよいのか。挑戦者に必要な数学を丁寧に解説しながら，問題を解くアイデアと道筋を具体的に示す。〔内容〕集合と写像／代数／数論／組み合せ論とグラフ／幾何

◆ 応用数学基礎講座 ◆
岡部靖憲・米谷民明・和達三樹　編集

東大 加藤晃史著
応用数学基礎講座2
線 形 代 数
11572-5 C3341　　A 5 判 280頁　　〔近 刊〕

抽象的になるのを避けるため幾何学的イメージを大切にしながら初歩から丁寧に解説。工夫をこらした多数の図と例を用いて理解を助け，演習問題もふんだんに用意して実力の養成をはかる。線形変換のスペクトル分解，二次形式までを扱う

東大 中村 周著
応用数学基礎講座4
フ ー リ エ 解 析
11574-1 C3341　　A 5 判 200頁 本体3500円

応用に重点を置いたフーリエ解析の入門書。特に微分方程式，数理物理，信号処理の話題を取り上げる。〔内容〕フーリエ級数展開／フーリエ級数の性質と応用／1変数のフーリエ変換／多変数のフーリエ変換／超関数／超関数のフーリエ変換

奈良女大 山口博史著
応用数学基礎講座5
複 素 関 数
11575-X C3341　　A 5 判 280頁 本体4500円

多数の図を用いて複素関数の世界を解説。複素多変数関数論の入門として上空移行の原理に触れ，静電磁気学を関数論的手法で見直す。〔内容〕ガウス平面／正則関数／コーシーの積分表示／岡潔の上空移行の原理／静電磁場のポテンシャル論

東大 岡部靖憲著
応用数学基礎講座6
確 率 ・ 統 計
11576-8 C3341　　A 5 判 288頁 本体4200円

確率論と統計学の基礎と応用を扱い，両者の交流を述べる。〔内容〕場合の数とモデル／確率測度と確率空間／確率過程／中心極限定理／時系列解析と統計学／テント写像のカオス性と揺動散逸定理／時系列解析と実験数学／金融工学と実験数学

東大 宮下精二著
応用数学基礎講座7
数 値 計 算
11577-6 C3341　　A 5 判 190頁 本体3400円

数値計算を用いて種々の問題を解くユーザーの立場から，いろいろな方法とそれらの注意点を解説する。〔内容〕計算機を使う／誤差／代数方程式／関数近似／高速フーリエ変換／関数推定／微分方程式／行列／量子力学における行列計算／乱数

東大 細野 忍著
応用数学基礎講座9
微 分 幾 何
11579-2 C3341　　A 5 判 228頁 本体3800円

微分幾何を数理科学の諸分野に応用し，あるいは応用する中から新しい数理の発見を志す初学者を対象に，例題と演習・解答を添えて理論構築の過程を丁寧に解説した。〔内容〕曲線・曲面の幾何学／曲面のリーマン幾何学／多様体上の微分積分

東大 杉原厚吉著
応用数学基礎講座10
ト ポ ロ ジ ー
11580-6 C3341　　A 5 判 224頁 本体3800円

直観的なイメージを大切にし，大規模集積回路の配線設計や有限要素法のためのメッシュ生成など応用例を多数取り上げた。〔内容〕図形と位相空間／ホモトピー／結び目とロープマジック／複体／ホモロジー／トポロジーの計算論／グラフ理論

前東工大 志賀浩二著 数学30講シリーズ1 **微分・積分 30 講** 11476-1 C3341　A5判 208頁 本体3200円	〔内容〕数直線／関数とグラフ／有理関数と簡単な無理関数の微分／三角関数／指数関数／対数関数／合成関数の微分と逆関数の微分／不定積分／定積分／円の面積と球の体積／極限について／平均値の定理／テイラー展開／ウォリスの公式／他
前東工大 志賀浩二著 数学30講シリーズ2 **線形代数 30 講** 11477-X C3341　A5判 216頁 本体3200円	〔内容〕ツル・カメ算と連立方程式／方程式，関数，写像／2次元の数ベクトル空間／線形写像と行列／ベクトル空間／基底と次元／正則行列と基底変換／正則行列と基本行列／行列式の性質／基底変換から固有値問題へ／固有値と固有ベクトル／他
前東工大 志賀浩二著 数学30講シリーズ3 **集合への 30 講** 11478-8 C3341　A5判 196頁 本体3200円	〔内容〕身近なところにある集合／集合に関する基本概念／可算集合／実数の集合／写像／濃度／連続体の濃度をもつ集合／順序集合／整列集合／順序数／比較可能定理，整列可能定理／選択公理のヴァリエーション／連続体仮設／カントル／他
前東工大 志賀浩二著 数学30講シリーズ4 **位相への 30 講** 11479-6 C3341　A5判 228頁 本体3200円	〔内容〕遠さ，近さと数直線／集積点／連続性／距離空間／点列の収束，開集合，閉集合／近傍と閉包／連続写像／同相写像／連結空間／ベールの性質／完備化／位相空間／コンパクト空間／分離公理／ウリゾーン定理／位相空間から距離空間／他
前東工大 志賀浩二著 数学30講シリーズ5 **解析入門 30 講** 11480-X C3341　A5判 260頁 本体3200円	〔内容〕数直線の生い立ち／実数の連続性／関数の極限値／微分と導関数／テイラー展開／ベキ級数／不定積分から微分方程式へ／線形微分方程式／面積／定積分／指数関数再考／2変数関数の微分可能性／逆写像定理／2変数関数の積分／他
前東工大 志賀浩二著 数学30講シリーズ6 **複素数 30 講** 11481-8 C3341　A5判 232頁 本体3200円	〔内容〕負数と虚数の誕生まで／向きを変えることと回転／複素数の定義／複素数と図形／リーマン球面／複素関数の微分／正則関数と等角性／ベキ級数と正則関数／複素積分と正則性／コーシーの積分定理／一致の定理／孤立特異点／留数／他
前東工大 志賀浩二著 数学30講シリーズ7 **ベクトル解析 30 講** 11482-6 C3341　A5判 244頁 本体3200円	〔内容〕ベクトルとは／ベクトル空間／双対ベクトル空間／双線形関数／テンソル代数／外積代数の構造／計量をもつベクトル空間／基底の変換／グリーンの公式と微分形式／外微分の不変性／ガウスの定理／ストークスの定理／リーマン計量／他
前東工大 志賀浩二著 数学30講シリーズ8 **群論への 30 講** 11483-4 C3341　A5判 244頁 本体3200円	〔内容〕シンメトリーと群／群の定義／群に関する基本的な概念／対称群と交代群／正多面体群／部分群による類別／巡回群／整数と群／群と変換／軌道／正規部分群／アーベル群／自由群／有限的に表示される群／位相群／不変測度／群環／他
前東工大 志賀浩二著 数学30講シリーズ9 **ルベーグ積分 30 講** 11484-2 C3341　A5判 256頁 本体3200円	〔内容〕広がっていく極限／数直線上の長さ／ふつうの面積概念／ルベーグ測度／可測集合／カラテオドリの構想／測度空間／リーマン積分／ルベーグ積分へ向けて／可測関数の積分／可積分関数の作る空間／ヴィタリの被覆定理／フビニ定理／他
前東工大 志賀浩二著 数学30講シリーズ10 **固有値問題 30 講** 11485-0 C3341　A5判 260頁 本体3200円	〔内容〕平面上の線形写像／隠されているベクトルを求めて／線形写像と行列／固有空間／正規直交基底／エルミート作用素／積分方程式／フレードホルムの理論／ヒルベルト空間／閉部分空間／完全連続な作用素／スペクトル／非有界作用素／他

上記価格（税別）は 2004 年 2 月現在